应用型大学计算机专业系列教材

网络系统集成

刘晓晓　邵晶波　主　编
唐宏维　郭　峰　副主编

清华大学出版社
北　京

内 容 简 介

本书根据网络系统集成的规则与要求,具体介绍综合布线系统设计与实施、基于交换机的网络互联、基于路由器的网络互联、服务器技术与系统集成、网络系统安全与管理以及故障判断与排除等知识,并通过指导学生实训、实践,加强应用技能培养。

本书知识系统、概念清晰、贴近实际,注重专业技术与实践应用相结合,可作为应用型大学和高职高专院校计算机应用、网络管理、电子商务等专业的教材,也可以作为企事业信息化从业者的培训教材。

本书封面贴有清华大学出版社防伪标签,无标签者不得销售。

版权所有,侵权必究。举报:010-62782989,beiqinquan@tup.tsinghua.edu.cn。

图书在版编目(CIP)数据

网络系统集成/刘晓晓,邵晶波主编. --北京:清华大学出版社,2016(2025.2重印)

应用型大学计算机专业系列教材

ISBN 978-7-302-43701-7

Ⅰ. ①网… Ⅱ. ①刘… ②邵… Ⅲ. ①计算机网络-网络集成-高等职业教育-教材 Ⅳ. ①TP393.03

中国版本图书馆 CIP 数据核字(2016)第 084842 号

责任编辑:王剑乔
封面设计:常雪影
责任校对:李 梅
责任印制:沈 露

出版发行:清华大学出版社

网　　　址:https://www.tup.com.cn,https://www.wqxuetang.com
地　　　址:北京清华大学学研大厦 A 座　　　　邮　编:100084
社 总 机:010-83470000　　　　　　　　　　　邮　购:010-62786544
投稿与读者服务:010-62776969,c-service@tup.tsinghua.edu.cn
质量反馈:010-62772015,zhiliang@tup.tsinghua.edu.cn
课件下载:https://www.tup.com.cn,010-83470410

印　装　者:三河市铭诚印务有限公司

经　　销:全国新华书店

开　　本:185mm×260mm　　印　张:16.25　　字　数:373 千字
版　　次:2016 年 9 月第 1 版　　　　　　　　印　次:2025 年 2 月第 10 次印刷
定　　价:49.00 元

产品编号:070079-03

编审委员会

主　　任：牟惟仲

副主任：林　征　　冀俊杰　　张昌连　　吕一中　　梁　露　　鲁彦娟
　　　　　张建国　　王　松　　车亚军　　王黎明　　田小梅　　李大军

编　　委：林　亚　　沈　煜　　孟乃奇　　侯　杰　　吴慧涵　　鲍东梅
　　　　　赵立群　　孙　岩　　刘靖宇　　刘晓晓　　刘志丽　　邵晶波
　　　　　郭　峰　　张媛媛　　陈　默　　王　耀　　高　虎　　关　忠
　　　　　吕广革　　吴　霞　　李　妍　　温志华　　于洪霞　　王　冰
　　　　　付　芳　　王　洋　　陈永生　　武　静　　尚冠宇　　王爱赪
　　　　　都日娜　　董德宝　　韩金吉　　董晓霞　　金　颖　　赵春利
　　　　　张劲珊　　刘　健　　潘武敏　　赵　玮　　李　毅　　赵玲玲
　　　　　范晓莹　　张俊荣　　李雪晓　　唐宏维　　柴俊霞　　翟　然

总　　编：李大军

副总编：梁　露　　孙　岩　　刘靖宇　　刘晓晓　　赵立群　　于洪霞

专家组：梁　露　　冀俊杰　　张劲珊　　董　铁　　邵晶波　　吕广革

PREFACE

微电子技术、计算机技术、网络技术、通信技术、多媒体技术等高新科技日新月异的飞速发展和普及应用,不仅有力地促进了各国经济发展、加速了全球经济一体化的进程,而且推动当今世界迅速跨入信息社会。以计算机为主导的计算机文化,正在深刻地影响人类社会的经济发展与文明建设;以网络为基础的网络经济,正在全面地改变传统的社会生活、工作方式和商务模式。当今社会,计算机应用水平、信息化发展速度与程度,已经成为衡量一个国家经济发展和竞争力的重要指标。

目前我国正处于经济快速发展与社会变革的重要时期,随着经济转型、产业结构调整、传统企业改造,涌现了大批电子商务、新媒体、动漫、艺术设计等新型文化创意产业,而这一切都离不开计算机,都需要网络等现代化信息技术手段的支撑。处于网络时代、信息化社会,今天人们所有工作都已经全面实现了计算机化、网络化,当今更加强调计算机应用与行业、企业的结合,更注重计算机应用与本职工作、具体业务的紧密结合。当前,面对国际市场的激烈竞争和巨大的就业压力,无论是企业还是即将毕业的学生,掌握计算机应用技术已成为求生存、谋发展的关键技能。

没有计算机就没有现代化! 没有计算机网络就没有我国经济的大发展! 为此,国家出台了一系列关于加强计算机应用和推动国民经济信息化进程的文件及规定,启动了电子商务、电子政务、金税等具有深刻含义的重大工程,加速推进"国防信息化、金融信息化、财税信息化、企业信息化、教育信息化、社会管理信息化",因而全社会又掀起新一轮计算机应用的学习热潮,此时,本套教材的出版具有特殊意义。

针对我国应用型大学"计算机应用"等专业知识老化、教材陈旧、重理论轻实践、缺乏实际操作技能训练的问题,为了适应我国国民经济信息化发展对计算机应用人才的需要,为了全面贯彻教育部关于"加强职业教育"精神和"强化实践实训、突出技能培养"的要求,根据企业用人与就业岗位的真实需要,结合应用型大学"计算机应用"和"网络管理"等专业的教学计划及课程设置与调整的实际情况,我们组织北京联合大学、陕西理工学院、北方工业大学、华北科技学院、北京财贸职业学院、山东滨州职业学院、山西大学、首钢工学院、包头职业技术学院、北京科技大学、广东理工学院、北京城市学院、郑州大学、北京朝阳社区学院、哈尔滨师范大学、黑龙江工商大学、北京石景山社区学院、海南职业学院、北京西城经济科学大学等全国 30 多所高校及高职院校的计算机教师和具有丰富实践经验的企业人士共同撰写了此套教材。

本套教材包括《数据库技术应用教程(SQL Server 2012 版)》《Web 静态网页设计与排版》《ASP. NET 动态网站设计与制作》《中小企业网站建设与管理》《计算机英语实用教

程》《多媒体技术应用》《计算机网络管理与安全》《网络系统集成》等。在编写过程中,全体作者严守统一的创新型案例教学格式化设计,采取任务制或项目制写法;注重校企结合,贴近行业企业岗位实际,注重实用性技术与应用能力的训练培养,注重实践技能应用与工作背景紧密结合,同时也注重计算机、网络、通信、多媒体等现代化信息技术的新发展,具有集成性、系统性、针对性、实用性、易于实施教学等特点。

本套教材不仅适合应用型大学及高职高专院校计算机应用、网络、电子商务等专业学生的学历教育,同时也可作为工商、外贸、流通等企事业单位从业人员的职业教育和在职培训,对于广大社会自学者也是有益的参考学习读物。

系列教材编委会
2016 年 1 月

前言

FOREWORD

随着计算机技术与网络通信技术的飞速发展,计算机网络应用已经渗透到社会经济领域的各个方面。网络经济不仅在促进生产、促进外贸、开拓国际市场、拉动就业、支持大学生创业、推动国家经济发展、改善民生、丰富社会文化生活等方面发挥着巨大作用,而且也在彻底改造企业的经营管理,并深刻地改变着企业商务活动的运作模式,因此越来越受到我国各级政府部门和企业的高度重视。

随着微电子技术的崛起,电子计算机、网络通信、多媒体等 IT 信息技术的应用发展日新月异。作为信息化的核心支撑和关键技术,程序设计、软件开发、系统集成、网络布设等不仅在企业经营、政府管理、社会生活中发挥着重要作用,而且有力、有效地促进和推动了国民经济信息化快速发展的进程。

管理信息系统是企事业单位计算机应用的灵魂,而网络系统集成则是管理信息系统的重要支撑,也是计算机设施、网络设备、软件技术规划组合的关键技术,并在网络管理信息系统、网站建设中发挥越来越重要的作用。目前我国正处于经济快速发展与社会变革的重要时期,随着国民经济信息化的迅猛发展,面对国际 IT 市场的激烈竞争和就业的巨大压力,无论是即将毕业的计算机应用、网络专业学生,还是从业在岗的 IT 工作者,掌握现代化网络系统集成知识与技能,对于今后的发展都具有特殊意义。

网络系统集成是应用型大学计算机网络管理专业重要的核心课程,也是学生就业、从事相关工作必须掌握的关键知识技能。本书注重以学习者应用能力培养为主线,坚持科学发展观,严格按照教育部关于"加强职业教育、突出实践技能培养"的要求,根据网络系统集成软硬件技术设备的发展、结合专业教学改革的需要,循序渐进地进行知识讲解,力求使读者在做中学、学中做,能够真正利用所学知识解决实际问题。

本书融入网络系统集成最新的实践教学理念,力求严谨、注重与时俱进。作为高等教育应用型大学计算机应用和网络管理专业的特色教材,全书共 7 章,采取任务驱动式案例教学写法。根据网络系统集成的规则与要求,具体介绍综合布线系统设计与实施、基于交换机的网络互联、基于路由器的网络互联、服务器技术与系统集成、网络系统安全与管理以及故障判断与排除等知识,并通过指导学生实践模拟实训,加强技能训练,提高应用能力。

本书由李大军统筹策划并具体组织,刘晓晓和邵晶波主编、刘晓晓统改稿,唐宏维、郭峰为副主编,由我国信息化网络专家刘靖宇教授审定。作者编写分工:牟惟仲编写序言,邵晶波编写第 1 章,刘晓晓编写第 2 章,郭峰编写第 3 章,关忠编写第 4 章,赵立群编写第 5 章和第 6 章,唐宏维编写第 7 章;华燕萍、李晓新负责文字修改、版式整理、课件制作。

在本书编写过程中,我们参阅借鉴了中外有关网络系统集成的最新书刊、网站资料,并得到计算机行业协会及业界专家教授的具体指导,在此一并致谢。为了方便教学,本书配有电子课件,读者可以登录清华大学出版社网(www. tup. com. cn)免费下载使用。

由于作者水平有限,书中难免存在疏漏和不足,恳请专家、同行和读者批评指正。

编 者
2016 年 8 月

目 录

CONTENTS

第 1 章

网络系统集成概述

1.1 网络系统集成基础

1.1.1 网络系统集成的概念

1. 系统

系统是指由相互作用和相互依赖的若干组成部分,按一定的关系组成的具有特定功能的有机整体,其本质在于描述事物的组织构架和事物间的相互联系。系统特别强调"有机的整体"。系统有大有小,大系统较小系统更复杂。

2. 网络

网络是指将若干部件单元连接在一起成为一个整体的系统。举例如下。

(1) 部件为电子元器件,使用电路板连接在一起,构成了电子元件网络或电路。

(2) 部件为电气设备,使用输电线路将它们连接在一起,构成了输电配电网。

(3) 部件为电话网络设备(电话、电话交换机等),使用用户线和中继线将它们连接在一起,构成了电话网。

(4) 部件为计算机网络设备(计算机、路由器等),通过传输介质将它们连接在一起,构成计算机网络。

3. 系统与网络的关系

网络是一个系统,系统并不一定是网络,但系统正向网络化方向发展,如办公自动化系统正向网络化方向发展。

4. 集成

集成(Integration)可理解为"一个整体的各部分之间能彼此有机地和协调地工作,以发挥整体效益,达到整体优化的目的",如集成电路等。集成绝非是各种设备的简单拼接,而是要通过系统集成达到"$1+1>2$"的效果。

5. 系统集成

系统集成可理解为"根据用户的需求,优选各种技术和产品,将各个分离子系统(或部分)连接成一个完整、可靠、经济和有效的系统的过程"。

系统集成不仅涉及技术问题,也是涉及人文、心理、管理和艺术问题。其主要内容包括以下几个方面。

(1) 硬件集成。使用各种硬件设备将各个子系统连接起来,如使用路由器连接广域网等。

(2) 软件集成。软件集成要解决的问题是异构软件的相互接口。

(3) 数据和信息的集成。数据和信息集成建立在硬件集成和软件集成之上,是系统集成的核心,通常要解决的主要问题包括:① 合理规划企业的数据和信息;② 减少数据冗余;③ 更有效地实现信息共享;④ 确保数据和信息的安全保密。

(4) 技术与管理的集成。企业的核心问题是经济效益,如何使各部门协调一致地工作,做到市场销售、产品生产和管理的高效运转,是系统集成的重要内容。

(5) 人与组织机构的集成。这是系统集成的最高境界,如何提高每个人和每个组织机构的工作效率,如何通过系统集成促进企业管理和提高管理效率,这是系统集成面临的重大挑战,值得很好地研究。

1.1.2　网络系统集成的由来

为了解决信息孤岛问题,网络系统集成技术应运而生。随着网络、存储等相关技术突飞猛进的发展,网络系统集成越来越成为企业生存发展的必由之路。网络系统集成的迫切性主要体现在以下几个方面。

(1) 每个 IT 企业仅提供它所专长领域的产品,比如,Cisco 等公司主打网络设备和通信领域的产品,HP 等公司则重点在服务器领域,Oracle 等公司专注于数据库领域等。不可能有哪个厂商能够提供一个企业系统整体解决方案所需要的全部产品和技术,因而必然要求使用来自不同厂家的产品构成解决方案。

(2) 网络系统集成技术可以统筹规划企业的软硬件资源,提高资源的利用率。实行系统集成可以将企业内部的孤岛集成并与外部联网,形成能真正实现大范围的信息高度共享、通信联络通畅、彼此有机协调的网络系统。

(3) 从企业网络信息系统安全的角度看,采用多家 IT 企业的产品可以降低对某个特定的供应商的依赖性,有利于企业的网络信息安全。

尽管企业为建立这些自动化孤岛投入了大量人力、物力和财力,但并没有为企业带来很大的整体效益。随着经济的全球化和社会信息化的深入发展,企业对信息的需求正在与日俱增。

由于计算机网络系统集成不仅涉及技术问题,而且也涉及企事业单位的管理问题,因此比较复杂,特别是大型网络系统。从技术上讲,不仅涉及不同厂商的计算机设备、网络设备、通信设备和各种应用软件,也会涉及异构和异质网络系统的互联问题。

从管理上讲,由于每个单位的管理方式和管理思想千差万别,要实现企事业单位真正的网络化管理,会面临许多人为的因素。对此,网络建设者除了要有充分的思想准备外,更重要的是建立计算机网络系统集成的体系框架,达到"一览众小山"的效果。

1. 网络系统集成概述

集成即集合、组合、一体化,也就是以有机结合、协调工作、提高效率、创造效益为目的,将各个部分组合成为全新功能的、高效和统一的有机整体、由单元构成系统,从而实现更强的功能,以发挥整体效益,达到整体优化的目的,完成各个部分独自不能完成的任务的过程。

系统集成是指在系统工程科学方法的指导下,根据用户需求,优选各种技术和产品,整合用户原有系统,提出系统性的应用方案,并按照该方案对组成系统的各个部件或子系统进行综合集成,使之成为一个经济高效的系统的全过程。

网络系统集成是指根据用户需求,将硬件设备、网络基础设施、网络设备、网络系统软件、网络基础服务系统、网络数据库及相应的应用软件等组织成能够满足设计目标、具有优良性能价格比的计算机网络系统的全过程。目的是达到在正确的时间,以正确的方式,将正确的信息传送给正确的人员,使其做出正确的处理。计算机网络系统集成有 3 个主要层面,即技术集成、软硬件产品集成和应用集成,如图 1-1 所示。

系统集成绝不是对各种硬件和软件的堆积,系统集成是一种在系统整合、系统再生产过程中为满足客户需求的增值服务业务,是一种价值再创造的过程。不仅涉及各个局部的技术服务,一个优秀的系统集成商更是注重整体系统的、全方位的无缝整合与规划。

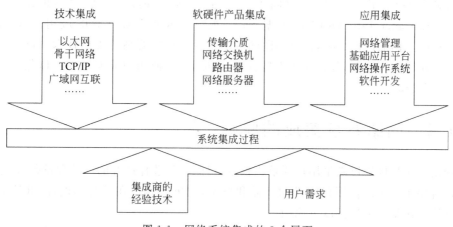

图 1-1 网络系统集成的 3 个层面

2. 网络系统集成的作用

1) 技术集成的需要

技术集成是系统集成的核心,是根据用户需求的特点,结合网络技术发展的变化,合理选择所采用的各项技术,利用综合布线技术、通信技术、网络互联技术、多媒体应用技术、网络安全技术等,为用户提供解决方案和网络系统设计方案,按照一定的技术原理或功能目的,将两个或两个以上的单项技术通过重组而获得具有统一整体功能的新技术的创造方法。

数十年的计算机与网络技术发展史,使得计算机网络与通信技术产生了许多分支。

各种网络通信技术层出不穷,仅最近几年出现的就有全双工式交换以太网、三层交换、ATM、千兆位以太网、虚拟专用网(VPN)、ADSL,以及混合网、异构网、宽带远程互联系统等。网络技术体系的纷繁复杂,是建网单位普通网络用户和一般技术人员难以掌握和选择的。这就要求必须有一种角色,能够熟悉各种网络技术,完全从客户应用和业务需求入手充分考虑技术发展的变化,帮助用户分析网络需求,根据用户需求特点选择所采用的各项技术,为用户提供解决方案和网络系统设计方案,这个角色就是系统集成商。

2) 产品集成的需要

每一项技术标准的诞生,都会带来一大批丰富多样的产品。每个公司的产品都自成系列且有着功能和性能上的差异。如果得知某单位要建网,这些公司及其代理(经销商)就会蜂拥而来。

事实上,几乎没有一个网络专业制造公司能为用户解决从方案到应用的所有问题。系统集成商则不同,他会根据用户的实际应用需要和费用承受能力为用户进行软硬件设备选型与配套、工程施工等产品集成。

3) 应用集成的需要

应用技术由数据库、业务逻辑和用户界面组成,是面向不同行业为用户的各种应用需求提供全方面的、一体化的、系统的解决方案,是面向用户的应用技术。用户的需求各不相同且各具特色,产生了很多面向不同行业、不同规模、不同层次的网络应用,如Intranet/Extranet/Internet 应用、数据/话音/视频一体化、ERP/CIMS 应用、工控自动化网等。这些不同的应用系统,需要不同的网络平台。这需要系统集成技术人员用大量的时间进行用户调查了解、分析应用模型、反复论证方案,使用户能够得到一体化的解决方案,并付诸实施。

1.2　网络系统集成的原则

网络系统集成要以满足用户要求为根本目标,不是选择最好的产品和设备,而是要选择最适合整个系统以及用户需求的产品和技术,它更多体现在系统的设计、部署和调试中。网络系统集成需遵循以下原则。

(1) 标准化。采用的标准、技术、结构等遵从标准化的要求。符合国际标准化的设备和技术可保证多种设备的互操作性、兼容性和对前期投资的保护。

(2) 先进性。设计上确保设计思想先进、网络结构先进、网络硬件设备先进、开发工具先进,必须保证设计所选择的方案在技术上是比较先进的,所选择的设备和技术在数年内不落后,同时,要尽量保证所选用技术的标准性和成熟性。

(3) 实用性。网络系统能最大限度地满足用户实际工作的需要,以达到用户的要求。

(4) 可靠性。可靠性是指当网络系统的某部分发生故障时,系统仍能以一定的服务水平提供服务的能力。

(5) 可维护性。网络系统的维护在整个信息系统的生命周期中占有很大的比例。因此,提高系统的可维护性是提高网络系统性能的重要手段。

（6）经济性和性能。性能是最主要的设计目标，设计结果应能满足需求，且切实有效。经济性即有较高的性能价格比，能够有效地利用现有资源达到应用的需求。

（7）安全性。网络系统的设计及使用的设备应具有较高的安全性，能够对网络攻击、系统漏洞等进行防范、检测和处理，并具有事故恢复、安全保护和灾难防备等功能。

1.3　网络系统集成的内容

网络系统集成是一门综合技术，即将计算机技术、网络技术、控制技术、通信技术、应用系统开发技术、建筑装卸等技术综合运用到网络工程中。广义上讲，网络系统集成主要包括集成什么和如何集成两个核心问题。

1.3.1　网络系统集成的设计

1. 系统集成需求分析

采用科学的方法调查和分析用户建网需求，或用户对原有网络升级改造的要求。需求分析应该包括用户管理者和系统维护者，以及最终用户的意见。用户需求的分析过程可以使用迭代的方式，不断完善，直至完成系统集成需求分析。主要包括环境分析、业务分析和管理分析等。

1）环境分析

环境分析是对用户的基础信息环境进行了解和掌握。例如，信息化的程度，计算机和网络设备的数量、配置和分布，技术人员掌握专业知识和工程经验的状况，领导层对信息化的认识等。

2）业务分析

业务分析包括实现或改进的网络功能，需要的网络应用，如电子邮件服务、Web 服务、Internet 连接、数据共享、应用类型、物理拓扑结构、带宽要求、流量特征等。

3）管理分析

对网络系统进行管理是维持整个信息系统稳定、高效运行不可或缺的一部分，网络系统是否按照设计目标提供服务主要依靠有效的网络管理。

2. 系统集成设计步骤

1）技术方案设计

根据需要接入网络的部门，需要上网的资源、网络用户的和终端设备的数量确定网络的规模、网络主干和分支采用的网络技术、传输介质和拓扑结构排列、网络资源配置及接入外网的方案等。

2）网络拓扑结构选择

网络拓扑结构是指用传输媒体互联各种设备的物理布局，是网络中各结点间相互连接的方式。目前大多数网络使用的拓扑结构有 3 种，即星形拓扑结构、环形拓扑结构和总线型拓扑结构。拓扑结构的选择往往与通信介质的选择和介质访问控制方法的确定有关，并决定网络设备的选择。

3) 网络协议选择

网络协议是网络中各设备、终端交换数据所必须遵守的一些事先约定好的规则。一个网络协议主要由以下 3 个要素组成，即语法、语义、同步。TCP/IP 协议是目前用得较多的网络集成协议，它由传输控制协议 TCP 和网际协议 IP 组成，是 Internet 所使用的各种协议中最主要的两种协议。

4) 网络设备选型

在网络拓扑结构和网络协议确定之后，就可以进行网络设备的选择了。根据技术方案，进行设备选型，包括网络设备选型和服务器设备选型。网络设备包括路由器、交换机、负载均衡器等。

5) 网络设计

根据产品选型进行网络细化设计。分配 IP 地址就是明确网络中每台设备或终端所使用的地址。在进行 IP 地址规划时，应遵循规范管理、可持续发展、静态分配与动态分配相结合、公网地址与私网地址相结合原则。

6) 网络安全设计

常用的网络安全产品有防火墙、IDS、IPS、身份认证系统等。关键的网络安全设计包括网络拓扑安全、系统安全加固、灾难恢复、紧急应对等。

7) 确定布线方案和布线产品

网络布线是整个网络系统的基础，作为一次性的投入，为避免重复建设，在经济允许的条件下，应采用结构化的布线，并为以后网络的扩展留有足够的空间。

1.3.2　网络系统集成的实施

1. 系统集成的步骤

网络系统集成实施的具体内容因每个项目的不同而不同。一般包括以下几项。

(1) 系统设备、产品的采购及进口代理。

(2) 综合布线系统与网络工程施工。包括综合布线系统设计、组织施工、网络设备的互联与调试等。

(3) 软件平台配置。确定网络基础应用平台方案，网络操作系统、数据库系统、基础服务系统的安装配置。

(4) 网络系统测试。包括网络设备测试、综合布线系统测试和网络运行测试。

(5) 应用软件开发。根据用户要求做，也可以外购，并在外购软件基础上做二次开发。当然这是可选项，约半数以上的系统集成商不做软件。这要看用户的要求和他们对系统集成概念的理解。

(6) 用户培训。分 3 种对象进行，即领导、网络以及数据库管理员和网络业务用户。

(7) 网络运行技术支持。在网络工程完成后，根据双方协议执行，技术支持是有偿的，一般不超过 1 年，最多不超过 3 年。

(8) 其他。包括产生各类技术文档，协助用户验收鉴定等。

系统集成的步骤如图 1-2 所示。

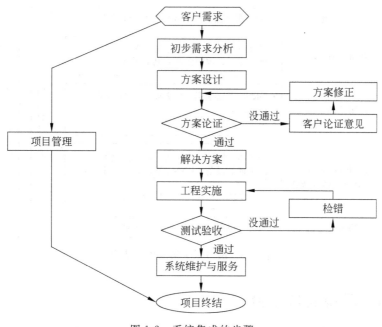

图 1-2 系统集成的步骤

2. 注意事项

在网络系统集成实施的过程中应注意以下几点问题。

(1) 网络系统集成实施前应具有完整的工程实施方案,并准备好材料、器材、设备和配置好相关工程技术人员。

(2) 网络系统集成实施应严格按计划和进度执行,如发生不可预期的情况,应及时向相关技术部门汇报,并协调处理各方意见,尽快制订解决方案。

(3) 在网络系统集成实施的过程中,应实时对质量进行控制。

网络系统测试是网络系统集成中比较重要的一步,用户可以在网络系统集成完成后,对整个网络系统进行反复的测试,在测试过程中不断对系统进行优化和调整,使系统达到最佳的工作性能和状态。测试所要做的工作包括工作间到设备间的连通状况、主干线的连通状况、信息的传输速率、实际带宽、误码率、设备的负载情况等。

1.4 网络系统集成体系框架

网络系统集成是一门综合学科,除了技术因素外还有很多管理因素。要想真正帮助用户实现信息化,必须深入了解和切入用户业务和管理,建立网络应用模型,并根据应用模型设计切实可行的系统方案并实施。在这个过程中,需要多方面的人才,如公关人员、项目管理人员、系统分析员、网络工程师、施工人员和应用工程师等。本节将从系统工程的角度,提出系统集成的初步体系架构(图1-3),并对其各个组成部分做简单描述。

图 1-3　网络系统集成体系结构

1.4.1　环境支持平台

环境支持平台是指为了在网络运行过程中保障网络安全、可靠、正常运行所必须采取的一系列环境保护手段。其主要内容包括机房环境和电源功能配备、地线的设置以及防雷系统的构建等。

1. 机房环境

机房环境包括位于网管中心或信息中心用以放置网络核心交换机、路由器、服务器等网络关键设备的场所,还有各建筑物内放置交换机和布线基础设施的设备间、配线间等场所。由于机房内需要安装各类设备,因此对机房设备间的温度、湿度、静电、电磁干扰、光线等要求较高,须严格遵循国家的相关标准规定。在网络布线施工前要先对机房进行设计、施工、装修。

2. 电源

电源为网络关键设备顺利运行提供可靠的电力供应,供电设备容量必须具备充足的存储功能。它所供输的功率应占所用设备荷载的 125%,为保证供电的连续性,理想的电源系统是 UPS。它有 3 项主要功能,即稳压、备用供电和智能电源管理。

有些单位供电电压长期不稳定,对网络通信和服务器设备的安全和寿命造成严重威胁,并且会损坏宝贵的业务数据,因而必须配备稳压电源或带整流器和逆变器的 UPS 电源。由于电力系统故障、电力部门疏忽或其他灾害造成电源掉电,损失有时是无法预料的。配备适用于网络通信设备和服务器接口的智能管理型 UPS,断电时 UPS 会调用一个值守进程,保存数据现场并使设备正常关机。一个良好的电源系统是网络可靠运行的保证。

3. 地线

地线连接为计算机系统内部电路提供较稳定的低电位,保障设备的安全使用与用户的人身安全,防止电磁信息外漏。

4. 防雷系统

防雷系统可尽可能地降低雷电所带来的财产损失。网络系统的构建过程中应严格遵守我国《建筑物防雷设计规范》(GB50057—2010)中的相关规定。

1.4.2　计算机网络平台

计算机网络平台在网络系统中具有重要的支撑性作用,一般由 5 个部分组成。

1. 网络传输基础设施

网络传输基础设施指以网络连通为目的铺设的信息通道。根据距离、带宽、电磁环境和地理形态的要求可以是室内综合布线系统、建筑群综合布线系统、城域网主干光缆系统、广域网传输线路系统、微波传输和卫星传输系统等。

2. 网络通信设备

网络通信设备指通过网络基础设施连接网络结点的各类设备,通称网络设备。包括网络接口卡(NIC)、集线器(HUB)、交换机、三层交换机、路由器、远程访问服务器(RAS)、MODEM 设备、中继器、收发器、网桥和网关等。

3. 网络服务器硬件和操作系统

服务器是组织网络共享核心资源的宿主设备。网络操作系统则是网络资源的管理者和调度员。二者又是构成网络应用平台的基础。

4. 网络协议

网络中的结点之间要想正确地传送信息和数据,必须在数据传输的速率、顺序、数据格式及差错控制等方面有一个约定或规则,这些用来协调不同网络设备间信息交换的规则称为协议。网络中每个不同的层次都有很多种协议,如数据链路层有著名的 CSMA/CD 协议、网络层有 IP 协议集及 IPX/SPX 协议等。系统集成技术人员只要精通几种主要协议就够了。

5. 外部信息基础设施的互联和互通

在 20 世纪中期,网络建设还只是停留在信息孤岛阶段。各单位、各行业建立了很多物理上互不联通、应用上互不相容的网络,行政方面的条块分割更使这种建设恶性膨胀。Internet 的出现彻底改变了这种局面。

今天,互联互通已成为建网的出发点之一。几乎所有的网络系统集成项目都能遇到内联(Intranet)和外联(Extranet)问题。中国国家信息基础设施现在虽然还很落后,但发展较快。遗憾的是,除了 CERNET(高教系统的中国教育科研网)外,绝大部分网络接入和网络带宽都被中国电信垄断。高昂的费用让人却步。

1.4.3　应用基础平台

1. 数据库平台

迄今为止,数据库系统仍然是支撑网络应用的核心。小到人事工资档案管理、财务系统,中到全国联机售票系统,大到集团公司的数据仓库、全国人口普查和气象数据分析,数据库都担当着主要角色。可以这么说,"哪里有网络,哪里就有数据库"。网络数据库平台由三部分组成,即 RDBMS、SQL 服务程序和数据库工具。

目前比较流行的数据库有 Oracle(9i)、Sybase(ASE 12.0)、Microsoft SQL Server (2000)、IBM DB2 等服务器产品。

2. Internet/Intranet 基础服务

Internet/Intranet 基础服务是指建立在 TCP/IP 协议基础和 Internet/Intranet 体系基础之上,以信息沟通、信息发布、数据交换、信息服务为目的的一组服务程序,包括电子邮件(E-mail)、WWW(Web)、文件传送(FTP)、域名(DNS)等服务。今天,每当这组服务程序投入正常运行,就基本标志网络工程的结束。

3. 开发工具

开发工具是指为建造具体网络应用系统所采用的软件通用开发工具,主要有 3 类。

1) 数据库开发工具

根据具体应用层次又分为通用数据定义工具、数据管理工具和表单定义工具,如 PowerBuilder 和 Jet Form 等。

2) Web 平台应用开发工具

Web 平台应用开发工具包括 HTML/XML 标准文档开发工具(如 Dream Weaver MX)、Java 工具(Java Shop)和 ASP 开发工具(如 Microsoft InterDev)等。

3) 标准开发工具

如 Delphi、Visual Basic、Visual C++ 等。

1.4.4　网络应用系统

网络应用系统是指以网络应用平台为基础,为满足建网单位要求,由系统集成商为建网单位开发,或由建网单位自行开发的通用或专用系统,如财务管理系统、ERP-Ⅱ系统、项目管理系统、远程教学系统、股票交易系统、电子商务系统、CAD/CAM 系统和 VOD 视频点播系统等。网络应用系统的建立,表明网络应用已进入成熟阶段。

1.4.5　用户界面

在网络中,基础服务程序和网络应用系统程序一般都处于服务器端。用户端的操作界面有 3 种情况。

1. 客户/服务器(C/S)平台界面

应用系统程序分为客户端和服务器端两部分,分别可定义各自的操作系统平台。客户端主要承担界面交互、查询请求和显示结果,服务器端则处理客户端请求并返回结果。每次软件升级都要分别更换(安装)服务器端和客户端,如果客户端工作站数目很多,工作量也会很大。

2. Web 平台界面

Web 平台界面又称浏览器/服务器(B/S)平台界面,其特点是:任凭服务器端千变万化,客户端只要安装 IE 或 Netscape 浏览器就行了。软件升级,服务器端一次搞定,是将来的发展方向。

3. 图形用户界面

图形用户界面(GUI)即 Windows 98/2000/XP/Server 2003 系列操作系统下运行的基于窗口的任务界面,与 Windows 单机版没什么区别,仅把服务器端作为文件系统,且 API 调用较多。GUI 与 Windows 98/2000/XP/Server 2003 操作系统捆绑太紧,离开 Windows 便无法运行。

1.4.6　网络安全平台

网络安全贯穿系统集成体系架构的各个层次,如图 1-2 所示。网络的互通性和信息资源的开放性都容易被不法分子钻空子,不断增长的网络外联应用,使得安全更让人放心不下。作为系统集成商,在网络方案中一定要给用户提供明确的、翔实的解决方案。但同时也得提醒一句:安全和效率永远是最大的矛盾。网络安全的主要内容是防信息泄漏和防黑客入侵。主要措施如下。

(1) 在应用层,通过用户身份认证授予他对资源的访问权,其手段是在网络中开通证书服务器,或使用微软的证书服务。安全级别最为薄弱。

(2) 在网络层,使用防火墙技术,分割内外网,使用包过滤技术,跟踪和隔离有不良企图者。安全级别中等。

(3) 在数据链路层,使用信道或数据加密传输技术完成关键信息的传递工作。不过密钥存在被破译的隐患。安全级别较高。

(4) 在物理层,实施内外网物理隔离。安全级别最高,常用于军方的网络。

1.4.7　网络管理平台

网络管理是保障网络可靠运行的重要手段。网络管理员通过网络管理系统对网络进行全面监控。一个功能完善的网络管理系统主要具有显示网络拓扑图、端口状态监视与分析、网络性能与状态的图表分析、故障诊断和报警、简化网络设备管理、配置 VLAN 的功能。网络管理对象一般包括路由器、交换机及 HUB 等。近年来,网络管理对象有扩大化的趋势,即把网络中几乎所有的实体,包括网络设备、应用程序、服务器系统、辅助设备(如 UPS 电源)等都作为管理对象。

网络管理平台根据所采用网络设备的品牌和型号的不同而不同。但大多数都支持 SNMP 协议,建立在 HP Open View 网络管理平台基础上。为了网络管理平台的统一管理,习惯上大家都在组建一个网络时尽量使用一家网络厂商的产品。

1.5　网络系统集成项目管理

随着科技的发展,信息系统项目已经渗透到社会各行各业,推动社会进步和国民经济发展。系统集成是指以通信技术、数据库技术和编程技术等信息技术与产品为基本构件满足特定客户特定需求的系统工程,具备涉及技术范围广、项目周期跨度长、集成各部分之间关系错综复杂及个性化等特征。

系统集成项目往往仓促启动,在开始实施后,客户的需求容易一再发生改变,而且往往不能按预定的进度执行,它的投资往往超出预算,实施过程可视性差。信息系统的项目管理,尤其是系统集成项目监理,往往不被重视。信息系统项目还常常事关企业组织的数据安全、业务提升能力甚至兴衰成败,因此项目管理的重要性不言而喻。本节将介绍如何实施网络工程全过程的项目管理以及如何应对网络工程验收与测试等。

1.5.1　项目管理基础

1. 项目管理概念

项目管理是一种科学的管理方式。在领导方式上,它强调个人责任,实行项目经理负责制;在管理机构上,它采用临时性动态组织形式——项目小组;在管理目标上,它坚持效益最优原则下的目标管理;在管理手段上,它有比较完整的技术方法。

对企业来说,项目管理思想可以指导其大部分生产经营活动,如市场调查与研究、市场策划与推广、新产品开发、新技术引进和评价、人力资源培训、劳资关系改善、设备改造或技术改造、融资或投资、网络信息系统建设等,都可以被看成是一个具体项目,采用项目小组的方式完成。

2. 项目管理的精髓——多快好省

通俗地讲,项目就是在一定的资源约束下完成既定目标的一次性任务。这一定义包含 3 层意思:一定资源约束;一定目标;一次性任务。这里的资源包括时间资源、经费资源、人力资源和物质资源。

如果把时间从资源中单列出来,并将它称为"进度",而将其他资源都看作可以通过采购获得并表现为费用或成本,那么就可以如此定义项目:在一定的进度和成本约束下,为实现既定的目标并达到一定的质量所进行的一次性工作任务。

一般来讲,目标、成本、进度三者是互相制约的,其关系如图 1-4 所示。

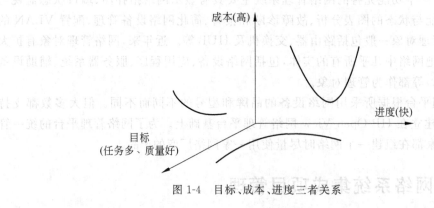

图 1-4　目标、成本、进度三者关系

其关系可以分为任务范围和质量两个方面。项目管理的目的是谋求(任务)多、(进度)快、(质量)好、(成本)省的有机统一。

通常,对于一个确定的合同项目,其任务的范围是确定的,此时项目管理就演变为在一定的任务范围下如何处理好质量、进度、成本三者的关系。

3. 项目管理对网络系统集成工程建设的意义

网络系统建设构成一类项目,因此必须采用项目管理的思想和方法指导。网络系统集成项目的失败不是没有技术方面的问题,仅在绝大多数情况下,最终表现为费用超支和进度拖延。有了项目管理,网络系统建设也未必一定能成功,项目管理不当或根本就没有项目管理意识,网络系统建设必然会失败。显然,项目管理是网络系统集成成功的必要条件,而非充要条件。

尽管项目管理失误造成网络系统建设失败的现象在 IT 业中时有发生,但在相当一段时期内却并未受到重视。其原因在于 IT 行业平均利润率高于传统行业,因此即使内部存在很大的问题也仍能盈利,从而造成众多 IT 企业忽视了项目管理的作用。

4. 网络系统集成项目的特殊性

网络系统集成作为一类项目,具有 4 个鲜明特点。

（1）目标不明确、任务边界模糊、质量要求主要是由项目团队定义。在网络系统集成中,客户常常在项目开始时只有一些初步的功能要求,没有明确的想法,也提不出确切的需求,因此网络系统项目的任务范围在很大程度上取决于项目组所做的系统规划和需求分析。由于客户方对信息技术的各种性能指标并不熟悉,所以,网络系统项目所应达到的质量要求也更多由项目组定义,客户则担负审查任务。为了更好地定义或审查网络系统项目的任务范围和质量要求,客户方可以聘请网络系统项目监理或咨询机构监督项目的实施情况。

（2）实施的过程中不可控因素多。集成系统不是孤立的对象,它必须和业务流程相结合,满足一定的业务需求,而业务流程面临复杂的环境,业务需求也复杂多变,从而使信息系统面临双重的复杂性。尤其是网络系统集成项目绝大部分工作都在工程现场完成,这就对现场作业管理的质量、进度控制提出了新的要求。

客户需求随项目进展而变,导致项目进度、费用等不断变更。尽管已经根据最初的需求分析报告制订了网络设计方案,签订了较明确的工程项目合同,然而随着网络系统实施的进展,客户的需求不断被激发,尤其是程序、界面以及相关文档需要经常修改。而且在修改过程中又可能产生新的问题,这些问题很可能经过相当长的时间后才会被发现,这就要求项目经理不断监控和调整项目的计划执行情况。

（3）网络系统集成项目是智力密集、劳动密集型项目,受人力资源影响最大,项目成员的结构、责任心、能力和稳定性对网络系统项目的质量以及是否成功有决定性的影响。

网络系统集成项目工作的技术性很强,需要大量高强度的脑力劳动,项目施工阶段仍然需要大量的手工或体力劳动。这些劳动十分细致、复杂和容易出错,因而网络系统项目既是智力密集型项目,又是劳动密集型项目。

另外,网络系统集成渗透了人的因素,带有较强的个人风格。为能高质量地完成项目,必须充分发掘项目成员的智力才能和创造精神,不仅要求他们具有一定的技术水平和工作经验,而且还要求他们具有良好的心理素质和责任心。与其他行业相比,在网络系统开发中,人力资源的作用更为突出,必须在人才激励和团队管理问题上给予足够的重视。

（4）多学科合作。网络系统集成项目属于脑力密集项目，项目本身充满许多不确定性，并且伴随项目规模的增大这种现象更加突出。它需要运用多种学科的知识来解决问题，如指挥调度系统需要计算机技术、网络通信技术、电子电力技术等。

因此，网络系统集成项目通常都要经历以下几个阶段，项目管理过程也是针对这些阶段产生的。

（1）确定网络、服务器、应用等系统模式，设备运行与开发环境等。

（2）编写技术规格说明书。

（3）各子系统详细设计。

（4）系统安装调试、软件编程。

（5）系统联调、性能评估。

（6）测试验收，依据合同移交配置清单、调试报告、使用说明等工程文档。

（7）培训与维护保修。

由此可见，网络系统项目与其他项目一样，在项目范围管理、项目组织、成本管理、质量管理、人力资源管理、沟通管理、采购管理、风险管理和综合管理这 9 个领域都需要加强，特别要突出人力资源管理的重要性。

1.5.2　网络系统集成项目管理的内容

图 1-5 给出了网络系统集成工程的概要工作分解结构（WBS）。

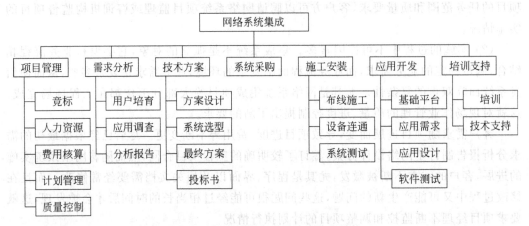

图 1-5　网络系统集成的工作分解结构

从需求分析、技术方案、系统采购、施工安装、应用开发到培训支持都是工程实施的一般过程，以竞标、人力资源配置管理、费用核算、计划管理、质量控制为主要内容的项目管理活动贯穿系统集成项目始终，项目管理与工程实施的技术活动相辅相成，共同保障系统集成项目的成功。

网络工程是一项投资较大的计算机网络工程，无论是一个大型系统还是一个中小型的工程，甚至一个极小工作量的工作包，都可以作为一个完整的项目进行管理。作为一个项目，都会在范围、时间、成本、质量、人力资源、沟通、风险、采购等不同方面进行约束，有的约束在项目开始阶段的重要性比较高，有的约束在项目完成验收阶段的重要性比较高，也有几个方面却是贯穿整个项目各个阶段的,它们不断循环、相互制约,为能够更好地完成项目提供更为全面的保障。

项目管理的目的在于保证整个网络工程高效、优质、按期地完成,确保整个网络系统能满足各单位对网络系统的需求,确保网络集成商可获得自己应有的利润。

1.5.3　建立高效的项目管理团队

团队是由个体组成的、具有共同目标和共同行为规范的群体,团队凝聚力与战斗力是项目成败的关键因素。建立高效的项目管理团队,是系统集成项目成功的前提。项目团队组织结构类型分为垂直方案、水平方案和混合方案。以垂直方案组织的团队由多面手组成,每个成员都充当多重角色。以水平方案组织的团队由专家组成,每个成员充当一个到两个角色。以混合方案组织的团队既包括多面手,又包括专家。对于许多跨职能部门的项目以矩阵型组织结构进行最有效。对于需要进行最严格的资源控制的以项目化组织结构进行最有效。

在充分明确工程目标的基础上,深入、细致、全面地调查与工程相关的所有工程人员的实际情况,与施工有关的一切现场条件,及施工的材料设备的采购供应状况,以顺利完成工程目标为目的,组织以项目经理为首的若干个强有力、高效率的项目管理小组,包括工程决策、工程管理、工程监督、工程实施、工程验收等一整套管理机构,形成一个相对完善和独立的机体,全面服务于系统集成工程,切实保障工程各个具体目标的实现。项目管理团队中的几个主要机构的任务和责任分述如下。

1. 领导决策组

确定工程实施过程中的重大决策性问题,如确定工期、总体施工规范、质量管理规范及甲乙双方的协调等。

2. 总体质量监督组

建立有集成商、用户、项目监理单位三方参与的工程项目实施质量监督管理小组。协助和监督工程管理组把好质量关,管理上直接对决策组负责,要保证在人员配备上坚持专家原则、多方原则和最高决策原则。定期召开质量评审会、措施落实会,切实使工程的全过程得到有力的监督和明确以及有效的指导。

3. 系统集成执行组

根据工程的实际情况,对工程内容进行分类,划分若干工程小组,每个小组的工作内容应具有一定的相关性,这样有利于形成高效的施工方式。在施工过程中,必须坚持进度和质量保证的双重规范。

4. 对外协调组

负责工程的具体实施管理,全面完成决策组的各项决策目标。包括:资金、人员、设备的具体调配;控制整个工程的质量和进度;及时向决策组反馈工程进行的具体情况。

全面负责整个工程的材料设备的采购供应工作,要事先做好采购供应计划,更重要的是要有极强的适应性,根据工程实施的具体情况,随时调整供应计划,确保工程的顺利进行。

5. 工程管理与评审鉴定小组

负责工程项目进度控制,技术文档的收集、编写、管理,项目进度评估,验收鉴定的组织和管理等。

项目团队建设应充分注意以下几方面的问题。

(1) 项目从启动阶段就应明确组织架构,明确每个人的职责,建立通畅的上下沟通渠道。

(2) 重视人才培养。项目管理者大都是技术出身,一些项目经理往往愿意自己动手做具体的技术工作,而不注重对项目组技术人员的培养。要求项目经理加强人才培养,不仅技术人员可以不断学习与提高,管理人员也可以有更多的时间计划和控制,大大提高了工作效率。

(3) 职业规划。为项目组成员规划职业阶梯,为具有一定工作能力与潜力的成员比较准确地确立下一发展目标。

(4) 领导以身作则,项目经理以自身良好的职业素养与吃苦精神,激励团队的战斗力。

1.5.4　网络系统集成的项目管理

目前,在传统行业实行项目管理已很普遍,而在信息系统集成行业,人们也越来越认识到实行项目管理的重要性。由于信息产业的技术含量高,信息系统集成项目经常会遇到需求多变、技术更新和所处环境变化快速、人员流动频繁等情况,所以信息系统集成行业更加需要科学规范的项目管理。因此,只有对信息系统集成项目实施项目管理,才能规范项目需求、降低项目成本、缩短项目工期、保证信息工程质量。

网络系统集成项目管理是在可行性研究、启动、计划、控制执行、收尾5个项目管理过程中,实现立项、项目组织、项目需求、计划与执行、成本、质量、人员、服务、技术、文档、风险、验收及其他14项管理内容。其中,立项、项目需求、计划与执行、验收可称为动态管理;项目范围管理,项目组织、成本、质量、人员沟通、合同与文档、风险管理等称为静态管理。

网络系统集成项目管理的主要过程如下。

1. 项目可行性研究

在一定的组织里,没有完成项目可行性研究,一个项目一般不会正式启动。很多公司在进行项目可行性研究时会出现很多问题。例如,研究深度不够,质量不高,不能满足决策的需要;不重视多方案论证和比较,无法进行优选;调查研究得不够,导致项目投资收益计算失真;可行性研究报告的编制缺乏独立性、公正性和客观性等。对此,首先要正确认识可行性研究的阶段划分与功能定位;其次按要求进行可行性研究,正确确定其依据;再次采用科学的方法与先进的技术;最后建立科学的决策体系和管理机制。

2. 项目启动阶段

项目启动阶段需要界定工作目标及工作任务并获得领导或高层的支持;组建优秀的项目团队;准备充足的资源;建立良好的沟通;对客户的积极反应进行适当的监控和反馈。

项目管理最重要、最难做的工作就是界定工作目标及工作任务,也就是确定项目的范围。缺少正确的项目范围定义和核实,是项目失败的主要原因。通过和项目干系人在项目要产出什么样的产品方面达成的共识,以及产品描述、战略计划、项目选择标准等方面的信息,利用项目选择方法和专家判断输出项目的正式审批文件,也就是项目章程。

建立良好的沟通。这需要项目经理把 $75\% \sim 90\%$ 的时间花在沟通上。沟通贯穿项目的所有生命周期。用户参与、主管层的支持、需求的清晰表达是项目成功的三大主要因素,所有这些因素都依赖于拥有良好的沟通技巧。

完成项目章程后,要召开项目团队启动会议,团队启动会议主要是建立正式的团队,提供团队成员的角色和职责,提供绩效管理方法,向成员提供项目范围和目标。项目启动还要召开针对客户的项目启动会议。在这个会议上,项目经理会与客户确立正式的交流渠道,项目综合描述,让项目参与人员相互了解,建立以项目经理为核心的管理制度。

3. 项目计划阶段

1) WBS

将项目分解为工作分解结构(WBS),通过对项目目的的理解,确定工作主要分为哪几个部分,自上而下将大的部分分解成下一个层次的几个小部分,将每个构成要素再分解为子构成要素,逐级完成,直到能够分派作业并监测,同时制定 WBS 词典和 WBS 的编号系统。通过 WBS 的使用,使项目成本可以估算,这是项目各项计划和控制措施编制的基础和主要依据,保证了项目结构的系统性和完整性,可以建立完整的项目保证体系,便于执行和实现目标要求,为建立项目信息沟通系统提供依据,便于把握信息重点,是项目范围变更控制的依据和项目风险管理计划编制的依据。

2) 项目进度计划

项目进度计划是在拟定年度或实施阶段完成投资的基础上,根据相应的工程量和工期要求,确定每项活动的起止时间、相互衔接协调关系所拟订的计划,同时对完成各项工作所需的劳力、材料、设备的供应做出具体安排。

制订项目进度计划首先要对 WBS 中确定的可交付成果的产生所必须完成的具体活动进行定义,得到活动列表;然后通过前导图法、箭头图法或关键路径法工具和技术将活动顺序进行安排,决定活动之间的逻辑关系;接着利用类比法、专家估计法、基于 WBS 的子活动估计方法或量化估计方法对活动工期进行估算;最后依据上面提到的活动定义、活动排序和活动历时估算等数据的获得,反复进行改进,制订出适合本项目的进度计划。

3) 项目风险管理

网络系统集成项目的风险大,较之一般的项目管理,该项目在需求、设计、执行、结束4 个阶段都存在着较大的风险。在信息技术项目实施过程中,尽管经过前期的可行性研究以及一系列管理措施的控制,仍旧不能预见其将会产生的实施效果。项目最终可能达不到预期目标,也可能费用超支、时间比计划的长、产品性能比预计的低等。风险管理需要作为 IT 项目管理的重要内容,可以降低项目失败的可能性,即便最少的风险管理也可能极大程度地减小高成本问题的出现。

风险存在以下特点。

(1) 风险存在的客观性和普遍性。作为损失发生的不确定性,风险是不以人的意志为转移并超越人们主观意识的客观存在,而且在项目的全寿命周期内,风险是无处不在、无时不有的。这些说明了为什么虽然人类一直希望认识和控制风险,但直到现在也只能在有限的空间和时间内改变风险存在和发生的条件,降低其发生的频率,减少损失程度,而不能也不可能完全消除风险。

(2) 某一具体风险发生的偶然性和大量风险发生的必然性。任一具体风险的发生都是诸多风险因素和其他因素共同作用的结果,是一种随机现象。个别风险事故的发生是偶然的、杂乱无章的,但对大量风险事故资料的观察和统计分析,发现其呈现出明显的运动规律,这就使人们有可能用概率统计方法及其他现代风险分析方法去计算风险发生的概率和损失程度,同时也导致风险管理的迅猛发展。

(3) 风险的可变性。这是指在项目实施的整个过程中,各种风险在质和量上是可以变化的。随着项目的进行,有些风险得到控制并消除,有些风险会发生并得到处理,同时在项目的每一阶段都可能产生新的风险。

(4) 风险的多样性和多层次性。大型开发项目周期长、规模大、涉及范围广、风险因素数量多、种类繁杂,致使其在全寿命周期内面临的风险多种多样。

风险识别的方法有以下 3 种。

(1) 分解原则法。就是将项目管理过程中复杂的难以理解的事物分解成比较简单的容易被认识的事物,将大系统分解成小系统,这也是人们在分析问题时常用的方法(如项目工作分解结构 WBS)。

(2) 故障树(Falt Trees)法。就是利用图解的形式将大的风险分解成各种小的风险,或对各种引起风险的原因进行分解,这是风险识别的有利工具。该法是利用树状图将项目风险由大到小、分层排列的方法,这样容易找出所有的风险因素,关系明确。与故障树相似的还有概率树、决策树等。

(3) 专家调查法。由于在风险识别阶段的主要任务是找出各种潜在的危险并做出对其后果的定性估量,不要求作定量的估计,又由于有些危险很难在短时间内用统计的方法、试验分析的方法或因果关系论证得到证实(如市场需求的变化对项目经济效益的影响,同类软件开发商对本组织的竞争影响等)。该方法主要包括两种,即集思广益法和德尔菲法(Delphi)。

风险分析是在风险识别的基础上对项目管理过程中可能出现的任何事件所带来的后果的分析,以确定该事件发生的概率以及与可能影响项目的潜在的相关后果。风险分析的出发点是揭示所观察到的风险的原因、影响和程度,并提出和考察备选方案。针对风险出现的可能性,需要采取一些手段控制风险,建议使用以下风险控制步骤。

(1) 在网络系统集成项目管理的全过程,若发现对一个或更多阶段的分析、投入不够,则应尽量详细分析,并且项目文档的管理应尽量规范、完整,保持对风险因素相关信息的收集工作。

(2) 需求分析阶段,为提高需求识别的可信度,应去伪存真、深入调研;为保证用户需求的完整性,应尽量获得全面的需求数据。

(3) 设计阶段,为保证方案的正确性、设计的合理性,邀请专家进行鉴定,以获得开发商和用户等多方面的认可。

（4）通过回避项目风险因素，回避可能产生的潜在损失或不确定性。在项目开始前，把缓解这些原因（避开风险）的工作列入已拟订的控制计划中。

（5）通过减少损失发生的机会，或通过降低所发生损失的严重性来处理项目风险。当项目启动时，做好人员流动的准备工作，采取一些办法以确保人员一旦离开时项目仍能继续进行（削弱风险）。

（6）在项目实施中加强风险的控制，这里包括建立风险监控系统，合理安排人员投入比例和工程进度，规范技术操作，多安排有经验的职员，特别是对每一个关键性的技术，要培养后备人员；制订合理的进度计划和技术标准，及时发现风险，做出反应。在风险状态下，采取有效措施保证项目正常实施，保证施工秩序，及时修改方案调整计划，以恢复正常的施工状态，减少损失。

（7）在阶段性计划调整过程中，需加强对近期风险的预测，并纳入近期计划，同时要考虑计划的调整和修改会带来新的问题和风险。

（8）项目结束时应对整个项目的风险管理进行评价，为以后进行同类项目提供参考。

4. 项目控制执行阶段

项目控制执行阶段主要进行进度控制、成本控制和质量控制。

1）进度控制

项目进度控制是依据项目进度计划对项目的实际进展情况进行控制，使项目能够按时完成。有效的项目进度控制的关键是监控项目的实际进度，以项目进度计划为基点，及时、定期地将预定项目进度与实际项目进度进行比较，便于发现和找出问题，进而分析问题产生的原因，并立即采取必要的纠正措施。

其内容包括：产生计划偏离时，项目经理应会同相关人员对计划进行重新评估，分析偏离情况，在制订进度计划时留有了一定富余量；在实际变更发生时进行管理；进度控制应和其他控制进程紧密结合，并且贯穿于项目的始终。

2）成本控制

项目成本控制是在保证满足工程质量、工期等合同要求的前提下，对项目实施过程中所发生的费用，结合合同总价，根据项目的执行条件、工具选择、人员素质等对项目的成本目标进行预测，通过计划、组织、控制和协调等活动实现预定的成本目标，并尽可能使项目的实际成本控制在计划和预算范围内的管理过程。

项目成本控制是以项目各项工作的成本预算、成本基准计划、成本绩效报告、变更申请和项目成本管理计划为依据，以成本变更控制系统、绩效测量、补充计划编制和计算机工具等方法进行的。做好成本计划则是实现成本控制目标的第一步。在制订成本计划时应尽可能正确地为相关活动确定预算，即不过分慷慨，以避免浪费和管理松散，也不过于吝啬，以免无法完成或质量低下。

一个工程项目涉及的成本投入主要分为设备/材料费用、企业支持与服务费、项目组人员费用、专家咨询费、分包商工程费、租用设备和工具费、差旅费及其他间接费用。

3）质量控制

质量控制贯穿于整个系统集成项目的生命周期，是打造高质量工程的前提和保障。质量控制以工作结果、质量管理计划、操作定义及检测列表为依据，以检验、统计抽样、核对表、排列图、直方图、散点图、控制图、流程图、趋势分析和 6δ 管理法为工具进行的。

质量控制的实施工作主要由主管领导把关、由项目组成员实施完成的。因此,离不开主管领导在项目执行中的积极参与和监督。质量人员定期实施现场巡查,并记录、通报检查结果。对项目中的变更及时告知项目经理与质量组。采取奖励机制激励项目组成员按进度、保质保量完成任务。

5. 项目收尾阶段

在收尾阶段主要工作是系统的测试与验收,测试通过后有 3 个月的试运行期。本阶段主要控制测试/验收的组织、召开评审会议、确保测试/验收的顺利进行。

1) 项目结束

项目结束时,项目经理要将最终系统方案提交给用户,完成项目所有的提交件、项目全部信息并结束项目,完成或终止合约,签署项目结束的相关文件。输出文档包括"系统测试记录""系统测试报告""系统试运行报告""验收申请""系统终验报告"。

2) 客户满意度

验收通过后,乙方依据合同移交所有工程文档给甲方。中间还会按照之前提交的培训计划提供用户培训,包括课程培训、现场培训等。最后向客户提供一份项目满意程度调查报告,从客户那里得到最真实的反馈,并将问卷结果返回公司数据库,作为依据考核项目经理及其他成员。

3) 项目完工会议

项目结束后,项目经理针对整个项目过程,就是否达到预期目标、出现哪些问题及解决方式、项目组成员表现评价、费用最终核算、成本绩效、进度计划续效、项目计划与控制、项目沟通、识别问题与解决问题、意见和建议等方面提交"项目总结报告"给公司高层及主管职能部门领导。

本章小结

本章拟对网络系统集成的概念、内容、方法和业务流程作简要介绍,并简要描述网络系统集成的体系架构,随后对如何实施网络工程全过程的项目管理进行概要说明。

(1) 网络系统集成概念——介绍网络系统集成的概念、内容和步骤。

(2) 网络系统集成的体系架构——介绍网络系统集成自底向上的几个技术层面,包括环境支持平台、网络平台、应用基础平台、应用系统、用户界面以及网络安全平台。

(3) 网络工程项目管理——介绍网络系统集成项目可行性研究以及项目启动、计划、控制执行、收尾等阶段的项目管理过程。

思考与练习

(1) 什么是系统集成?

(2) 网络系统集成包括哪些层面?

(3) 网络系统集成的内容有哪些?

（4）画图描述网络系统集成的体系框架。

（5）网络项目管理包括哪些内容？

（6）进行网络系统集成需求分析时向用户调查些什么？

实践课堂

在网上或在实践中了解一下某家企业，了解用户建立网络的功能需求，设计一个简单的网络系统集成功能描述书。

第 2 章

综合布线系统设计与实施

2.1 综合布线系统的标准

一些曾经做过网络工程的技术人员往往认为，综合布线系统工程与安装多媒体教室之类的工作一样，依靠经验就可以很好完成。事实上，综合布线系统工程是依靠科学规范地执行布线规程、标准，保证综合布线系统工程的先进性、实用性、灵活性、开放性及可维护性。

综合布线系统标准是指布线技术法规，它不但限定了产品的规格、型号和质量，也为用户提供一套明确的判断标准和质量测试方法，以确保技术的兼容性。表 2-1 所示为综合布线系统相关的一些主要标准，这些也是综合布线系统方案中引用最多的标准。

表 2-1 综合布线系统相关的一些主要标准

标准\项目	国际布线标准	欧洲布线标准	北美布线标准	中国布线标准
综合布线系统性能、系统设计	ISO/IEC11801-2002 ISO/IEC 61156-5 ISO/IEC 61156-6	EN 50173-2000 EN 50173-2002	ANSI/TIA/EIA 568-A ANSI/TIA/EIA 568-B ANSI/TIA/EIA TSB 67-1995 ANSI/TIA/EIA/ IS 729	GB/T 50311—2000 YD/T 926.1—2001 YD/T 926.2—2001 YD/T 926.3—2001
安装、测试和管理	ISO/IEC 14763-1 ISO/IEC 14763-2 ISO/IEC 14763-3	EN 50174-2000	ANSI/TIA/EIA 569 ANSI/TIA/EIA 606 ANSI/TIA/EIA 607	GB/T 50312—2000 YD/T 1013—1999
部件	IEC 61156 等 IEC 60794-1-2	CENELEC EN 50288-×-× 等	ANSI/TIA/EIA 455-25C-2002 等	GB/T 9771.1—2000 YD/T 1092—2001
防火测试	ISO/IEC 60332 ISO/IEC 1034-1/2	NES-713	UL910 NAPA 262-1999	GB 12666—1990 GB/T 18380—2001

在实际工程项目中,虽然并不需要涉及所有的标准和规范,但作为综合布线系统的设计人员,在进行综合布线系统方案设计时,应遵守综合布线系统性能、系统设计标准。综合布线施工工程应遵守布线测试、安装、管理标准,以及防火、防雷接地标准。因此,对综合布线系统标准的来龙去脉有一个比较全面的了解是非常重要的。

1. 国际布线标准

早在 1991 年,ANSI/TIA/EIA 就颁布了一个名为《商用建筑通信布线标准》(ANSI/TIA/EIA 568-A)的权威行业标准,并不断改进,包括更高级的布线规格、模块化插座的测试要求等,即《通信系统公报》。1999 年发布了一个增补版 ANSI/TIA/EIA 568-A.5,并推荐了 Cat 5 Enhanced 类、6 类对绞线的相关内容。2000 年新版的 ANSI/TIA/EIA 568-B 标准出现。2001 年 4 月 1 日发布了商业的建筑物通信电缆标准《商用建筑通信线标准》(ANSI/TIA/EIA 568-A)第二部分平衡双绞线布线系统。

2002 年 6 月,在美国通信工业协会(TIA)TR-42 委员会的会议上,正式通过了 ANSI/TIA/EIA 568-B.2-1-2002,即讨论已久的 6 类布线标准。这个标准成为 ANSI/TIA/EIA 568-B 标准的附录。该标准也被国际标准化组织 ISO 批准,标准号为 ISO/IEC11801-2002。当然,这并不意味着废除原有的 ANSI/TIA/EIA 568-A 标准。

事实上在网络工程中,这两者并没有谁会代替谁的情况发生,而是同时并存。新的 B 版标准主要考虑了以下一些内容:综合布线系统中的电缆传输距离、传输媒体、开放式办公布线、实际安装、现场测试、工作区连接和通信设备等,并专门针对绞线及光纤进行了较详细的说明。

另外,ISO 也与 IEC 合作,于 1995 年 7 月颁布了《信息技术——用户通用布线系统》(ISO/IEC 11801)的国际布线标准;ISO/IEC 11801-2002(第二版)于 2002 年 8 月 13 日投票通过,2002 年 9 月印刷出版成为正式标准颁布使用。这个新标准定义了 6 类、7 类缆线的标准,把 Cat5/Class D 的系统按照 Cat5+重新定义,以确保所有的 Cat5/Class D 系统均可运行吉比特以太网。更重要的是,在这个标准新版本中定义了 Cat6/Class E 和 Cat7/Class F 类链路,并考虑了电磁兼容性(EMC)问题。

2. 国家布线标准

在国内进行综合布线系统设计施工时必须参考中华人民共和国的国家标准和通信行业标准,但由于这是一项涉及面较大的工程,不仅涉及计算机技术、通信技术,而且牵涉建筑、装饰装修、电气安装、广播电视及消防安全等相关领域。同时,由于一些历史原因,国家标准的制定主要也是以 ANSI/TIA/EIA 568-A 及 ISO/IEC 11801 等作为依据,并结合国内具体实际进行了相应的修改。

比如在美国标准中,将综合布线系统划分为建筑群子系统、垂直子系统、水平子系统、管理子系统、设备间子系统和工作区子系统,而我国原邮电部于 2001 年颁布的通信行业标准《大楼通信综合布线系统》(YD/T 926.1~3—2001)则规定综合布线系统可由建筑群主干布线子系统、建筑物干线布线子系统和水平布线子系统 3 个布线子系统构成。另外,因工作区布线一段为非永久性布线,所以并未包括在综合布线系统工程中。

2000 年 2 月 28 日,国家质量技术监督局、建设部联合发布了综合布线系统工程的中华人民共和国国家标准,如《建筑与建筑群综合布线系统工程设计规范》(GB/T 50311—2000)等。若需进一步了解这些国家标准,可访问中华人民共和国建设部、信息产业部等相关网站,也可向有关主管部门咨询。

3. 行业布线惯例

在综合布线设计施工中,如果有相关的国际标准、国家标准和地方法规,当然应该参照执行。但是,实际应用中仍然会存在一些"无据可查"的情况,这时可参考一些行业惯例。在综合布线系统设计安装时可能涉及的行业惯例相当多,需要视具体情况查用。例如,人们对色彩和图形的敏感程度远远高于对符号和文字数码,因而色彩在综合布线工程设计、施工和使用维护中具有重要的作用。在一般情况下,在设备间、管理间、配线间等地方可以看到一些醒目的色标,通过这些色标可以将不同的功能或区域清晰地分开。

通常在管理完善的一些综合布线系统中,绿色代表"绿色场区",接至公用网;紫色代表"紫色场区",通过"灰色场区"接至设备间,再通过配线架连接到"白色场区"至干线子系统,再由干线子系统分线接入"蓝色场区",即配线子系统,最终接入工作区(工作区同样属于"蓝色场区")的信息插座。通常相关的色区相邻放置,连接块与相关的色区相对应,相关色区与接插线相对应。

在设备间的另一端则通过"棕色场区"接至建筑群子系统,从而引至另一幢建筑物。在一般情况下,这些鲜艳的色彩作为各区,特别是设备间、管理及配线间的配线架标签的底色,或用于跳接线的标签。

另外,在布线的设计施工中经常要考虑到的一个重要问题是不同缆线相通时的处理方案,如不属于同一个工程的细线以及本次布线中的不同细线等。理论上,同一综合布线系统工程中,各种缆线交叉走线的情况是没有的,但是施工时可能会有一些特例。那么,如果出现这样的特例,在通常情况下,相互平行的缆线走线时,电源缆线一般位于信息缆线的上部。如果出现电源缆线与信息缆线相交叉时,尽量采用垂直交叉走线,并符合最小交叉净距要求,且通常是电源缆线"绕道而行"。

无论是国际、国家或地区制定的综合布线系统标准,如《信息技术用户建筑群的通用布缆标准》(ISO/IEC 11801-2002)、《6 类电缆标准》(ANSI/TIA/EIA 568-A/B)或《建筑与建筑群综合布线系统工程设计规范》(GB/T 50311—2000)、《建筑与建筑群综合布线系统工程验收规范》(GB/T 50312—2000),还是行业惯例,均包含有以下几个方面的内容。

(1) 目的部分指出以下内容:①规范一个通用语音和数据传输的缆线布线标准,以支持多设备、多用户环境;②为服务于商业通信设备和布线产品的设计提供方向;③能够对商用建筑中综合布线系统进行规划和安装,使之能够满足用户的多种通信需求;④为各种类型的缆线、连接设备及综合布线系统的设计和安装建立性能和技术标准。

(2) 范围指出适用范围,一般标准针对的是"商业办公"通信系统:综合布线系统的使用寿命要求在 15 年以上。

（3）标准的内容主要说明所用传输媒体、拓扑结构、布线距离、用户接口、缆线规格、连接硬件性能、安装程序等。

2.2 综合布线系统的设计

为了适应经济建设高速发展和改革开放的社会需求，配合现代化城市建设向数字化、综合化、智能化方向发展，搞好建筑与建筑群的电话、数据、图文、图像等多媒体综合网络建设是非常重要的。综合布线系统是智能建筑及建筑群的重要基础设施。由于综合布线系统和网络技术息息相关，在设计综合布线系统的同时必须考虑网络技术的发展与应用，也就是说，系统布线设计要与网络技术相结合，尽量做到两者在技术性能上的统一，避免硬件资源冗余和浪费，充分发挥综合布线系统的优点。

2.2.1 综合布线系统的设计原则

综合布线系统设计应遵循智能建筑工程的设计原则，即开放式结构、标准化传输媒体和标准化的连接界面。在此基础上，还应考虑综合布线系统本身的一些特点，遵循综合布线系统本身的设计原则和基本步骤。综合布线系统的设计，既要充分考虑所能预见的计算机技术、通信技术和控制技术飞速发展的因素，同时又要考虑政府宏观政策、法规、标准、规范的指导和实施原则。

通过对建筑物结构、系统、服务与管理 4 个要素的合理优化，使整个设计成为一个功能明确、投资合理、应用高效、扩容方便的实用综合布线系统。具体说来，应遵循兼容性、开放性、灵活性、可靠性、先进性、用户至上等原则。

1. 兼容性原则

综合布线系统是能综合多种数据信息传输于一体的网络传输系统，在进行工程设计时，需确保相互之间的兼容性。兼容性指它自身是完全独立的而与应用系统相对无关，可以适用于多种应用系统。综合布线系统综合了语音、数据、图像和监控设备，并将多种终端设备连接到标准的 RJ-45 信息插座内。对不同厂家的语音、数据和图像设备均应兼容，而且使用相同的电缆与配线架，相同的插头和插孔模块。

在过去，为一幢建筑物或一个建筑群内的语音或数据线路布线时，往往是采用不同厂家生产的电细线、插座及接头等。例如，用户交换机通常采用对绞线，计算机网络系统采用粗同轴电缆或细同轴电缆。不同设备使用不同的配线材料，而连接这些不同配线的插头、插座及端子板也各不相同，彼此互不兼容。一旦需要改变终端机或电话机位置时，就需敷设新的缆线且要安装新的插座和接头。

综合布线系统通过统一规划和设计，采用相同的传输媒体、信息插座、交连设备、适配器等，把语音、数据及视频设备的不同信号综合到一套标准的系统中。由此可见，这种布线比传统专属布线大为简化，可节约大量的物资、时间和空间。在使用时，用户可不用定义某个工作区的信息插座的具体应用，只把某种终端设备（如个人计算机、电话、视频设备等）插入这个信息插座，然后在交接间和设备间的交接设备上做相应的接线操作，这个终端设备就被接入各自系统。

2．开放性原则

对于传统的专属布线方式，只要用户选定了某种设备，也就选定了与之相适应的布线方式和传输媒体。如果更换另一种设备，那么原来的布线系统就要全部更换。对于一个已经竣工的建筑物，这种变化是十分困难的，要增加很多投资。

综合布线系统由于采用开放式体系结构，符合多种国际上现行的标准，因此，它几乎对所有著名厂商的产品都是开放的，如计算机设备、交换机设备等，并支持所有通信协议，如 ISO/IEC 11801-2002、ANSI/TIA/EIA 568 等。

在进行综合布线工程设计时，采用模块化设计，便于今后升级扩容。布线系统中除了固定于建筑物中的电缆外，其余所有接插件全部采用模块标准部件，以便于扩充及重新配置。这样做的好处是，当用户因发展需要而改变配线连接时，不会因此而影响到整体布线系统。同时，还充分考虑了建筑物内所涉及各部门信息的集成和共享，保证了整个系统的先进性、合理性：总体结构具有可扩展性和兼容性，可以集成不同厂商不同类型的先进产品，使整个系统可随技术的进步和发展不断得到改进和提高。

3．灵活性原则

传统的专属布线方式是封闭的，体系结构相对固定，若要迁移或增加设备相当困难，并且非常麻烦，甚至是不可能的。

综合布线系统中任一信息点应能够很方便地与多种类型设备（如电话、计算机、检测器件及传真机等）进行连接。综合布线系统采用标准的传输细线和相关连接硬件，模块化设计。因此，所有信道都通用。每条信道可支持终端、以太网工作站及令牌环网工作站。所有设备的开通及更改均不需要改变布线，只需增减相应的应用设备以及在配线架上进行必要的跳线管理即可。另外，组网也可灵活多样，甚至在同一房间可有多用户终端、以太网工作站、令牌环网工作站并存，为用户管理数据信息流提供了必要条件。

4．可靠性原则

传统的专属布线方式由于各个应用系统互不兼容，因而在一个建筑物中往往有多种布线方案。因此，建筑物系统的可靠性要由所选用的布线可靠性保证，当各应用系统布线不恰当时，就会造成交叉干扰。

综合布线系统采用高品质的传输媒体和组合压接的方式构成一套标准化的数据传输信道。所有线槽和相关连接件均通过 ISO 认证，每条信道都采用专用仪器测试链路阻抗及衰减，保证了其电气性能。应用系统布线全部采用点到点端接，任何一条链路故障均不影响其他链路的运行，为链路的运行维护及故障检修提供了方便，从而也保障了应用系统的可靠运行。各应用系统往往采用相同的传输媒体，因而可互为备用，提高冗余度。

5．先进性原则

先进性原则是指在满足用户需求的前提下，充分考虑信息社会迅猛发展的趋势，在技术上适度超前，使设计方案保证将建筑物建成先进的、现代化的智能建筑物。综合布线系统工程应在现在和将来都能够适应企业发展的需要，具备数据、语音和图像通信的功能。所有布线均采用最新通信标准，配线子系统链路均按 8 芯对绞线配置。对于特殊用户的需求可把光纤引到桌面（Fiber to the Desk）。语音干线部分用铜缆，数据部分用光缆，可为同时传输多路实时多媒体信息提供足够的带宽容量。

目前智能建筑大多采用 5 类对绞线及以上的综合布线系统,适用于 100Mb/s 以太网和 155Mb/s ATM 网。5e 类及 6 类对绞线则适用于 1000Mb/s 以太网,并完全具有适应语音、数据、图像和多媒体对传输带宽的要求。在进行综合布线工程设计时,使方案具有适当的先进性。在进行垂直干线布线时,尽量采用 5e 类以上的对绞线或者光纤等适当超前的布线技术。当未来发展需要其他业务时,只改变工作区的相关设备或者改变管理、跳线等易更新部件即可。

6. 用户至上原则

用户至上就是根据用户需要的服务功能进行设计。不同的建筑、不同的用户有着不同的需求;不同的需求构成了不同的建筑物综合布线系统。因此,应该做到以下几点。

1)设计思想应当面向功能需求

根据建筑物的用户特点、需求,分析综合布线系统所应具备的功能,结合远期规划进行有针对性的设计。综合布线支持的业务为语音、数据、图像(包括多媒体网络),而监控、保安、对讲、传呼、时钟等系统如有需要也可共用一个综合布线系统。

2)综合布线系统应当合理定位

信息插座、配线架(箱、柜)的标高及水平配线的设置,在整个建筑物的空间利用中应全面考虑,合理定位,满足发展和扩容需要。关于房屋的尺寸、几何形状、预定用途以及用户意见等均应认真分析,使综合布线系统真正融入建筑物本身,达到和谐统一、美观实用。一般,大开间办公区的信息插座位置应设置于墙体或立柱,便于将来办公区重新划分、装修时就近使用。普通住宅可按房间的功能,对客厅、书房、卧室分别设置语音或数据信息插座。

弱电竖井中综合布线用桥架、楼层水平桥架及入户暗/明装 PVC 管时,需设计空间位置,同时兼顾后期维护的方便性。

3)经济性

经济性是指在实现先进性、可靠性的前提下,达到功能和经济的优化设计。综合布线比传统专属布线更具有经济性优点,主要原因是综合布线可适应相当长时间需求;而传统专属布线改造很费时间,耽误工作造成的损失更是无法用金钱计算。

4)选用标准化产品

综合布线系统要采用标准化产品,特别推荐采用国际大公司的产品,因为国际大公司实力雄厚,有好的产品质量和售后服务保证。在一个综合布线系统中一般应采用同一种标准的产品,以便于设计、施工管理和维护,保证系统质量。

总之,综合布线系统的设计应依照国家标准、通信行业标准和推荐性标准,并参考国际标准进行。此外,根据系统总体结构的要求,各个子系统在结构化和标准化基础上,应能代表当今最新技术成就。

在具体进行综合布线系统工程设计时,注意把握好以下几个基本点。

(1)尽量满足用户的通信需求。

(2)了解建筑物、楼宇之间的通信环境与条件。

（3）确定合适的通信网络拓扑结构。

（4）选取适用的传输媒体。

（5）以开放式为基准，保持与多数厂家产品、设备的兼容性。

（6）将系统设计方案和建设费用预算提前告知用户。

2.2.2　综合布线系统设计等级

智能建筑与智能小区的综合布线系统的设计等级，取决于用户的实际需要。不同的要求可给出不同的设计等级。按照《建筑与建筑群综合布线系统工程设计规范》(GB/T 50311—2000)规定，综合布线系统的设计等级可以划分为基本型、增强型、综合型 3 种标准。

对于建筑与建筑群，应根据实际需要，选择适当配置的综合布线系统。当通信网络使用要求尚未明确时，宜按下列规定配置。

1. 基本型综合布线系统

基本型综合布线系统是一种经济、有效的布线方案，适用于综合布线系统中配置标准较低的场合。

1）基本配置

对于基本型设计等级来说，综合布线系统用铜芯对绞线电缆组网，具体要求如下。

（1）每个工作区为 8～10m²。

（2）每个工作区有 1 个信息插座。

（3）每个信息插座的配线电缆为 1 条 4 对 UTP 对绞线电缆。

（4）采用 110A 交叉连接硬件，并与未来的附加设备兼容。

（5）干线电缆的配置。对计算机网络宜按 24 个信息插座配两对对绞线，或每一个集成器群配 4 对对绞线；对电话至少每个信息插座配 1 对对绞线。

2）基本特点

多数基本型综合布线系统都能支持语音/数据传输，特点主要有以下几个。

（1）能够支持所有语音和数据传输应用，是一种富有价格竞争力的综合布线方案。

（2）支持语音、综合型语音/数据高速传输。

（3）采用气体放电管式过压保护和能够自恢复的过流保护，便于技术人员维护、管理。

（4）能够支持众多厂家的产品设备和特殊信息的传输。

（5）一般说来，基本型设计等级比较经济，能比较有效地支持语音或综合语音/数据产品，并能升级到增强型或综合型布线系统等级。

2. 增强型综合布线系统

增强型综合布线系统设计等级不仅支持语音和数据传输，还支持图像、影像、视频会议等，并且可按需要利用接线板进行管理。增强型适用于综合布线系统中中等配置标准的场合，用铜芯对绞线电缆组网。

1）基本配置

增强型设计等级的具体配置有以下要求。

（1）每个工作区为 8～10m^2。

（2）每个工作区有两个或两个以上的信息插座（语音、数据）。

（3）每个信息插座的配线电缆为 1 条 4 对 UTP 对绞线电缆。

（4）采用 110A 直接式或插接交接硬件。

（5）干线电缆的配置。对计算机网络宜按 24 个信息插座配两对对绞线，或每一个集成器或集成器群配 4 对对绞线；对电话至少每个信息插座配 1 对对绞线电缆。

2）基本特点

增强型综合布线系统不仅增强功能，而且还可提供发展余地。它支持语音和数据传输应用，并可按需要利用端子板进行管理。增强型综合布线系统具有以下基本特点。

（1）每个工作区有两个信息插座，不仅灵活机动，而且功能齐全。

（2）任何一个信息插座都可提供语音和高速数据传输。

（3）按需要可利用端子板进行管理，可统一色标，便于管理与维护。

（4）是一种能为多个数据设备提供部门环境服务的经济有效的综合布线方案。

（5）采用气体放电管式过压保护和能够自恢复的过流保护。

3. 综合型综合布线系统

综合型综合布线系统适用于配置标准较高的场合，使用光缆和对绞线电缆混合组网。综合型综合布线系统在基本型和增强型综合布线系统的基础上增设光缆系统。

1）基本配置

综合型设计等级对配置有以下要求。

（1）每个工作区为 8～10m^2。

（2）以基本配置的信息插座数量作为基础配置，每个工作区有两个或两个以上信息插座（语音、数据）。

（3）垂直干线的配置。对于计算机网络，每 48 个信息插座宜配两芯光纤；对电话或部分计算机网络，可选用对绞线电缆，按信息插座所需线对的 25% 配置，或按用户要求进行配置，并考虑适当的备用量；在建筑物、建筑群的干线或配线子系统中配置 62.5μm 的光缆或光纤到桌面。

（4）当楼层信息点较少时，在规定长度的范围内，可几个楼层合用一个集成器，并合并计算光纤芯数；每一楼层计算所得的光纤芯数还应按光缆的标称容量和实际需要进行选取；在每个工作区的干线电缆中配有两条以上的对绞线。

如有用户需要光纤到桌面（FTTD），光纤可经或不经 FD 直接从 BD 引至桌面，上述光纤芯数不包括 FTTD 的应用在内。

（5）楼层之间原则上不敷设垂直干线电缆，但在每一层的 FD 可适当预留一些插件，需要时可临时布放合适的缆线。

2）基本特点

综合型设计等级的主要特点是引入光缆作为传输媒体，能适用于规模较大的智能建筑。具有以下一些特征。

（1）每个工作区有两个以上信息插座，灵活方便，功能齐全。

（2）任何一个信息插座都可提供语音和高速数据传输。

（3）用户可以利用接线板进行管理，便于维护。

（4）有一个很好的环境，为用户提供服务。

（5）光缆的管理可以利用光纤连接器，光缆的使用可以提供很高的带宽，其余特点与基本型或增强型相同。

3）综合布线系统设计等级之间的差异

所有基本型、增强型和综合型综合布线系统都能支持语音/数据传输等业务，能随智能建筑的需要而升级布线系统。但它们之间也存在一定的差异，主要体现在以下两个方面。

（1）支持语音和数据传输业务所采用的方式不同。

（2）在移动和重新布局时，实施线路管理的灵活性有所不同。

在综合布线系统工程中，可根据用户的具体情况，灵活掌握，基本型设计等级目前已淘汰，当前流行的设计方式为增强型综合布线系统设计等级。

2.2.3 综合布线系统设计

综合布线系统应能支持电话、数据、图文、图像等多媒体业务的需要。综合布线系统宜按工作区子系统、配线子系统、干线子系统、设备间子系统、管理子系统和建筑群子系统6个部分进行设计。

综合布线系统设计应采用开放式星形拓扑结构。该结构下的每个分支子系统都是相对独立的单元，对每个分支单元系统改动不会影响其他子系统。只要改变结点连接就可在网络的星形、总线、环形等各种类型网络之间进行转换。综合布线系统的开放式星形拓扑结构能支持当前普遍采用的各种局域网络，主要有星形网（Star）、局域/广域网（LAN/WAN）、令牌网（Token Ring）、以太网（Ethernet）、光缆分布式数据接口（FDDI）等。

1. 工作区子系统的设计

在设计工作区子系统时，重要的是在理解工作区的概念和划分原则的基础上，熟悉工作区子系统的设计要点、设计步骤、适配器的选用原则，掌握信息插座与连接器的连接技术。

1）工作区的划分原则

通常把一个独立的需要设置终端设备的区域划分为一个工作区。一个独立的需要设置终端设备的区域宜划分为一个工作区。一个工作区的服务面积可按 $5\sim10m^2$ 估算设置，或按不同的应用场合调整面积的大小。

2）工作区子系统设计要点

根据用户需求，在设计时一般将工作区子系统分为语音、数据和多媒体三类用户工作区子系统，设计时要考虑以下几点。

（1）工作区内线槽的敷设要合理、美观。

（2）信息插座设计在距离地面 30cm 以上。

（3）信息插座与计算机设备的距离保持在 5m 范围内，注意考虑工作区电缆、跳线和设备连接线长度总共不超过 10m。

（4）网卡接口类型要与缆线接口类型保持一致。

(5) 估算所有工作区所需要的信息模块、信息插座、面板的数量要准确。

凡未确定用户需要和尚未对具体系统做出承诺时,建议在每个工作区安装两个 I/O。这样,在设备间或配线间的交叉连接场区不仅可灵活地进行系统配置,而且也容易管理。

虽然适配器和其他设备可用在一种允许安排公共接口的 I/O 环境中,但在做出设计承诺之前,需仔细考虑将要集成的设备类型和传输信号类型。在做出上述决定时要考虑以下 3 个因素:

(1) 每种设计方案在经济上的最佳折中;

(2) 一些比较难以预测的系统管理因素;

(3) 在布线系统寿命期间移动和重新布置所产生的影响。

3) 工作区子系统设计步骤

具体设计工作区子系统时,可按以下 3 步进行。

(1) 确定工作区大小。根据楼层平面图计算每层楼布线面积,大致估算出每个楼层的工作区大小,再把所有楼层的工作区面积累加,计算出整个大楼的工作区面积。

(2) 设计平面图供用户选择。一般应设计两种平面图供用户选择:一种为基本型,设计出每 9m^2 一个信息引出插座的平面图;另一种为增强型或综合型,设计出两个信息引出插座的平面图。

(3) 确定信息点类型和数量。根据用户的投资性质划分工作区的具体信息点,按基本型(满足基本需求)、增强型(比基本型有一个大的提高)或者综合型(在增强型基础上的提升,可能考虑光纤到桌面)确定信息点类型和数量。

4) 确定信息点、信息插座的类型及数量

信息插座是终端(工作站)与配线子系统连接的接口。综合布线系统可采用不同类型的信息插座和信息插头,最常用的是 RJ-45 连接器。每个工作区至少要配置一个插座盒。对于难以再增加插座盒的工作区,至少要安装两个分离的插座盒。

综合布线系统的信息插座大致可分为嵌入式安装插座、表面安装插座、多传输媒体信息插座 3 类。

(1) 确定信息插座类型和数量的原则:①根据已掌握的用户需要,确定信息插座的类别;②根据建筑平面图计算实际可用的空间,依据空间的大小确定 I/O 插座的数量;③根据实际情况,确定 I/O 插座的类型。通常新建筑物采用嵌入式 I/O 插座;对已有的建筑物采用表面安装式 I/O 插座。

(2) 确定信息点的原则。一般地对于一个办公区内的每个办公点可配置 2~3 个信息点,此外,还应为此办公区配置 3~5 个专用信息点用于工作组服务器、网络打印机、传真机、视频会议等。若此办公区为商务应用,信息点的带宽为 10Mb/s 或 100Mb/s 可满足要求;若此办公区为技术开发应用,则每个信息点应为交换式 100Mb/s 或 1000Mb/s,甚至是光纤信息点。

(3) 估算 I/O 插座和信息模块数量的方法。一般,RJ-45 连接器的总需求数量 m 为信息点总量 n 的 4 倍,并附加 15% 的富余量,计算公式为: $m = 4n(1 + 15\%)$。信息模块的总需求数量 m 为信息点总量 n 并附加 3% 的冗余量,计算公式为: $m = n(1 + 3\%)$。

5) 信息插座连接要求

工作区的终端设备(如电话机、传真机、计算机)可用 5 类对绞线直接与工作区内的每一个信息插座相连接,或用适配器(如 ISDN 终端设备)、平衡/非平面转换器进行转换连接到信息插座上。因此,工作区布线要求相对简单,以便于移动、添加和变更设备。

工作区的每个信息插座都应该支持电话机、数据终端、计算机及监视器等终端设备。同时,为了便于管理和识别,有些厂家的信息插座做成多种颜色:黑、白、红、蓝、绿、黄,这些颜色的设置应符合 ANSI/TIA/EIA 606 标准。

信息插座与连接器的接法:对于 RJ-45 连接器与 RJ-45 信息插座,与 4 对对绞线的接法主要有两种,一种是 ANSI/TIA/EIA 568-A 标准;另一种是 ANSI/TIA/EIA 568-B 标准。通常采用 ANSI/TIA/EIA 568-B 标准。

信息插座的一般连接技术为:在终端(工作站)一端,将带有 8 针的 RJ-45 连接器插入网卡;在信息插座一端,跳线的 RJ-45 连接器连接到插座上。在配线子系统一端,将 4 对对绞线电线连接到插座上。每个 4 对对绞线电缆都终接在工作区的一个 8 针(脚)的模块化插座(插头)上。

2. 配线子系统的设计

配线子系统主要是实现工作区的信息插座与管理子系统,即中间配线架(IDF)之间的连接。配线子系统宜采用星形拓扑结构。配线子系统的设计包括配线子系统的传输媒体与部件集成。

设计配线子系统时,在理解配线子系统的组成、熟悉设计要点的基础上,重要的是熟悉信息插座、配线架和细线管理器的选用,正确选择传输媒体,确定配线子系统的布线方案。

1) 配线子系统设计要点

配线子系统设计涉及配线子系统的传输媒体和部件集成,设计要点主要有以下几个。

(1) 根据工程环境条件,确定缆线走向。

(2) 确定缆线、线槽、管线的数量和类型以及相应的吊杆、托架等。

(3) 确定缆线的类型和长度,以及每楼层需要安装信息插座的数量及其位置。

(4) 当语音点、数据点需要互换时,设计所用缆线类型。

2) 缆线的选购

(1) 缆线的选用。配线子系统缆线的选择,要根据建筑物内具体信息点的类型、容量、带宽和传输速率来确定。一般情况下,可选用普通的铜芯对绞线电缆,必要时应选用阻燃、低烟、低毒等电缆;在需要时也可采用光缆。在配线子系统中,通常采用的电缆有 4 种:100Ω 非屏蔽对绞线(UTP)电缆;100Ω 屏蔽对绞线(STP)电缆;50Ω 同轴电缆;62.5/125μm 光纤光缆。

在配线子系统中推荐采用 100Ω 非屏蔽对绞线(UTP)电缆,或 62.5/125μm 多模光纤光缆。设计时可根据用户对带宽的要求选择。

对于语音信息点可采用 3 类对绞线。对于数据信息点可采用 5e 类对绞线或 6 类线;对于电磁干扰严重的场合可采用屏蔽对绞线。但从系统的兼容性和信息点的灵活互换性角度出发,建议配线子系统宜采用同一种布线材料。一般 5e 类对绞线可以支持

100Mb/s、155Mb/s 与 622Mb/s ATM 数据传输,既可传输语音、数据,又可传输多媒体及视频会议数据信息等。如对带宽有更高要求可考虑选用超 6 类、7 类或者光缆。

(2) 电缆长度的计算。在订购电线时应考虑布线方式和走向,以及各信息点到交接间的接线距离等因素。一般可按下列步骤计算电缆长度:首先确定布线方法和缆线走向;确定交接间所管理的区域;确定离交接间最远信息插座的距离(L)和离交接间最近的信息插座的距离(S),计算平均电缆长度=($L+S$)/2;电缆平均布线长度=平均电缆长度+备用部分(平均电缆长度的 10%)+端接容差约 6m。

每个楼层用线量的计算公式为

$$C = [0.55 \times (F + N) + 6]n$$

式中:C——每个楼层的用线量;

F——最远信息插座离交接间的距离;

N——最近的信息插座离交接间的距离;

n——每楼层信息插座的数量。

则整座楼的用线量为

$$W = \sum C$$

配线子系统应根据整个综合布线系统的要求,在交接间或设备间的配线设备上进行连接。配线设备交叉连接的跳线应选用综合布线专用的插接软跳线,对于电话也可选用双芯跳线。配线子系统的对绞线电缆或光缆长度不应超过 90m。在能保证链路性能时,水平光缆距离可适当加长。信息插座应采用 8 位模块式通用插座或光缆插座。一条 4 对对绞线电缆应全部固定终接在一个信息插座上。

3) 配线子系统布线方式

配线子系统布线是将电缆线从管理子系统的交接处接到每一楼层工作区的信息 I/O 插座上。设计者要根据建筑物的结构特点,从路由最短、造价最低、施工方便、布线规范等几个方向综合考虑。一般有以下几种常用布线方案可供选择。

(1) 吊顶槽型电缆桥架方式。吊顶槽型电缆桥架方式适用于大型建筑物或布线系统比较复杂而需要有额外支撑物的场合。为水平干线电缆提供机械保护和支持的装配式轻型槽型电缆桥架,是一种闭合式金属桥架,安装在吊顶内,从弱电竖井引向设有信息点的房间,再由预埋在墙内的不同规格的铁管或高强度的 PVC 管,将线路引到墙壁上的暗装铁盒内,最后端接在用户的信息插座上。

综合布线系统的配线电缆布线是放射型,线路量大,因此线槽容量的计算很重要。按标准线槽设计方法,应根据配线电线的直径来确定线槽容量,即

线槽的横截面积 = 配线线路横截面积 × 3

线槽的材料为冷轧合金板,表面可进行相应处理,如镀锌、喷塑、烤漆等,可以根据情况选用不同规格的线槽。为保证线缆的转弯半径,线槽需配以相应规格的分支配件,以提供线路路由的灵活转弯。

为确保线路的安全,应使槽体有良好的接地端,金属线槽、金属软管、金属桥架及分配线机柜均需整体连接,然后接地。如不能确定信息出口准确位置,拉线时可先将缆线盘在吊顶内的出线口,待具体位置确定后,再引到信息点出口。

(2) 地面线槽方式。地面线槽方式适于大开间的办公间或需要打隔断的场合,以及地面型信息出口密集的情况。建议先在地面垫层中预埋金属线槽或线槽地板。主干槽从弱电竖井引出,沿走廊引向设有信息点的各个房间,再用支架槽引向房间内的信息点出口。强电线路可以与弱电线路平行配置,但需分隔于不同的线槽内。这样可以向每一个用户提供一个包括数据、语音、不间断电源、照明电源出口的集成面板,真正做到在一个整洁的环境中实现办公自动化。

由于地面垫层中可能会有消防等其他系统线路,所以需要由建筑设计单位根据管线设计人员提出要求,综合各系统的实际情况,才能完成地面线槽路由部分的设计。线槽容量的计算应根据配线电缆的外径确定,即

$$线槽的横截面积 = 配线线路横截面积 \times 3$$

地面线槽方式就是将长方形的线槽钉在地面垫层中,每隔 4～8m 拉一个过线盒或出线盒(在支路上出线盒起分线盒的作用),直到信息点出口的出线盒。地面线槽有 70 型和 50 型两种规格:70 型外形尺寸 70mm×25mm(宽×厚),有效截面 1470mm^2,占空比取 30%,可穿插 24 根对绞线(3 类、5 类线混用)。50 型外形尺寸 50mm×25mm(宽×厚),有效截面 960mm^2,可穿插 15 根对绞线。分线盒与过线盒均由两槽或三槽分线盒拼接。

(3) 直接埋管线槽方式。直接埋管线槽由一系列密封在地板现浇混凝土中的金属布线管道或金属线槽组成。这些金属布线管道或金属线槽从交接间向信息插座的位置辐射。根据通信和电源布线要求、地板厚度和地板空间占用等条件,直接埋管线槽布线方式应采用厚壁镀锌管或薄型电线管。这种方式在传统专属布线设计中被广泛采用。

配线子系统电缆宜采用电缆桥架或地面线槽敷设方式。当电缆在地板下布放时,根据环境条件可选用地板下线槽布线、网络地板布线、高架(活动)地板布线、地板下管道布线等方式。

3. 干线子系统的设计

干线子系统提供建筑物主干缆线的路由,实现主配线架与中间配线架、计算机、PBX、控制中心与各管理子系统之间的连接。干线子系统的设计需既满足当前的需要,又适应今后的发展。

综合布线系统中的干线子系统虽然又称为垂直子系统,但并非一定是垂直布放的。例如,单层平面宽阔的大型厂房,干线子系统的缆线就可平面布放,它同样提供连接各交接间的功能;而在大型建筑物中,干线子系统的缆线可以由两级甚至更多级组成(一般不多于三级)。在设计干线子系统时,重要的是掌握干线子系统设计原则、设计步骤和布线方式。

1) 干线子系统的设计原则

干线子系统的任务是通过建筑物内部的传输缆线,把交接间的信号传送到设备间,直至传送到外部网络。干线子系统的设计一般应遵循以下基本原则。

(1) 干线子系统应为星形拓扑结构。

(2) 干线子系统应选择干线缆线较短、安全和经济的布线路由,且宜选择带门的封闭型综合布线专用的通道,也可与弱电竖井合并共用。

(3) 从楼层配线架(FD)开始,到建筑群总配线架(CD)之间,最多只能有大楼总配线架(BD)一级交叉连接。

（4）干线缆线宜采用点对点端接，也可采用分支递减端接，以及电缆直接连接的方法；从楼层配线架（FD）到大楼总配线架（BD）之间的距离最长不能超过500m。

（5）语音和数据干线缆线应该分开。如果设备间与计算机机房和交换机房处于不同地点，而且需要把语音电缆连至设备间，把数据电缆连至计算机机房，则宜在设计中选取不同的干线电缆或干线电缆的不同部分来分别满足语音和数据传输需要。必要时也可采用光缆传输系统予以满足。

（6）干线子系统在系统设计施工时，应预留一定的缆线作为冗余。这一点对于综合布线系统的可扩展性和可靠性来说十分重要。

（7）干线缆线不应布放在电梯、供水、供气、供暖等竖井中；两端点要标号；室外部分要加套管，严禁搭接在树干上。

2）干线子系统的设计步骤

通常干线子系统可按以下步骤进行设计。

（1）根据干线子系统的星形拓扑结构，确定从楼层到设备间的干线电缆路由。

（2）绘制干线路出图。采用标准图形与符号绘制干线子系统的缆线路由图；图纸应清晰、整洁。

（3）确定干线交接间缆线的连接方法。

（4）确定干线缆线类别和数量。干线缆线的长度可用比例尺在图纸上实际测量获得，也可用等差数列计算得出。注意每段干线缆线长度要有冗余（约10%）和端接容差。

（5）确定敷设干线缆线的支撑结构。

3）干线子系统的布线方式

在一座建筑物内，干线子系统垂直通道有电缆孔、电缆竖井、管道等方式可供选择；一般宜采用电缆竖井方式。水平通道可选择预埋暗管或电缆桥架方式。

（1）电缆孔方式。垂直干线通道中所用的电缆孔是很短的管道，通常用直径为10cm的刚性金属管做成。它们嵌在混凝土地板中，这是在浇注混凝土地板时嵌入的，比地板表面高出2.5～10cm。电缆往往捆扎在钢丝绳上，而钢丝绳又固定到墙上已经铆好的金属条上。当交接间上下能对齐时，一般采用电缆孔方式布线。

（2）电缆竖井方式。电缆竖井方式常用于垂直干线通道，也就是常说的竖井。电缆竖井是指在每层楼板上开掘一些方孔，使干线电缆可以穿过这些电缆竖井并从某层楼伸展到相邻的楼层。电缆竖井的大小依据所用电缆的数量而定。与电缆孔方式一样，电缆也是捆扎或箍在支撑用的钢丝绳上，钢丝绳靠墙上金属条或地板三脚架固定住。电缆竖井有非常灵活的选择性，可以让粗细不同的各种干线电缆以多种组合方式通过。

在多层建筑物中，经常需要使用干线电缆的横向通道才能从设备间连接到垂直干线通道，以及在各个楼层上从二级交接间连接到任何一个交接间。需注意，横向布线需要寻找一个易于安装的方便通道，因为在两个端点之间可能会有多条直线通道。在配线子系统、干线子系统布线时，要注意考虑数据线、语音线及其他弱电系统管槽的共享问题。干线电缆可采用点对点端接，也可采用分支递减端接及电缆直接连接的方法。

4. 设备间子系统的设计

设备间子系统把设备间的电缆、连接器和相关支撑硬件等各种公用系统设备互联起来,因此也是线路管理的集中点。对于综合布线系统,设备间主要安装建筑物配线设备(BD)、电话、计算机等设备,引入设备也可以合装在一起。

设备间子系统通常至少应具有以下 3 个功能:①提供网络管理的场所;②提供设备进线的场所;③提供管理人员值班的场所。

设计设备间子系统时,在熟悉设备间子系统设计原则前提下,重要的是合理规划设备间的规模与设置,以及如何满足环境条件要求,掌握设备间子系统的设计步骤等。

1) 设备间子系统的设计原则

设计设备间子系统时应该坚持以下原则。

(1) 按照最近与操作便利性原则,设备间位置及大小应根据设备数量、规模、最佳网络中心等因素综合考虑确定。

(2) 主交接间面积、净高选取原则。

(3) 接地原则。

(4) 色标原则,设备间内所有总配线设备应用色标区别各类选用的配线区。

(5) 建筑物的综合布线系统与外部通信网连接时,应遵循相应的接口标准,预留安装相应接入设备的位置。

2) 设备间的空间规划与设置

一般情况下,设备间的主要功能是为所安装的设备提供一种管理环境,但设备间也可以设置类似于全部楼层交接间的功能。设备间是安装电缆、连接硬件、保护装置和连接建筑设施与外部设施的主要场所。这一概念的根本目的是保证无论什么功能不管安装在什么样的空间中,都能保持各种布线功能的独立性,并区别于另一种功能,而且为每一种功能提供充分的安装维护空间。

在规划设计设备间时,无论是在建筑设计阶段还是承租人入住或已被使用,都应划出恰当的地面空间,供设备间使用。一个拥挤狭小的设备间不仅不利于设备的安装调试,而且也不益于设备的管理和维护。

(1) 设备间的面积。设置专用设备间的目的是扩展通信设备的容量和空间,以容纳LAN、数据和视频网络硬件等设施。设备间不仅是放置设备的地方,而且还是一个为工作人员提供管理操作的地方,其使用面积要满足现在与未来的需要。那么,空间尺寸应该如何确定呢?在理想情况下,应该明确计划安装的实际设备数量及相应房间的大小。设备间的使用面积可按照下述两种方法之一确定。

① 通信网络设备已经确定。当通信网络设备已选型时,可按下式计算,即

$$A = K \cdot \sum S_b$$

式中:A——设备间的使用面积,m^2;

　　　S_b——与综合布线系统有关的并在设备间平面布置图中占有位置的设备投影面积;

　　　K——系数,取值为 5~7。

② 通信网络设备尚未定型。当设备尚未选型时,可按下式计算,即

$$A = KN$$

式中：A——设备间的使用面积，m^2；

N——设备间中的所有设备台(架)总数；

K——系数，取值 4.5～5.5m^2/台(架)。

通常设备间最小使用面积不得小于 $10m^2$(为安装配线架所需的面积)。设备间中其他设备距机架或机柜前后与设备通道面板应留 1m 净宽。如果设备和布局未确定，建议每 $10m^2$ 的工作区提供 $0.1m^2$ 的地面空间。一般规定以最小尺寸 $14m^2$ 为基准，然后根据场地水平布线链路计划密度适当增加。

(2) 建筑结构。设备间的净高一般为 2.5～3.2m。设备间门的最小尺寸为 2.1m×0.9m，以便于大型设备的搬迁。设备间的楼板载荷一般分为两级：(Ⅰ)A 级：楼板载荷≥5kN/m^2；(Ⅱ)B级：楼板载荷≥3kN/m^2。

3) 设备间环境条件要求

设计设备间子系统时，要认真考虑设备间的环境条件。

(1) 温度和湿度。根据综合布线系统有关设备对温度、湿度的要求，可将温、湿度划分为 A、B、C 三级，如表 2-2 所示。常用的微电子设备能连续进行工作的正常范围：温度 10℃～30℃，湿度 20%～80%。超出这个范围，将使设备性能下降，甚至减短寿命。

表 2-2　设备间温度、湿度级别

指标\级别\项目	A 级		B 级	C 级
	夏 季	冬 季		
温度/℃	22±4	18±4	12～30	8～35
相对湿度/%	40～65	35～70	30～80	20～80
温度变化率/(℃/h)	<5(不凝露)		<5(不凝露)	<15(不凝露)

(2) 尘埃。设备间应防止有害气体侵入，并应有良好的防尘措施。设备间内允许的尘埃含量要求如表 2-3 所示。

表 2-3　设备间允许的尘埃含量限值

灰尘颗粒的最大直径/μm	0.5	1	3	5
灰尘颗粒的最大浓度/(粒子数/m^3)	$1.4×10^7$	$7×10^5$	$2.4×10^5$	$1.3×10^5$

(3) 照明。设备间内，在距地面 0.8m 处，水平面照度不应低于 300lx。照明分路控制灵活，操作方便。

(4) 噪声。设备间的噪声应小于 68dB。如果长时间在 70～80dB 噪声的环境下工作，不但影响工作人员的身心健康和工作效率，还可能会造成人为的噪声事故。

(5) 电磁干扰。设备间的位置应避免电磁源干扰，并安装不大于 1Ω 的接地装置。设备间内的无线电干扰场强，在频率为 0.15～1000MHz 范围内不大于 120dB；磁场干扰强度不大于 800A/m(相当于 10Oe)。

(6) 供电。设备间应提供不少于两个 220V、10A 带保护接地的单相电源插座。当在设备间安放计算机通信设备时,使用的电源应按照计算机设备电源要求进行工程设计。

4) 设备间子系统的设计步骤

设备间子系统的设计过程可分为选择和确定主布线场硬件(跳线架、引线架)、选择和确定中继线/辅助场、确定设备间各种硬件的安装位置 3 个阶段。

(1) 选择和确定主布线场的硬件。主布线场是用来端接来自电话局和公用设备、建筑物干线子系统和建筑群子系统的线路。理想情况是交接场的安装应使跳线或跨接线可连接到该场的任意两点。在规模较小的交接场安装时,只要把不同的颜色场一个挨一个地安装在一起,就容易达到上述目的。对于较大的交接场,需要进行设备间的中继场/辅助场设计。

(2) 选择和确定中继场/辅助场。为了便于线路管理和未来扩充,应认真考虑安排设备间的中继场/辅助场位置。在设计交接场时,其中间应留出一定空间,以便容纳未来的交连硬件。根据用户需求,要在相邻的墙面上安装中继场/辅助场。中继场/辅助场与主布线场的交连硬件之间应留有一定空间来安排跳线路由的引线架。中继场/辅助场规模的设计,应根据用户从电信局的进线对数和数据网络类型的具体情况而定。

(3) 确定设备间各种硬件的安装位置。国际和国家综合布线系统标准不但促使建筑设计师认识到预留并合理划定设备间的重要性,更重要的是促使建筑设计师合理确定设备间各硬件的安装位置。如何合理确定设备间各硬件的安装位置,以是否有利于通信技术人员和系统管理员在设备间内进行作业为准。

5. 管理子系统的设计

管理子系统的主要功能有:对设备间、交接间和工作区的配线设备、缆线、信息插座等设施,按一定的模式进行标识和记录,实现配线管理;为连接其他子系统提供手段;使整个布线系统与其连接的设备、器件构成一个有机的应用系统。综合布线管理人员可以在配线区域,通过调整管理子系统的交连方式,就可以安排或重新安排线路路由,使传输线路延伸到建筑物内部各个工作区。所以说,只要在配线连接硬件区域调整交连方式,就可以管理整个应用系统终端设备,从而实现综合布线系统的灵活性、开放性和扩展性。管理子系统有 3 种应用,即配线/干线连接、干线子系统互相连接、入楼设备的连接;线路的色标标记管理也在管理子系统中实现。

设计管理子系统时,在理解管理子系统功能基础上,熟悉管理子系统设计原则与要求、设计步骤,重要的是掌握管理子系统交连方式以及色标标记方法。

1) 管理子系统设计原则与要求

(1) 管理子系统的设计原则:①管理子系统中干线管理宜采用双点管理双交连;②管理子系统中楼层配线管理可采用单点管理;③配线架的结构取决于信息点的数量、综合布线系统网络性质和选用的硬件;④端接线路模块化系数合理;⑤设备跳接线连接方式要符合以下两条规定。对配线架上相对稳定不经常进行修改、移位或重组的线路,宜采用卡接式接线方法;对配线架上经常需要调整或重新组合的线路,宜使用快接式插接线方法;⑥交接间墙面材料清单应全部列出,并画出详细的墙面结构图。

(2) 管理子系统设计注意事项。管理子系统设计应注意符合下列规定:①规模较大的综合布线系统宜采用计算机进行管理,简单的综合布线系统宜按图纸资料进行管理,并应做到记录准确、及时更新、便于查阅；②综合布线的每条电缆、光缆、配线设备、端接点、安装通道和安装空间均应给定唯一的标记，标记中可包括名称、颜色、编号、字符串或其他组合；③配线设备、缆线、信息插座等硬件均应设置不易脱落和磨损的标识，并应有详细的书面记录和图纸资料；④在电缆、光缆的两端均应标明相同的编号；⑤设备间、交接间的配线设备宜采用统一的色标区别各类用途的配线区。

2）管理子系统的交连硬件

目前，许多建筑物在设计综合布线系统时，都考虑在每一楼层均设立一个交接间，用于管理该楼层的信息点电缆。在管理子系统中，信息点的电缆通过"信息点集线面板"进行管理，而语音点的电缆则通过110交连硬件进行管理。因此，作为交接间一般应有机柜、集线器或交换机、信息点集线面板、语音点110集线面板、集线器等设备。信息点的集线面板有12口、24口、48口等，应根据信息点的多少配备集线面板。

作为管理子系统，应根据所管理信息点的多少安排房间和机柜位置。如果信息点较多，应该考虑安排一个房间放置；如果信息点较少，则没有必要单独设置一个房间，可选用墙上型机柜来管理该子系统。

在管理子系统中，核心硬件是配线架。选用配线架时应主要考虑配线架种类和容量。配线架有铜缆配线架和光缆配线架之分：铜缆配线架又可分为110系列和模块化系列两类。

（1）110系列。110系列分为夹接式（110A型）和插接式（110P型）。110A型配线架的常用容量有100对和300对两种规格，若需要有其他对数，可现场组装。110P配线架的常用容量有300对和900对规格。110系列是由许多行组成的，每行最多只能端接1条25对线或6条4对UTP缆线。与110系列连接的元件是连接块，有3对、4对和5对之分。每行25对能端接3对线连接块8块，而4对线连接块为6块。如容量为300对的配线架有12行，每行只能端接1条25对线组，可端接12条25对线组。对于4对UTP缆线，每行可端接6条，12行可端接72条，每行中有1对没有使用。

（2）模块化系列。模块化系列由5类的RJ-45连接器模块组成。这些5类连接器模块采用绝缘移动触点（Insulation Displacement Contact，IDC）连接类型，易于终接UTP缆线。这些RJ-45连接器模块安装在快接式跳线架上形成配线架。经过RJ-45连接器的快接式跳线与网络设备的端口互联。每种配线架的容量不同，有24端口、48端口、64端口，可安装在48.26cm机架上。

（3）支持光缆的配线架。62.5/125μm多模光纤需用SC或ST适配器终接。有各种容量的光纤配线架提供这种终接，可提供光纤的直连和交连。

管理子系统中连接水平电缆的配线架可以安装在各种交接间内，如一般情况下的楼层配线间，大楼中的卫星交接间。每个交接间的各种配线架的容量由各自管理区中的各种信息点的类型和数量大致推算得出。一般考虑200个信息插座需要设置一台配线架。配线架应留出适当的冗余空间，供未来扩充之用。在有卫星交接间的设计中，应该遵循就近分配信息点的原则，将信息点分配在最近的交换间，以减少水平电缆的长度。

3）管理子系统的管理交连方式

在不同类型的建筑物中，管理子系统常采用单点管理单交连、单点管理双交连和双点管理双交连 3 种不同的管理交连方式。

（1）单点管理单交连。单点管理单交连方式只有一个管理点，交连设备位于设备间内的交换机附近，电缆直接从设备间辐射到各个楼层的信息点，其结构如图 2-1 所示。

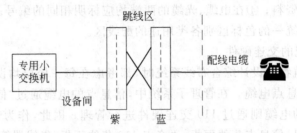

图 2-1　单点管理单交连

单点管理是指在整个综合布线系统中，只有一个点可以进行线路交连操作。交连指的是在两场间做偏移性跨接，完全改变原来的对应线对。一般交连设置在设备间内，采用星形拓扑结构。由它来直接调度控制线路，实现对 I/O 的变动控制。单点管理单交连方式属于集中管理型，使用场合较少。

（2）单点管理双交连。单点管理双交连方式在整个布线系统中也只有一个管理点。单点管理位于设备间内的交换设备或互联设备附近，对线路不进行跳线管理，直接连接到用户工作区或交接间里面的第二个硬件接线交连区。双交连就是指把配线电缆和干线电缆，或干线电缆与网络设备的电缆都打在端子板不同位置的连接块的里侧，再通过跳线把两组端子跳接起来，跳线打在连接块的外侧，这是标准的交连接方式。单点管理双交连，第二个交连在交接间用硬接线实现，如图 2-2 所示。如果没有交接间，第二个接线交连可放在用户的墙壁上。这种管理只适用于 I/O 至计算机或设备间的距离在 25m 范围内，且I/O 数量规模较小的工程，目前应用也比较少。单点管理双交连方式采用星形拓扑，属于集中式管理。

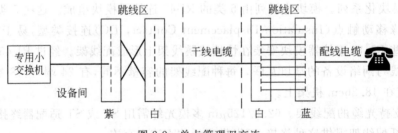

图 2-2　单点管理双交连

（3）双点管理双交连。当建筑物规模比较大（如机场、大型商场）、信息点比较多时，多采用二级交接间，配成双点管理双交连方式。双点管理除了在设备间里有一个管理点外，在交接间里或用户的墙壁上再设第二个可管理的交连接（跳线）。双交连要经过二级交连接设备。第二个交连接可以是一个连接块，它对一个接线块或多个终端块（其配线场与站场各自独立）的配线和站场进行组合。双点管理双交连，第二个交连接用作配线，如图 2-3 所示。

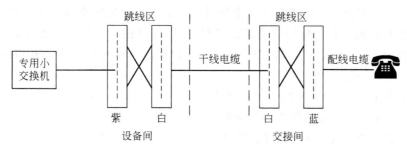

图 2-3 双点管理双交连

双点管理属于集中、分散管理,适应于多管理区。由于在管理上分级,因此管理、维护有层次、主次之分,各自的范围明确,可在两点实施管理,以减少设备间的管理负担。双点管理双交连方式是目前管理子系统普遍采用的方式。

(4) 双点管理三交连。若建筑物的规模比较大,而且结构复杂,还可以采用双点管理三交连,如图 2-4 所示,甚至采用双点管理四交连方式,如图 2-5 所示。注意综合布线系统中使用的电缆,一般不能超过四交连。

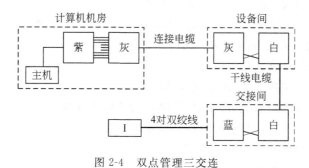

图 2-4 双点管理三交连

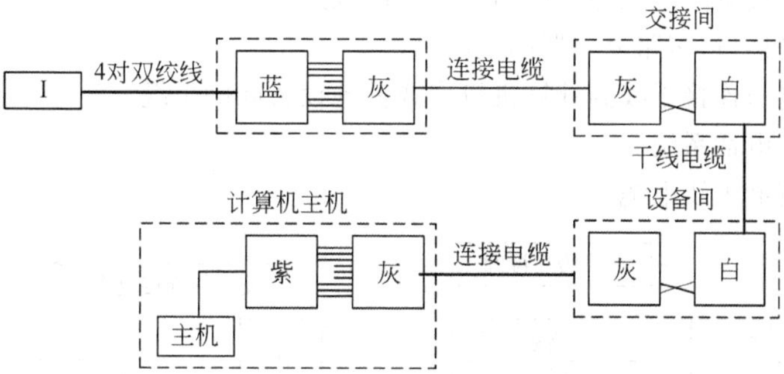

图 2-5 双点管理四交连

4) 线路管理色标标记

综合布线系统使用电缆标记、区域标记和接插件标记 3 种标记。其中接插件标记最常用,可分为不干胶标记条和插入式标记条两种。在每个交连区,实现线路管理的方法是采用色标标记,如建筑物的名称、位置、区号以及布线起始点和应用功能等标记。

在各个色标场之间接上跨接线或接插软线,其色标用来分别表明该场是干线缆线、配线缆线或设备端接点。这些色标场通常分别分配给指定的接线块,而接线块则按垂直或水平结构进行排列。若色标场的端接数量很少,则可以在一个接线块上完成所有端接。在这两种情况下,技术人员可以按照各条线路的识别色插入色条,以标识相应的场。

(1)交接间的色标含义如下。

白色:表示来自设备间的干线电缆端接点。

蓝色:表示到干线交接间 I/O 服务的工作区线路。

灰色:表示至二级交接间的连接缆线。

橙色:表示来自交接间多路复用器的线路。

紫色:表示来自系统公用设备(如分组交换型集线器)的线路。

典型的干线交接间电缆线连接及其色标如图 2-6 所示。

(2)二级交接间的色标含义如下。

白色:表示来自设备间的干线电缆的点对点端接。

灰色:表示来自干线交接间的连接电缆端接。

蓝色:表示到干线交接间 I/O 服务的工作区线路。

橙色:表示来自交接间多路复用器的线路。

紫色:表示来自系统公用设备(如分组交换型集线器)的线路。

典型的二级交接间电缆线连接及其色标如图 2-7 所示。

(3)设备间的色标含义如下。

绿色:网络接口的进线侧,即电话局线路。

绿色:网络接口的设备侧,即中继/辅助场的总机中继线。

紫色:系统公用设备端接点(端口线路、中继线等)。

黄色:表示交换机和用户的其他引出线。

白色:表示干线电缆和建筑群电缆。

蓝色:表示设备间至工作区或用户终端的线路。

橙色:网络接口,多路复用器的线路。

灰色:端接与连接干线到计算机机房或其他设备间的电缆。

红色:关键电话系统。

棕色:建筑群干线电缆。

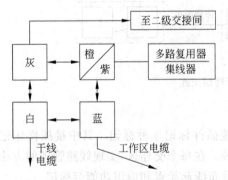

图 2-6　干线交接间连接电缆及其色标

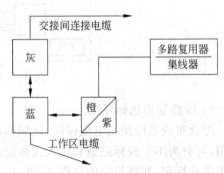

图 2-7　二级交接间连接电缆及其色标

综上所述,典型的综合布线系统 6 个部分缆线的连接及其色标如图 2-8 所示。

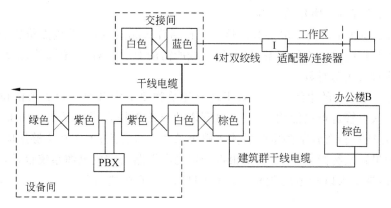

图 2-8　典型的综合布线 6 个部分(电缆)的连接及其色标

5) 管理子系统的设计步骤

设计管理子系统时,需要了解线路的基本设计方案,以便管理各子系统的部件。一般按照下述步骤进行。

(1) 确认线路模块化系数是 3 对线还是 4 对线。每个线路模块当作一条线路处理,线路模块化系数视具体系统而定。

(2) 确定语音和数据线路要端接的电缆线对总数,并分配好语音或数据线路所需墙场或终端条带。

(3) 决定采用何种 110 交连硬件部件。如果线对总数超过 6000(即 2000 条线路),选用 110A 交连硬件;如果线对总数少于 6000,可选用 110A 或 110P 交连硬件。

(4) 决定每个接线块可供使用的线对总数。主布线交连硬件的白场接线数目,取决于硬件类型、每个接线块可供使用的线对总数和需要端接的线对总数 3 个因素。

(5) 决定白场的接线块数目。先把每种应用(语音或数据)所需的输入线对总数除以每个接线块的可用线对总数,然后取整数作为白场的接线块数目。

(6) 选择和确定交连硬件的规模,即中继线/辅助场。

(7) 确定设备间交连硬件的位置,绘制整个综合布线系统即所有子系统的详细施工图。

(8) 确定色标标记实施方案。

6. 建筑群子系统的设计

建筑群子系统用于建筑物之间的相互连接,实现楼群之间的网络通信。建筑群之间可以采用有线通信手段,也可采用微波通信、无线电通信技术。在此只涉及有线通信方式。

设计建筑群子系统时,在理解建筑群子系统概念的基础上,重要的是掌握建筑群子系统设计要点、缆线的选用及其布放。

1) 建筑群子系统的设计步骤

设计建筑群子系统时,首先需要了解建筑物周围的环境状况,以便合理确定主干缆线路由、选用所需缆线类型及其布线方案。一般按照下述步骤进行。

（1）了解敷设现场的特点。了解敷设现场的特点包括确定整个建筑群的大小、建筑工地的地界、共有多少座建筑物等。

（2）确定缆线系统的一般参数。这一步包括确认起点位置、端接点位置、布线所要涉及的建筑物及每座建筑物的层数、每个端接点所需的对绞线对数、有多个端接点的每座建筑物所需的对绞线总对数等。

（3）确定建筑物的电缆入口。对于现有建筑物要确定各个入口管道的位置，每座建筑物有多少入口管道可供使用，以及入口管道数目是否符合系统需要。如果入口管道不够用，若移走或重新布置某些电缆后能否腾出某些入口管道；若实在不够用应另装多少入口管道。如果建筑物尚未竣工，则要根据选定的电缆路由完成电缆系统设计，并标出入口管道的位置，选定入口管道的规格、长度和材料，要求在建筑物施工过程中安装好入口管道。

建筑物缆线入口管道的位置应便于连接公用设备，还应根据需要在墙上穿过一根或穿过多根管道。所有易燃材料应端接在建筑物的外面。缆线外部具有聚丙烯护皮的可以例外，只要它在建筑物内部的长度（包括多余的卷曲部分）不超过 15m；反之，如果外部缆线延伸到建筑物内部的长度超过 15m，就应该使用合适的缆线入口器材，在入口管道中填入防水和气密性较好的密封胶。

（4）确定明显障碍物的位置。这包括确定土壤类型如沙质土、黏土、砾土等；确定缆线的布线方法；确定地下公用设施位置；查清在拟定缆线路由中各个障碍物位置或地理条件，如铺路区、桥梁、池塘等；确定对管道的需求。

（5）确定主干缆线路由和备用缆线路由。对于每一种特定的路由，确定可能的缆线结构；所有建筑物共用一根缆线，对所有建筑物进行分组，每组单独分配一根缆线；每个建筑物单用一根缆线；查清在缆线路由中哪些地方需要获准后才能通过；比较每个路由的优、缺点，从中选定最佳路由方案。

（6）选择所需缆线类型和规格。选择所需缆线类型和规格包括缆线长度、最终的系统结构图，以及管道规格、类型等。

（7）预算工时、材料费用，确定最终方案。预算每种方案所需要的劳务费用，包括布线、缆线交接等；预算每种方案所需的材料成本，包括电缆、支撑硬件的成本费用；通过比较各种方案的总成本，选取经济、实用的设计方案。

2）建筑群子系统主干缆线的选用

（1）建筑群语音通信网络主干缆线。对于建筑群语音通信网络主干线一般应选用大对数电缆。其容量（总对数）应根据相应建筑物内语音点的多少确定，原则上每个电话信息插座至少配 1 对对绞线，并考虑不少于 20% 的余量。还应注意，对于一幢大楼并非所有的语音线路都经过建筑群主接线间连接程控用户交换机，通常总会有部分直拨外线。对这部分直拨外线不一定要进入建筑群主交接间，应结合当地通信部门的要求考虑是否采用单独的电缆经各自的建筑配线架就近直接连入公用市话网。

（2）建筑群数据通信网络主干缆线。在综合布线系统中，光纤不但支 FDDI 主干、1000Base-FX 主干、100Base-FX 到桌面、ATM 主干和 ATM 到桌面，还可以支持 CATV/CCTV 及光纤到桌面（FTTD）。这些都是建筑群子系统和干线子系统布线的主角。因此,应根据建筑物之间的距离确定使用单模光纤(传输距离远达3000m,考虑衰减等因素,实用长度不超过1500m)还是多模光纤(传输距离为2000m)。

从目前应用实践来看,园区数据通信网主干光缆可根据建筑物的规模及其对网络数据传输速率的要求,分别选择6～8芯、10～12芯甚至16芯以上的单模室外光缆。另外,建筑群主干缆线还应考虑预留一定的缆线作为冗余,这对于综合布线系统的可扩展性和可靠性来说是十分必要的。

3) 建筑群子系统缆线布线

(1) 建筑群干线电缆、光缆、公用网和专用网电线、光缆(包括天线馈线)进入建筑物时,都应设置引入设备,并在适当位置转换为室内电缆、光缆。引入设备还包括必要的保护装置。引入设备宜单独设置房间,如条件允许也可与BD或CD合设。

(2) 建筑群和建筑物的干线电缆、主干光缆布线的交接不应多于两次。从楼层配线架(FD)到建筑群配线架(CD)之间只能通过一个建筑物配线架(BD)。

(3) 建筑物之间的缆线宜采用地下管道或电缆沟的敷设方式。设计时应预留一定数量的备用管孔,以便扩充使用。

(4) 当采用直埋缆线方式时,通常缆线应埋设在离地面60.96cm以下的深度,或按有关法规布放。

2.3 综合布线系统的施工

网络综合布线工程的施工是整个布线工程中非常重要的一步,也是布线工程成功与否的关键一步。布线施工需根据ISO/IEC 14763-1～3、《建筑综合布线系统验收规范》(GB/T 50312—2000)等布线安装、测试和工程验收规范、标准进行,以确保工程实施中每一个部件的安装质量。

2.3.1 网络综合布线施工要点

不论是5类、5e类、6类电缆系统还是光缆系统,都必须经过施工安装才能完成,而施工过程对传输系统的性能影响很大。即使选择了高性能的缆线系统,如果施工质量粗糙,其性能可能还达不到5类的指标。所以,不论选择安装什么级别的缆线系统,最后的结果一定要达到与之相应的性能指标。抓住网络综合布线施工要点,制订施工管理措施是保证网络综合布线工程质量的关键。

综合布线系统工程经过调研、设计确定施工方案后,接下来的工作就是工程的实施,而工程实施的第一步就是施工前的准备工作。在施工准备阶段,主要有硬件准备与软件准备两项工作。

1) 硬件准备

硬件准备主要是备料。网络综合布线系统工程施工过程需要许多施工材料,这些材料有的需在开工前就备好,有的可以在施工过程中准备,针对不同的工程有不同的需求。所用设备并不要求一次到位,因为这些设备往往用于工程的不同阶段,如网络测试仪就不是开工第一天就要用的。为了工程的顺利进行,考虑时应该尽量充分和周到一些。

备料主要包括光缆、对绞线、插座、信息模块、服务器、稳压电源、集线器、交换机和路由器等,要落实购货厂商并确定提货日期。同时,不同规格的塑料槽板、PVC防火管、蛇皮管和自攻螺钉等布线用料也要到位。如果集线器是集中供电,则还要准备导线铁管并制订好电气设备安全措施(供电线路需按民用建筑标准规范进行)。

在施工工地上可能会遇到各种各样的问题,难免会用到各种各样的工具,包括用于建筑施工、空中作业、切割成形器件、弱电施工、网络电缆的专用工具等工具或器材设备。

(1)电工工具。在施工过程中常常需要使用电工工具,如各种型号的螺丝刀、各种型号的钳子、各种电工刀、榔头、电工胶带、万用表、试电笔、长短卷尺和电烙铁等。

(2)穿墙打孔工具。在施工过程中还需要用到穿墙打孔的一些工具,如冲击电钻、切割机、射钉枪、铆钉枪、空气压缩机和钢丝绳等,这些通常是又大又重又昂贵的设备,主要用于线槽、线轨、管道的定位和坚固以及电缆的敷设和架设。建议与从事建筑装饰装修的专业安装人员合作进行。

(3)切割机和发电机、临时用电接入设备。这些设备虽然并非每一次都需要,但是却每一次都需要配备齐全,因为在多数综合布线系统施工中都有可能用到。特别是切割机和打磨设备等,在许多线槽、通道的施工中是必不可缺的工具。

(4)架空走线时的相关工具及器材。架空走线时所需的相关器材,如膨胀螺栓、水泥钉、保险绳、脚架等都是高空作业需要的工具和器材,无论是建筑物、外墙线槽敷设还是建筑群的电缆架空等操作都需要。

(5)布线专用工具。通信网络布线需要一些用于连接同轴电缆、对绞线和光纤的专用工具,如需要准备剥线钳、压线钳、打线工具和电缆测试器等。

(6)测试仪。用于不同类型的光纤、对绞线和同轴电缆的测试仪,既可以是功能单一的,也可以是功能完备的集成测试工具,如 Fluke 的 DSP-4000/4100 网络测试仪。一般情况下,对绞线和同轴电缆的测试仪器比较常见,价格也相对较低;光纤测试仪器和设备比较专业,价格也较高。

另外,还有许多专用仪器用于进行从低层到高层的全面测试。最好准备1~2台有网络接口的笔记本计算机,并预装网络测试的若干软件。这类软件比较多,而且涉及面也相当广,有些只涵盖物理层测试,而有些甚至还可以用于协议分析、流量测试或服务侦听等。根据不同的工程测试要求可以选择不同的测试平台,如通常用于网管的 Snifter Pro、LAN-pro、Enterprise LAN Meter 等。

(7)其他工具。在以上准备的基础上还需要准备透明胶带、白色胶带、各种规格的不干胶标签、彩色笔、高光手电筒、捆匝带、牵引绳索、卡套和护卡等。如果架空线跨度较大,还需要配置对讲机和施工警示标志等工具。

2)软件的准备

软件的准备也非常重要,主要工作包括以下内容。

(1)设计综合布线系统实施施工图。确定布线路由图来供施工、督导人员和主管人员使用。

(2)制订施工进度表。施工进度要留有适当余地,在施工过程中随时可能发生意想不到的一些事情,要立即协调解决。

(3) 向工程单位提交的开工报告。

(4) 工程项目管理。工程项目管理主要指部门分工、人员素质的培训和施工前的动员等。一般工程项目组应下设项目总指挥、项目经理、项目副经理、技术总监、设计工程师、工程技术人员、质量管理工程师、项目管理人员和安全员等。设计组按系统的情况应配备相关工程师,负责本工程设计工作。工程技术组应配备3名技术工程师,负责工程施工。质量管理组应配备1名质检管理人员和1名材料设备管理员,负责质量管理。项目管理组需要配备1名项目管理人员、1名行政助理及1名安全员。

由于并不是每一个施工人员都明确自己的任务,包括工作目的和性质、所做工作在整个工程中的地位和作用、工艺要求、测试目标、与前后工序的衔接、时间及空间安排和所需的资源等,所以施工前进行动员也是十分必要的。另外,根据工程"从上到下,逐步求精"的分治原则,许多情况下可能需要与其他工程承包商合作,如缆线的地埋、架空、楼外线槽的敷设等,双方的协调工作完成得怎么样? 下级承包商对自己的"责任区"的责、权、利是否已经明确清晰? 其施工能力和管理水平能否达到工程要求? 会不会造成与其他承包商相互冲突或推脱责任? 这些都是在施工准备阶段就应准备就绪的工作。

2.3.2 布线工程管理

一项完美的工程,除了应有高水平的工程设计与高质量的工程材料外,有效和科学的工程管理也至关重要。施工质量和施工速度来自系统工程管理。为了使工程管理标准化、程序化,提高工程实施的可靠性,可专门为其布线工程的实施制定一系列制度化的工程标准表格与文件。这些标准表格与文件涉及如现场调查与开工检查、工作任务分配、工作阶段报告、返工通知、下一阶段施工单、现场存料、备忘录及测试报告等方面。

1. 现场调查与开工检查

现场勘察与调查通常先于工程设计,一个高水平、高质量的设计方案与现场调查分析紧密相关,而且这种现场调查可以随着现场环境的变化多次提交。现场调查表可分为很多种,主要用于描述现场情况与综合布线系统工程之间的一些相关因素。

在开始施工前,应进行开工检查,主要是确认工程是否需要修改、现场环境是否有变化。首先要核对施工图纸、方案与实际情况是否一致,涉及建筑(群)重要特性的参数是否有变化。另外,还需要核查图纸上提到的打孔位置所用的建筑及装修材料,挖掘位置的地表条件如何,是否有遗漏的设备或布线方案,是否有修改的余地等。这些都是施工前最后核查的主要内容。如果没有什么不妥,就要严格执行施工方案。因此施工前工程师和安装工人都应该到现场熟悉环境。当然,还要与项目负责人及有关人员通报,并在他们的帮助下进行最后的考查。开工检查表格在工程实施开始前提交用户,且需要用户签字。

2. 工作任务分配

在进行施工任务分配时,要认识到施工质量和施工速度并不矛盾。俗话说"欲速则不达",开工前首先要做的是调整心态,赶工期的工程往往会因返工而浪费更多时间,所以千万不要以牺牲质量换取速度。如果工期紧,可以根据实际需求增加施工人员,但盲目地增加闲散人员不仅不能加快进度,反而可能有碍现场秩序。

　　理想的工程管理应该做到现场无闲人,事事有人做,人人有事做。这可采用类似于现代计算机 CPU 芯片的并行多道流水线处理的调度原则,即尽量将不相关的项目分解并同时施工。一个典型的例子就是:建筑物外的地线工程和地理工程能与建筑物内的布线线槽的敷设等同时进行;工作区终端信息插座的安装可以和管理间的配线架施工同时进行等。

　　施工任务分配包括布线工程各项工作及完成各项工作的时间要求,工作分配表要在施工开始之前提交,由施工者与各方签字认定。为保证施工进度,可制订工程进度表。在制定工程进度表时,不但要留有余地,还要考虑其他工程施工时可能对本工程带来的不利影响,避免出现不能按时竣工交付使用的问题。

3. 工作阶段报告

　　顾名思义,工作阶段报告指的是每一段工作完成之后所提交的报告,通常 1~2 周提交一次。报告完成后由用户方协同人员、工程经理和工程实施单位的主管一起在现场检查后对前一阶段工作进行总结,形成工作阶段报告。同时,对下一阶段的工作提出计划。

4. 返工通知

　　对前一阶段工作进行总结时,如果发现有需要返工的问题,则需要提交返工通知。返工通知可以表格形式给出,主要描述要求返工的原因、返工要求及返工完成的时间。施工方需提出解决问题的技术方案,以及返工费用的承担等解决相关问题的方法。

5. 下一阶段施工单

　　下一阶段施工单要对下一阶段工作的现场情况、要求、人员、工具、材料等进行描述,一般在所涉及的工作开始前 1~3 天内提交。相关单位根据下一阶段施工单内容进行施工准备,并由相关各方单位负责人签字。

6. 现场存料

　　工程材料的交付与使用将使现场存料不断发生变化,为使工程如期进行,对原存的材料应该做到"心中有数"。为此需填写并提交现场存料表,该表主要描述材料的现存量、存放地点、运输途中的材料及到货时间等。

7. 备忘录

　　在工程实施期间,与布线工程有关的各种会议、讨论会以及各相关单位的正式声明均以备忘录的方式提交,由有关单位签收。

8. 测试报告

　　在进行现场认证测试时,要分别对光纤与对绞线进行测试,并制作测试报告。测试报告可用表格形式呈现,由相关人员填写并签字。综合布线系统工程的验收主要依据测试报告进行。

9. 制作布线标记系统

　　综合布线的标记系统要遵循 ANSI/TIA/EIA 606 标准,标记要有 10 年以上的保质期。

10. 验收并形成文档

作为工程验收的一个重要组成部分，在上述各环节中需建立完善的文档资料。要注意，工程管理所提到的所有文件都应视为保密文件。

2.3.3 施工过程中的注意事项

在布线施工过程中，重要的是注重施工工艺。"粗犷"的布线不仅影响美观，更为严重的是可能会造成许多进退两难的局面。例如，信息插座中对绞线模块的制作，是综合布线系统工程中比较靠后的工序，通常是线槽敷设完毕、电缆敷设到位以后才开始，但做不好却可能使通信网络不稳定甚至不通。虽然可以把作废的模块剪掉重做，但要注意底盒中预留的层缆长度，不能剪得太短，否则只能重新布线。所以，在网络综合布线施工中需区别于一般的强弱电施工的无源网络系统。

网络布线所追求的不仅是导通或接触良好，还要保证通信质量，既要保证通信双方"听得见"，还要保证"听得清"。因此在施工中要切实注意以下几点。

1. 及时检查、现场督导

施工现场督导人员要认真负责，及时处理施工进程中出现的各种情况，协调处理各方意见。如果现场施工遇到不可预见的问题，应及时向工程单位汇报并提出解决办法供工程单位当场研究解决，以免影响工程进度。对工程单位计划不周的问题要及时妥善解决。对工程单位新增加的信息点要及时在施工图中反映。对部分场地或工段要及时进行阶段检查验收，确保工程质量。

2. 注重细枝末节、严密管理

对于熟练施工技术人员来讲，过分强调细节问题会被认为是小题大做，但事实上，无论水平高低、工程大小还是工期松紧，忽视重要的细节对工程质量都可能是致命的。在充满电钻和切割机轰鸣的施工现场，要求工程师能完成一些细致的工作，如电缆连接、配线架施工、光纤熔接及对绞线的排线压制等。特别是在制作大对数电缆时，即使一个多年从事布线安装的熟练工也难免失误，所以一味地求快往往适得其反，这时需要的是细心。

施工过程中的另一项任务就是对所有进场设备及材料器件的保管，既要考虑施工的方便又要考虑施工的安全性，并注意防火防潮。比如许多施工设备和测试仪器非常昂贵，则应当每天施工完毕后清点并带离现场，即便是廉价的小工具，如果一时找不到也会给施工带来不便。

3. 协调进程、提高效率

一个高效的工程计划及其实施往往来自于恰当的组织和管理，并非所有条件都齐备了才能有所进展，也并非人员和设备越多效率越高。一种较为合理的安排是由方案的总设计师和施工现场项目负责人根据进度协调进场人员、设备安装和缆线敷设等，在不同工程阶段，按所需要的人员、技术含量、工具及仪器设备分别进场。其原则是最大限度地提高人员工作效率和设备的利用率，利于加快施工进度。

4. 全面测试、保证质量

测试所要做的事情有：工作区到设备间连通状况；主干线连通状况；数据传输速率；

衰减;接线图;近端串扰等。

2.3.4　施工结束时的工作

网络布线工程施工结束时,涉及的主要工作包括以下内容。

(1) 清理现场,保持现场清洁、美观。

(2) 对墙洞、竖井等交接处要进行修补。

(3) 汇总各种剩余材料,把剩余材料集中放置,并登记还可使用的数量。

(4) 总结,就是收集、整理文档材料,主要包括开工报告、布线报告、施工过程报告、测试报告、使用报告及工程验收所需要的验收报告等。

2.4　综合布线系统的测试

综合布线系统测试对于保证布线工程的质量是不可缺少的环节。人们已经普遍认识到布线系统的测试与工程验收是保障工程质量、保护投资利益的一项重要工作。但也应看到,对用户来说布线系统测试和工程验收仍然是一个概念。为了使概念具体化,本节主要介绍网络布线系统测试与工程验收,包括测试标准、测试链路模型、测试参数、测试仪器等内容。

2.4.1　测试标准与链路模型

布线系统的测试是一项技术性很强的工作,它不但可以作为布线工程验收的依据,同时也给工程业主一份质量信心。通过科学、有效的测试,还能及时发现布线故障、分析处理问题,但综合布线是一个系统工程,需要分析、设计、施工、测试、维护各环节都遵循标准,才能获得全面的质量保障。

1. 测试标准

布线系统的测试与布线系统的标准紧密相关。近几年来布线标准发展很快,主要是由于有像千兆位以太网这样的应用需求在推动着布线系统性能的提高,导致了对新布线标准的要求加快。布线系统的测试标准随着计算机网络技术的发展而不断变化。先后使用过的标准有《现场测试标准》(ANSI/TIA/EIA TSB-67)、《现场测试标准》(ANSI/TIA/EIA TSB 95)、《5e 类缆线的千兆位网络测试标准》(ANSI/TIA/EIA 568-A-5-2000)、《建筑与建筑群综合布线系统工程验收规范》(GB/T 50312—2000)等。

2001 年 3 月通过了《6 类电缆标准》(ANSI/TIA/EIA 568-B),它集合了《商业大楼通讯布线标准》(ANSI/TIA/EIA 568-A)、TSB-67、TSB 95 等标准的内容,现已成为新的布线测试标准。该标准对布线系统测试的连接方式也进行了重新定义,放弃了原测试标准中的基本链路方式。

对于不同的网络类型和网络电缆,其技术标准和所要求的测试参数是不一样的。2002 年 6 月《铜缆对绞线 6 类线标准》(ANSI/TIA/EIA 568-B. 2-1-2002)正式出台。对于 6 类布线系统的测试标准,与 5 类布线系统在许多方面都有较大的超越,提出了更为严格、全面的测试指标体系。现做以下说明。

（1）为保证在 200MHz 时综合衰减串扰化（Power Sum Attenuation Crosstalk Rate，PSACR）为正值，6 类布线系统的测试标准对参数 PSACR、NEXT（近端串扰）、PSNEXT（综合近端串扰）、PSELFEXT（综合等效远端串扰）、Propagation Delay（传播延迟）、Delay Skew（延迟差异）、Attenuation（衰减）、Return Loss（回波损耗）等都有具体的要求。因此，真正区分 6 类布线系统最重要的就是检验布线系统是否能够达到最新 6 类标准中所有参数的要求。

（2）6 类系统标准取消了基本链路模型，采用符合 ISO 标准的信道模型，保证了测试模型的一致性。

（3）6 类系统标准要求采用 4 连接点 100m 的方法进行测试，更符合实际应用时的信道特征。

（4）6 类系统标准要求在 0～250MHz 整个频段上及整个长度上有一致的测试指标要求。

（5）6 类系统标准要求全线产品都要达到 6 类性能指标要求，包括模块、配线架、跳线和缆线等部件。

（6）6 类系统标准提供了 1～250MHz 频率范围内实验室和现场测试程序两种方式。

（7）新的 6 类标准对 100Ω 平衡对绞线电缆、连接硬件、跳线、信道和永久链路做了详细的要求。

（8）6 类标准还包括提高电磁兼容性时对细线和连接硬件的平衡建议。

2. 测试链路模型

对综合布线系统进行测试之前首先需要确定被测链路的测试模型。电缆链路是指一个电线的连接，包括电缆、插头、插座，甚至还包括配线架、耦合器等。

对于传统的测试来说，基本链路（Basic Link）和信道链路（Channel Link）是布线系统测试链路的两个模型。推出 5e 类系统以后，由于基本链路模型存在一些缺陷，已经被废弃。按照 ANSI/TIA/EIA 568-B. 2-1-2002 标准，网络综合布线系统测试链路模型目前有永久链路和信道链路两种模型。

1）永久链路模型

在《商业大楼通讯布线标准》（ANSI/TIA/EIA 568-A）中，所定义的链路测试模型为基本链路，如图 2-9 所示。基本链路最大长度是 94m，其中包含了两根共 4m 长的测试跳

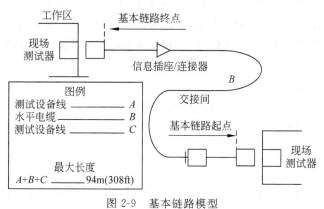

图 2-9 基本链路模型

线,这两根跳线由测试设备提供。在测试过程中,链路两端连接测试仪和被测链路的测试仪接线不可能不对测试结果产生影响(主要影响是近端串扰与回波损耗),并且包含在总测试结果中。所以当两根测试跳线出现问题之后(如不正确的摆放和损坏),其结果会直接影响总测试结果。

永久链路是由《信息技术——用户基础设施结构化布线》(ISO/IEC 11801)和EN 50173标准定义的链路模型,测试模型的连接模式如图 2-10 所示。可以看出,永久链路是指建筑物中的固定布线部分,即从交接间配线架到用户端的墙上信息插座(TO)的连线(不含两端的设备连线),最大长度为 90m。

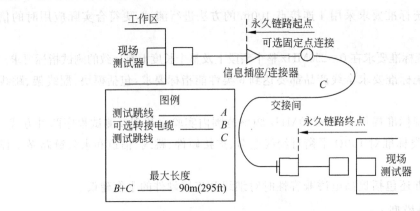

图 2-10　永久链路模型

显然,基本链路与永久链路这两个模型不完全兼容。对于这两个不同的链路模型,曾经给布线人员和布线现场的测试者带来许多麻烦。在对布线系统进行现场测试时,采用ISO 与 TIA 标准测试的结果有时并不完全一致,因此人们都非常关心能否让这两个模型一致,从而使测试结果一致。推出 5e 类标准以后,基本链路模型暴露出来一些缺点。考虑到基本链路测试跳线对链路性能的影响,美国标准化组织 TIA 放弃了基本链路而采用永久链路。

在 ANSI/TIA/EIA 568-B.2-1-2002 标准中,有关综合布线系统测试的最重要内容就是废弃基本链路而采用永久链路的测试模型,从而使两个标准在测试模型上达成一致。这个重要的更新对现场测试设备和测试技术提出了更高的要求。永久链路模型的特点是,如果按照永久链路进行检测并且通过了测试,那么到原厂家购买合格的用户连接线(Patch Cable,又称跳线),并连接好通信网络设备,就可以得到合格的链路,直接投入使用。

2) 信通链路模型

信道链路模型定义了包括端到端的传输要求,含用户末端设备电缆,最大长度是100m。根据 ANSI/TIA/EIA 568-B.2-1-2002 标准,信道测试模型的连接模式如图 2-11所示。

3) 测试参数

众所周知,对于不同的网络类型和网络缆线,测试标准和所要求的测试参数是不一样

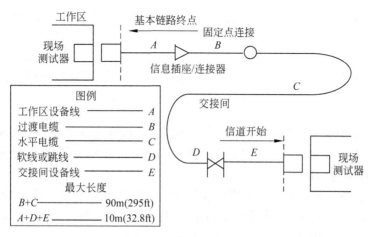

图2-11 信道链路模型

的。对于5类链路的测试相当简单。按照TSB-67标准要求,在综合布线系统的验证测试指标中有接线图、链路长度、衰减、近端串扰4个参数。ISO要求增加一项参数,即ACR(衰减对串扰比)。

对于5e类标准,参数的数量没有发生变化,只是在指标要求的严格程度上比TSB-95高了许多,而到了6类之后,这个标准已经面向1000Base-TX的应用,所以又增加了很多参数,如综合近端串扰(PSNEXT)、综合等效远端串扰(PSELFEXT)、回波损耗(Return Loss)、延迟差异(Delay Skew)等。

这样,包括增补后的测试参数有接线图、链路长度测量、近端串扰(NEXT)、综合近端串扰(Power Sum NEXT,PSNEXT)、衰减(Attenuation)、衰减对串扰比(Attenuation Crosstalk Rate,ACR)、远端串扰(FEXT)及等电平远端串扰(ELFEXT)、传播延迟(Propagation Delay)、延迟差异(Delay Skew)、结构化回损(Structural Return Loss,SRL)、带宽、特性阻抗(Impedance)、直流环路电阻及杂讯等。

在布线系统的现场测试参数问题上,要注意测试参数项目是随布线测试所选定的标准不同而变化的。通常,现场验证测试的参数主要有接线图、链路长度、衰减、近端串扰4项。

(1)接线图(Wire Map)。接线图是用来比较判断接线是否错误的一种直观检测方式。接线图测试不仅是要确认链路一个简单的逻辑连接,而是要确认链路一端的每一个针与另一端相应的物理连接。此外,接线图测试要确认链路电缆中线对是否正确,判断是否有开路、短路、反向、交错和串对等情况出现。

应特别注意,分叉线对是经常出现的接线故障,使用简单的通断仪器常常不能准确地查找出。如图2-12所示,测试时会显示连接正确,但这种连接会产生极高的串扰,使数据传输产生错误。在10Base-T网络中,由于对布线系统的要求较宽松,这种接线故障对网络的整体运行不会产生太大的影响。高速以太网测试仪器(如100Base-TX测试仪器)的接线图测试能发现这种错误。用户可选用美国Microsoft公司生产的局域网侦测仪Micro Scanner,该仪器能全面检测各种接线问题,价格低且方便实用。

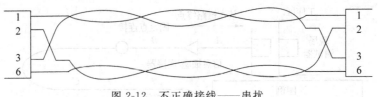

图 2-12　不正确接线——串扰

保持线对正确铰接是非常重要的。标准规定,正确的连线图要求端到端相应的针连接是 1 对 1、2 对 2、3 对 3、4 对 4、5 对 5、6 对 6、7 对 7、8 对 8,如果接错,便有开路、短路、反向、交错和串对等情况出现。

(2) 链路长度。链路长度是指连接电缆的物理长度,常用电子长度测量来估算。"电子长度测量"是应用 TDR(时域反射计)的测试技术,基于链路的传输时延和电缆的额定传输速率 NVP 而实现的。

TDR 的工作原理是:测试仪从铜缆线一端发出一个脉冲波,在脉冲波行进时如果碰到阻抗变化,如开路、短路或不正常接线时,就会将部分或全部脉冲波能量反射回测试仪。依据来回脉冲波的延迟时间及已知信号在铜缆线传播的 NVP(额定传播速率),测试仪就可以计算脉冲波接收端到该脉冲波返回点的长度。返回脉冲波的幅度与阻抗变化的程度成正比,因此在阻抗变化大的地方,如开路或短路处,会返回幅度相对较大的回波。接触不良产生的阻抗变化(阻抗异常)会产生小幅度的回波。

若将电信号在电缆中传输速度与光在真空中传输速度的比值定义为额定传播速率,用 NVP 表示,则有

$$NVP = \frac{2L}{Tc}$$

式中：L——电缆长度;

　　T——信号传送与接收之间的时间差;

　　c——真空状态下的光速(3×10^8 m/s)。

一般典型的非屏蔽对绞线电缆的 NVP 值为 $62\% \sim 72\%$,则电缆长度为

$$L = NVP \times \frac{Tc}{2}$$

显然,测量的链路长度是否精确取决于 NVP 值,因此,应该用一个已知的长度数据(必须在 15m 以上)来校正测试仪的 NVP 值。但 TDR 的精度很难达到 2% 以内,同时,同一条电缆的各线对间的 NVP 值也有 $4\% \sim 6\%$ 的差异。另外,对绞线线对的实际长度也比一条电缆自身要长一些。在较长的电缆里运行的脉冲波会变成锯齿形,这也会产生几纳秒的误差。这些都是影响 TDR 测量精度的因素。

测试仪发出的脉冲波宽约为 20ns,而传播速率约为 3ns/m,因此该脉冲波行至 6m 处时才是脉冲波离开测试仪的时间。这也就是测试仪在测量长度时的盲区,故在测量链路长度时将无法发现这 6m 内可能发生的接线问题(因为还没有回波)。

因此,在处理 NVP 时存在不确定性,一般会导致至少 10% 左右的误差。考虑电缆厂商所规定的 NVP 值的最大误差和长度测量的时域反射(TDR)误差,测量长度的误差极限如下。

信道链路：100m＋10％×100m＝110m。

永久链路：90m＋10％×90m＝99m。

也就是说，缆线如果按信道链路模型测试，那么理论上最大长度不超过100m，但实际测试长度可达110m，如果是按永久链路模型测试，那么理论规定最大长度不超过90m，而实际测试长度最大可达到99m。另外，测试仪还应该能同时显示各线对的长度。如果只能得到一条电缆的长度结果，并不表示各线对都具有同样的长度。

（3）衰减。衰减（Attenuation）测试是对电缆和电缆链路连接硬件中信号损耗的测量，衰减随频率而变化，所以应在其使用频率范围内测量。例如，对于5类非屏蔽对绞线，测试频率范围是1～100 MHz。测量衰减时，值越小越好。温度对某些电缆的衰减也会产生影响，一般来说，随着温度的增加，电缆的衰减也增加。这就是标准中规定温度为20℃的原因。

要注意，衰减对特定细线、特定频率下的要求有所不同。具体说，每增加1℃对于Cat3电缆衰减增加1.5％、Cat4和Cat5电缆衰减增加0.4％。当电缆安装在金属管道内时，每增加1℃链路的衰减增加2％～3％。现场测试设备应测量出安装的每一对线衰减的最严重情况，并且通过将衰减最大值与衰减允许值比较后，给出合格（PASS）与不合格（FAIL）的结论。具体规则如下：①如果合格，则给出处于可用频宽内的最大衰减值；否则给出不合格时的衰减值、测试允许值及所在点的频率。②如果测量结果接近测试极限，而测试仪不能确定是PASS还是FAIL时，则将此结果用"PASS ＊"标识；若结果处于测试极限的错误侧，则给出FAIL。③PASS/ FAIL的测试极限是按链路的最大允许长度（信道链路是100m、永久链路是90m）设定的，不是按长度分摊的。若被测量出的值大于链路实际长度的预定极限，则在报告中前者将加星号，以示警诫。

（4）近端串扰（NEXT）。当电流在一条导线中流通时会产生一定的电磁场，该电磁场会干扰相邻导线上的信号，信号频率越高这种影响就越大。NEXT是指测量在一条UTP电缆中从一对线到另一对线的信号耦合程度。对于UTP电缆而言，这是一个关键的性能指标，也是最难精确测量的一个指标，尤其是随着信号频率的增加，其测量难度也会增大。TSB-67定义5类UTP电缆链路必须在1～100MHz的频宽内测试。

由NEXT定义可知，在一条UTP电缆上的NEXT损耗测试需要在每一对线之间进行，并有6对线对组合关系。也就是说，对于典型的4对线UTP电缆，需要测试6次NEXT。

串扰分近端串扰与远端串扰（FEXT），由于FEXT的量值影响较小，因此测试仪主要是测量NEXT。NEXT并不表示在近端点产生的串扰值，只表示在近端点所测量的串扰数值。这个量值会随电缆长度的变化而变化，同时发送端的信号也会衰减，对其他线对的串扰值也相对变小。

试验证明，在40 m内测量得到的NEXT值是较为真实的。如果另一端是大于40 m的信息插座，会产生一定程度的串扰，但测试仪可能无法测量到这一串扰值。基于这个原因，对NEXT的测量，最好在两端都进行。目前，大多数测试仪都能够在一端同时进行两端的NEXT测量。

对于5e类、6类线的测试参数，除了上述测试指标外，还应增加结构回波损耗SRL等内容。SRL 是由于信道元件不匹配引起信号被反射回传到发送端的能量损耗,是测量能量变化的参数。《6 类电缆标准》(ANSI/TIA/EIA 568-B)要求在 100 MHz 下 SRL 值为16dB,其量值越小,表示信号完整性越好。

综上所述,综合布线系统的质量将直接影响将来网络的"健康"。众所周知,网络综合布线是一项"隐蔽"工程,若出现差错将会带来无法挽回的巨大损失。因此,网络综合布线工程竣工后,一定要经过严格的布线系统测试,以确保布线系统长期、安全、可靠运行。

2.4.2　测试仪器

测试仪器是综合布线系统测试的重要工具。测试仪器的功能、技术指标测量等级、权威认证等在综合布线系统测试过程中起不可替代的作用。布线系统现场认证测试使用的测试仪器在技术上非常复杂,要保证认证测试准确、快捷和测试结果的权威性,就需认真选择适合用户需求的测试仪器。用户当然希望自己所使用的测试仪既能具备认证测试能力,又具有故障查找能力,因此应比较清楚地了解测试仪的性能及其操作使用技术。

目前,市场上有许多用于网络布线系统的测试仪器,如 Data Technologies 公司的 LAN Cat V,Fluke 公司的 DSP-100、DSP-2000、DSP-4000,Scope Communication 公司的 Wirescope-155,Wavetek 公司的 Lantek Pro XL 等均是广泛使用的电缆测试仪。目前有很多种电缆测试仪,可以从不同的角度予以分类。

1. 按照测试仪表使用的频率范围分类

若按照测试仪表使用的频率范围,可将其分为通用型测试仪表和宽带链路测试仪表两种类型。

1) 通用型测试仪

通用型测试仪主要用于 5 类以下(含 5 类)链路测试,测量单元的最高测量频率极限值不低于 100MHz,在 0~100MHz 测量频率范围内能提供各测试参数的标称值和阈值曲线。

2) 宽带链路测试仪

宽带链路测试仪不仅用于 5e 类以上链路的测试,还可用于 6 类缆线及同类别或安装更高类器件(接插部件、跳线、连接插头和插座)的宽带链路测试,链路测试系统最高测量工作频率可扩展至 250MHz。在 0~250MHz 测试频率范围内提供各测试参数的标称值和阈值曲线。

2. 按照测试仪表适用的测试对象分类

若按照测试仪表适用的测试对象分类,可分为电缆测试仪、网络测试仪和光纤测试仪。

1) 电缆测试仪

电缆测试仪具有电缆的验证测试和认证测试功能,主要用于检测电缆质量及电缆的安装质量。验证测试包括测试电缆有无开路、断路,UTP 电缆是否正确连接,对串扰、近端串扰故障进行精确定位,同轴电缆终端匹配电阻连接是否良好等基本安装情况测试。认证测试则完成电缆满足《商用建筑通信布线标准》(ANSI/TIA/EIA 568-A)、《非屏蔽线集中式光纤布线准则》(ANSI/TIA/EIA TSB-67)等有关标准的测试,并具有存储和打印有关参数的功能。比较典型的产品如 Fluke DSP-100、Fluke DSP-2000 测试仪、Fluke 620 电缆测试仪及 Fluke DSP-4000 系列测试仪等。

Fluke DSP-100 采用数字测试技术,能测试包括 UTP、STP 在内的各种电缆,遵从 ANSI/TIA/EIA、IEEE、ISO 等各种测试标准,测试速度快;能测试阻抗、链路长度、串扰、衰减等多项指标,并能定位故障。

Fluke DSP-2000 测试仪采用数字技术测试电缆。它不仅完全满足《非屏蔽线集中式光纤布线准则》(ANSI/TIA/EIA TSB-67)所要求的 Ⅱ 级精度标准,而且还具有更强的测试和诊断功能。

Fluke 620 电缆测试仪是一种既不需要远端连接器,也不需要安装人员在电缆另一端提供额外帮助的电缆测试仪。它只需要配备一个连接器,就能证实电缆的接法与接线是否正确。

Fluke DSP-4000 系列测试仪采用先进的数字测试技术,其测试的带宽可以达到 350MHz。它不仅可以支持 5e 类电缆标准,还可以支持 6 类测试标准。

这些电缆测试仪能检测同轴电缆、非屏蔽对绞线(UTP)和光纤等传输媒体,一般要求如下。

(1) 测试功能:验证测试和认证测试。

(2) 测量精度:TSB-67 标准二级精度。

(3) 测试频率:在 100MHz 以上。

(4) 测试结果输出方式:屏幕显示和打印。

(5) 测试电缆种类包括:3 类、5 类、5e 类、6 类 UTP 电缆及光纤。

2) 网络测试仪

网络测试仪主要用于计算机网络的安装调试、网络监测、维护和故障诊断。网络测试仪也可用于迅速、准确地进行网络利用率与碰撞率等有关参数的统计、网络协议分析、路由分析及流量测试,还可对电线、网卡、集线器、网桥、路由器等网络设备进行故障诊断,并具有存储和打印有关参数的功能。比较有代表性的产品是 Fluke 67X LAN 测试仪、Fluke 68X 企业级 LAN 测试仪等。

Fluke 67X LAN 系列网络测试仪是一种专用于计算机局域网安装调试、维护和故障诊断的工具。可以用于迅速查找电缆、网卡、集线器、网桥、路由器、LAN 交换机等网络设备的故障。

Fluke 68X 是专门用于大中型企业网的测试仪器,具有很强的故障测试诊断功能。

这些网络测试仪的相关要求如下。

(1) 测试功能包括网络监测和故障诊断。

(2) 测试结果输出方式包括屏幕显示和打印。

(3) 测试网络类型包括以太网、令牌环网等。

3) 光纤测试仪

最常用的光纤测试仪器是光功率损耗测试(OLTS)和光时域反射计(OTDR)。此外,也有部分用户使用可视故障定位仪(VFLs)来检测光纤极性、断点及衰减,如配线架上光缆的过紧捆扎等。某些 VFLs 可以产生两个光源,一个稳定一个振荡,来帮助识别微型接口(SFF)的光纤极性。有时 OTDR 也被用来定位连接器、熔接点以及弯曲过度的故障。在很多情况下,用户也可用 OTDR 曲线和 OLTS 一起来保证所安装的光缆没有过度弯曲和不良的熔接等。

有些电缆测试仪也可与光纤测试套件配套使用,如 Fluke DSP-2000 测试仪与 Fluke DSP-FTK 光纤测试套件配套使用,实现光纤的安装测试,并符合《商业大楼通讯布线标准》(ANSI/TIA/EIA 568-A)关于"多模光纤的安装及光功率损耗的测试"中的有关要求。光缆测试套件通过 RJ-45 适配器与 DSP-2000 连接,可以把测试数据储存至 Fluke DSP-2000,可与测试仪内置的相关测试标准进行比较,得到所测光纤性能是否达标的报告。把 Fluke 提供的测试和认证单模、多模光纤布线系统的光纤测试适配器产品选件,与 Fluke DSP-4000 系列数字式电缆分析仪配合使用,可组成高性能、高效率的光纤测试仪器。

2.5　常用传输介质

网络中连接各个通信处理设备的物理媒体称为传输介质。其性能特点对传输速率、成本、抗干扰能力、通信距离、可连接的网络结点数目和数据传输的可靠性等均有重大影响。必须根据不同的通信要求,合理地选择传输介质。

传输介质分为有线介质和无线介质。有线介质包括同轴电缆、双绞线和光纤,无线介质包括无线短波、地面微波、卫星、红外线等。下面介绍几种常用的传输介质。

2.5.1　双绞线

双绞线采用了一对互相绝缘的金属导线互相绞合的方式来抵御一部分外界电磁波干扰。把两根绝缘的铜导线按一定密度互相绞在一起,可以降低信号干扰的程度,每一根导线在传输中辐射的电波会被另一根线上发出的电波抵消。"双绞线"的名字也是由此而来。双绞线一般由两根 22~26 号绝缘铜导线相互缠绕而成,实际使用时,双绞线是由多对双绞线一起包在一个绝缘电缆套管里的。

典型的双绞线有 4 对的,也有更多对双绞线放在一个电缆套管里的,称为双绞线电缆。在双绞线电缆(也称双扭线电缆)内,不同线对具有不同的扭绞长度,一般地,扭绞长度在 3.81~14cm,按逆时针方向扭绞。相邻线对的扭绞长度在 12.7cm 以上,一般扭线越密其抗干扰能力就越强,与其他传输介质相比,双绞线在传输距离、信道宽度和数据传输速度等方面均受到一定限制,但价格较为低廉。

1. UTP 和 STP

双绞线可分为屏蔽双绞线(STP)和非屏蔽双绞线(UTP)。屏蔽双绞线如图 2-13(a)所示。电缆的外层由铝铂包裹,以减小辐射,但并不能完全消除辐射。屏蔽双绞线价格相对较高,安装时要比非屏蔽双绞线电缆困难。

非屏蔽双绞线(见图 2-13(b))无屏蔽外套,直径小,节省所占用的空间,质量轻、易弯曲、易安装,可将串扰减至最小或加以消除,具有阻燃性、独立性和灵活性,适用于结构化综合布线。

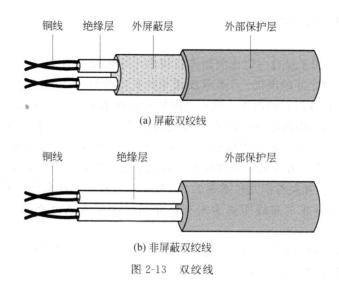

(a) 屏蔽双绞线

(b) 非屏蔽双绞线

图 2-13 双绞线

2. 双绞线的类型

双绞线规格型号有 1 类线、2 类线、3 类线、4 类线、5 类线、超 5 类线和最新的 6 类线。局域网中非屏蔽双绞线分为 3 类、4 类、5 类、超 5 类及 6 类线 5 种,屏蔽双绞线分为 3 类和 5 类两种。下面简单介绍以上几类双绞线。

1) 1 类线

1 类线主要用于传输语音(1 类标准主要用于 20 世纪 80 年代初之前的电话线缆),不用于数据传输。

2) 2 类线

2 类线传输频率为 1MHz,用于语音传输和最高传输速率为 4Mb/s 的数据传输,常见于使用 4Mb/s 规范令牌传递协议的令牌网。

3) 3 类线

这是指目前在 ANSI 和 EIA/TIA568 标准中指定的电缆,该电缆的传输频率为 16MHz,用于语音传输及最高传输速率为 10Mb/s 的数据传输,主要用于 10Base-T 规范。

4) 4 类线

该类电缆内含 4 对线,其传输频率为 20MHz,用于语音传输和最高传输速率为 16Mb/s 的数据传输,主要用于基于令牌的局域网和 10Base-T/100Base-T 规范。

5) 5 类线

该类是新建网络或升级到高级以太网最常用的 UTP。该类电缆增加了绕线密度,外套一种高质量的绝缘材料,传输率为 100MHz,用于语音传输和最高传输速率为 10Mb/s 的数据传输,主要用于 100Base-T 和 10Base-T 网络,是最常用的以太网电缆。

6) 超 5 类线

超 5 类双绞线属非屏蔽双绞线,与普通 5 类双绞线比较,超 5 类双绞线在传送信号时衰减更小,抗干扰能力更强,在 100M 网络中,用户设备的受干扰程度只有普通 5 类线的 1/4,并且具有更高的衰减与串扰比值(ACR)和信噪比(Signal Noise Ratio),更小的时延误差,性能得到很大提高。

7)6 类线

6 类双绞线采用了经过一定比例预先扭绞的十字形塑料骨架,保持电缆结构稳定性的同时降低了线对之间的串扰。6 类双绞线单位长度的扭绞密度比超 5 类更为紧密,使近端串扰和抗干扰性能得到改善。该类电缆的传输频率为 1～250MHz,6 类布线系统在 200MHz 时综合衰减串扰比(PSACR)有较大的余量,它提供 2 倍于超 5 类的带宽。6 类布线的传输性能远远高于超 5 类标准,最适用于传输速率高于 1Gb/s 的应用。

6 类双绞线改善了在串扰及回波损耗方面的性能,对于新一代全双工的高速网络应用而言,优良的回波损耗性能是极重要的。6 类标准中取消了基本链路模型,布线标准采用星形拓扑结构,要求的布线距离为永久链路的长度不能超过 90m,信道长度不能超过 100m。

双绞线按性能和用途分为 1 类线、2 类线、3 类线、4 类线、5 类线、超 5 类线及 6 类线。类越高则性能越好,但价格也越贵。

3. 双绞线的连接器

双绞线的连接器最常见的是 RJ-11 和 RJ-45。RJ-11 用于连接 3 对双绞线缆,RJ-45 用于连接 4 对双绞线缆。RJ-45 接头俗称水晶头,双绞线的两端必须都安装 RJ-45 插头,以便插在以太网卡、集线器(Hub)或交换机(Switch)RJ-45 接口上。

水晶头也可分为几种档次。质量的好坏主要体现为接触探针是镀铜的,容易生锈,造成接触不良、网络不通。质量差的表现为塑扣位扣不紧(通常是变形所致),也很容易造成接触不良、网络中断。水晶头虽小,但在网络中却很重要,在许多网络故障中就有相当一部分是因为水晶头质量不好造成的。

4. 双绞线的制作标准

双绞线网线的制作方法非常简单,就是把双绞线的 4 对 8 芯导线按一定规则插入到水晶头中。插入的规则在布线系统中是采用 EIA/TIA568 标准,在电缆的一端将 8 根线与 RJ-45 水晶头根据连线顺序进行相连,连线顺序是指电缆在水晶头中的排列顺序。EIA/TIA568 标准提供了两种顺序,即 568A 和 568B。根据制作网线过程中两端的线序不同,以太网使用的 UTP 电缆分直通 UTP 和交叉 UTP。

直通 UTP 即电缆两端的线序标准是一样的,两端都是 T568B 或都是 T568A 的标准。而交叉 UTP 两端的线序标准不一样,一端为 T568A,另一端为 T568B 标准,如图 2-14 所示。

5. MDI 接口与 MDI-X 接口

媒体相关接口(Medium Dependent Interface)也称为"上行接口",它是集线器或交换机上用来连接到其他网络设备而不需要交叉线缆的接口。MDI 接口不交叉传送和接收线路,交叉由连接到终端工作站的常规接口(MDI-X 接口)来完成。MDI 接口连接其他的设备上的 MDI-X 接口。

交叉媒体相关接口(Medium Dependent Interface Crossed,MDI-X)是网络集线器或交换机上将进来的传送线路和出去的接收线路交叉的接口,是在网络设备或接口转接器

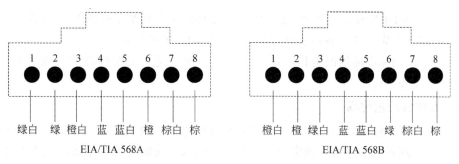

图 2-14 T568A 和 T568B 的连接规范

上实施内部交叉功能的 MDI 端口。它意味着由于端口内部实现了信号交叉，某站点的 MDI 接口和该端口间可使用直通电缆。

由以上的分析可以看出，MDI 与 MDI 接口互联或 MDI-X 与 MDI-X 接口互联时必须使用交叉线缆才能使发送的管脚与对端接收的管脚对应，而 MDI 与 MDI-X 互联时则必须使用直通线缆才能使发送的管脚与对端接收的管脚对应，如图 2-15 所示。

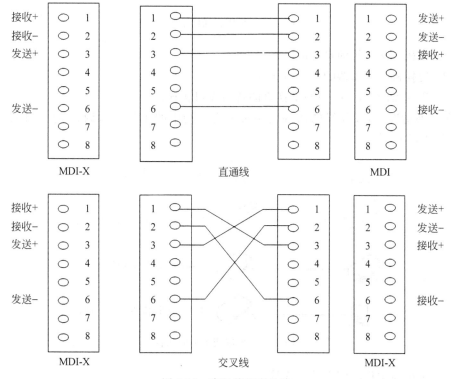

图 2-15 直通线和交叉线

通常集线器和交换机的普通端口一般为 MDI 接口，而集线器和交换机的级联端口、路由器的以太口和网卡的 RJ-45 接口都是 MDI-X 接口。

注意：在目前的交换机设备端口实现技术中，大多数厂商都实现了 MDI 及 MDI-X 接口的自动切换，即对于普通用户来讲，使用交换机连接不同设备时，如果交换机的端口类型是 MDI-MDI-X 自动协商的,连接所使用的双绞线类型即可无须考虑,交换机会按照在端口的哪个管脚接收数据而自动进行 MDI 及 MDI-X 的切换。

下面是按照标准的情况进行的建议,如使用一些自适应交换机时,可不必考虑双绞线的适用场合的限制。

6. 双绞线的适用场合

在实际的网络环境中,一根双绞线的两端分别连接不同设备时,必须根据标准确定两端的线序;否则将无法连通。通常,在下列情况下,双绞线的两端线序必须一致才可连通,如图 2-16 所示。

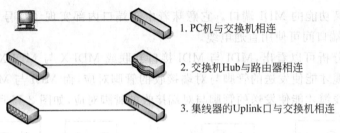

1. PC机与交换机相连
2. 交换机Hub与路由器相连
3. 集线器的Uplink口与交换机相连

图 2-16　采用直通缆的场合

(1) 主机与交换机的普通端口连接。

(2) 交换机与路由器的以太口相连。

(3) 集线器的 Uplink 口与交换机的普通端口相连。

在下列情况下,双绞线的两端线序必须将一端中的 1 与 3 对调、2 与 6 对调才可连通,如图 2-17 所示。

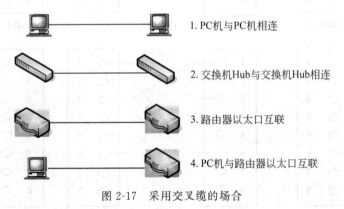

1. PC机与PC机相连
2. 交换机Hub与交换机Hub相连
3. 路由器以太口互联
4. PC机与路由器以太口互联

图 2-17　采用交叉缆的场合

(1) 主机与主机的网卡端口连接。

(2) 交换机与交换机的非 Uplink 口相连。

(3) 路由器的以太口互连。

(4) 主机与路由器以太口相连。

7. 双绞线的优、缺点

使用双绞线作为传输介质的优越性在于其技术和标准非常成熟、价格低廉且安装也相对简单。缺点是双绞线对电磁干扰比较敏感且容易被窃听。双绞线目前主要在室内环境中使用。

2.5.2 光纤

1. 光缆的组成

光纤是光缆的纤芯,光纤由光纤芯、包层和涂覆层3部分组成。最里面的是光纤芯,包层将光纤芯围裹起来,使光纤芯与外界隔离,以防止与其他相邻的光导纤维相互干扰。包层的外面涂覆一层很薄的涂覆层,涂覆材料为硅酮树脂或聚氨基甲酸乙酯,涂覆层的外面套塑(或称二次涂覆),套塑的原料大都采用尼龙、聚乙烯或聚丙烯等塑料,如图 2-18 所示。

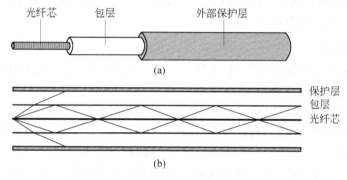

图 2-18　光纤的构成

1）光纤芯

光纤芯是光的传导部分,而包层的作用是将光封闭在光纤芯内。光纤芯和包层的成分都是玻璃,光纤芯的折射率高,包层的折射率低,这样可以把光封闭在光纤芯内,不断反射传输。

2）涂覆层

涂覆层是光纤的第一层保护,它的目的就是保护光纤的机械强度,是第一层缓冲(Primary Buffer),由一层或几层聚合物构成,厚度约为 $250\mu m$,在光纤的制作过程中就已经涂覆到光纤上。光纤涂覆层在光纤受到外界震动时保护光纤的光学性能和物理性能,同时又可以隔离外界水气的侵蚀。

3）缓冲保护层

在涂覆层外面还有一层缓冲保护层,给光纤提供附加保护。在光缆中这层保护分为紧套管缓冲和松套管缓冲两类。紧套管是直接在涂覆层外加的一层塑料缓冲材料,约 $650\mu m$,与涂覆层合在一起,构成一个 $900\mu m$ 的缓冲保护层。松套管缓冲光缆使用塑料套管作为缓冲保护层,套管直径是光纤直径的几倍,在这个大的塑料套管的内部有一根或多根已经有涂覆层保护的光纤。

光纤在套管内可以自由活动,并且通过套管与光缆的其他部分隔离开来。这种结构可以防止因缓冲层收缩或扩张而引起的应力破坏,并且可以充当光缆中的承载元件。

4）光缆加强元件

为保护光缆的机械强度和刚性，光缆通常包含有一个或几个加强元件。在光缆被牵引时，加强元件使得光缆有一定的抗拉强度，同时还对光缆有一定支持保护作用。光缆加强元件有芳纶纱、钢丝和纤维玻璃棒 3 种。

5）光缆护套

光缆护套是光缆的外围部件，它是非金属元件，作用是将其他的光缆部件加固在一起，保护光纤和其他的光缆部件免受损害。

光纤既不受电磁干扰，也不受无线电的干扰，由于可以防止内外的噪声，所以光纤中的信号可以比其他有线传输介质传得更远。由于光纤本身只能传输光信号，为了使光纤能传输电信号，光纤两端必须配有光发射机和光接收机，光发射机完成从电信号到光信号的转换，光接收机则完成从光信号到电信号的转换。光电转换通常采用载波调制方式，光纤中传输的是经过了调制的光信号。

2．光纤的分类

光纤可以根据构成光纤的材料、光纤的制造方法、光纤的传输总模数、光纤横截面上的折射率分布和工作波长进行分类。

1）按照折射率分布不同划分

通常采用的是均匀光纤（阶跃型光纤）和非均匀光纤（渐变型光纤）两种。

（1）均匀光纤。光纤纤芯的折射率 n_1 和包层的折射率 n_2 都为一常数，且 $n_1 > n_2$，在纤芯和包层的交界面处折射率呈阶梯形变化，这种光纤称为均匀光纤，又称为阶跃型光纤。

（2）非均匀光纤。光纤纤芯的折射率 n_1 随着半径的增加而按一定规律减小，到纤芯与包层的交界处为包层的折射率 n_2，即纤芯中折射率的变化呈近似抛物线形。这种光纤称为非均匀光纤，又称为渐变型光纤。

2）按照传输的总模数划分

这里应当先了解光纤的模态，模态就是它的光波的分布形式。若入射光的模样为圆光斑，射出端仍能观察到圆形光斑，这就是单模传输；若射出端分别为许多小光斑，就出现了许多杂散的高次模，形成多模传输，称为多模光纤。

单模光纤和多模光纤也可以从纤芯的尺寸大小简单判断。

（1）单模光纤（Single Mode Fiber，SMF）。单模光纤的纤芯直径很小，约为 4～10μm，理论上只传输一种模态。由于单模光纤只传输主模，从而避免了模态色散，使得这种光纤的传输频带很宽，传输容量大，适用于大容量、长距离的光纤通信。单模光纤通常用在工作波长为 1310nm 或 1550nm 的激光发射器中。单模光纤是当前研究和应用的重点，也是光纤通信与光波技术发展的必然趋势。在综合布线系统中，常用的单模光纤有 8.3/125μm 突变型单模光纤，常用于建筑群之间的布线。

（2）多模光纤（Multi Mode Fiber，MMF）。在一定的工作波长下，当有多个模态在光纤中传输时，则这种光纤称为多模光纤。多模光纤又根据折射率的分布，有均匀的和非均匀的，前者称为多模均匀光纤，后者称为多模非均匀光纤。由于多模光纤芯径和数值孔径比单模光纤大，具有较强的集光能力和抗弯曲能力，特别适合于多接头的短距离应用场合，并且多模光纤的系统费用仅为单模系统费用的 1/4。

多模光纤的纤芯直径一般在 50～75μm,包层直径为 100～200μm。多模光纤的光源一般采用 LED(发光二极管),工作波长为 850nm 或 1300nm。这种光纤的传输性能差,带宽比较窄,传输容量也较小。在综合布线系统中常用纤芯直径为 50μm、62.5μm,包层均为 125μm,也就是通常所说的 50μm、62.5μm。常用于建筑物内干线子系统、水平子系统或建筑群之间的布线。

3) 按波长划分

综合布线所用光纤有 3 个波长区,即 850nm 波长区、1310nm 波长区、1550nm 波长区。

4) 按纤芯直径划分

光纤纤芯直径有 3 类,光纤的包层直径均为 125μm。但光纤分为 62.5μm 渐变增强型多模光纤、50μm 渐变增强型多模光纤、8.3μm 突变型单模光纤。

3. 光纤通信系统

目前在局域网中实现的光纤通信是一种光电混合式的通信结构。通信终端的电信号与光缆中传输的光信号之间要进行光电转换,光电转换通过光电转换器完成,如图 2-19 所示。

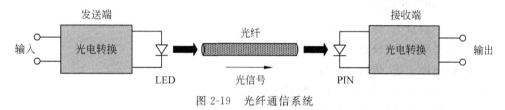

图 2-19 光纤通信系统

在发送端,电信号通过发送器转换为光脉冲在光缆中传输。到了接收端,接收器把光脉冲还原为电信号送到通信终端。由于光信号目前只能单方向传输,所以,目前光纤通信系统通常都是用 2 芯,一芯用于发送信号,一芯用于接收信号。

4. 光纤连接器

光纤连接部件主要有配线架、端接架、接线盒、光缆信息插座、各种连接器(如 ST、SC、FC 等)以及用于光缆与电缆转换的器件。它们的作用是实现光缆线路的端接、接续、交连和光缆传输系统的管理,从而形成光缆传输系统通道。常用的光纤适配器如图 2-20 所示。常用的光纤连接器如图 2-21 所示。

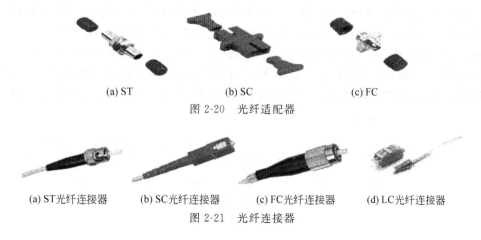

(a) ST   (b) SC   (c) FC

图 2-20 光纤适配器

(a) ST光纤连接器   (b) SC光纤连接器   (c) FC光纤连接器   (d) LC光纤连接器

图 2-21 光纤连接器

5. 与光纤连接的设备

与光纤连接的设备目前主要有光纤收发器、网卡和光纤模块交换机等。

1）光纤收发器

光纤收发器是一种光电转换设备，主要用于终端设备本身没有光纤收发器的情况，如普通的交换机和网卡。

2）光接口网卡

有些服务器需要与交换机之间进行高速的光纤连接，这时，服务器中的网卡应该具有光纤接口，主要有 Intel、IBM、3COM 和 D-Link 等大公司的产品系列。

3）带光纤接口的交换机

许多中高档的交换机为了满足连接速率与连接距离的需求，一般都带有光纤接口。有些交换机为了适应单模和多模光纤的连接，还将光纤接口与收发器设计成通用接口的光纤模块，根据不同的需要选用，把这些光纤模块插入交换机的扩展插槽中。

6. 光纤通信的特点

（1）通信容量大、传输距离远。

（2）信号串扰小、保密性能好。

（3）抗电磁干扰、传输质量佳。

（4）光纤尺寸小、质量轻，便于敷设和运输。

（5）材料来源丰富，环境保护好。

（6）无辐射，难以被窃听。

（7）光缆适应性强，寿命长。

2.5.3　无线传输介质

无线传输介质是利用可以穿越外太空的大气电磁波传输信号。由于无线信号不需要物理的介质，它可以克服线缆限制引起的不便，解决某些布线有困难的区域联网问题。无线传输介质具有不受地理条件的限制、建网速度快等特点，目前应用于计算机无线通信的手段主要有无线电短波、超短波、微波、红外线、激光及卫星通信等。

电磁波是发射天线感应电流而产生的振荡波。这些电磁波在空中传播，最后被感应天线接收。在真空中，所有的电磁波以相同的速度传播，与频率无关，大约为 $3 \times 10^8 \mathrm{m/s}$。电磁波可运载的信息量与它的带宽有关。无线电波、微波、红外线和可见光都可以通过调节振幅、频率或相位来传输信息。紫外线、X 射线和 γ 射线也可以用来传输信息且可以获得很好的效果，但它们难以生成和调制，穿过建筑物的特性不好，且对生物有害。图 2-22所示为电磁波的辐射频率。

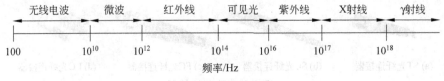

图 2-22　电磁波频率

本章小结

本章简单介绍综合布线系统标准；重点介绍综合布线系统设计以及综合布线系统测试。

（1）综合布线系统标准，介绍《商用建筑物通信布线标准》（ANSI/TIA/EIA 568-A）、ISO/IEC 11801 标准。

（2）综合布线系统的设计，介绍综合布线系统设计思想、原则、范围与步骤，按工作区子系统、配线子系统、干线子系统、设备间子系统、管理子系统和建筑群子系统 6 个部分展开设计说明。

（3）综合布线系统的施工，介绍综合布线设施安装要点、方法以及注意事项。

（4）综合布线系统的测试，介绍网络布线系统测试标准、测试链路模型、测试参数、测试仪器等内容。

（5）常用传输介质，介绍双绞线、光纤、无线传输介质等内容。

思考与练习

（1）综合布线系统由几部分组成？其主要标准是什么？

（2）综合布线系统的设计原则有哪些？

（3）简述综合布线系统的 6 个子系统的设计要领。

（4）简述双绞线测试内容与标准。

（5）UTP 的 5 类线测试不合格产生的原因有哪些？

实践课堂

1. UTP RJ-45 头的制作：了解 T568A/568B 标准，制作平行跳线、交叉跳线，并利用 UTP 通断测试跳线。

2. 设计一个中型校园网，采用交换式以太网结构。该校园网连接 5 栋教学楼、3 栋实验楼、2 栋办公楼及 1 栋图书馆。网络中心设在图书馆 2 楼。校园网有两个出口，一条接电信网络，一条接教育网。由于各建筑物距离超过 3km，所以采用光纤连接。通过在网上查阅资料，或电话咨询网络设备供应商及系统集成商，请设计一个合适的网络方案，进行设备选型、画出网络拓扑结构图，在图中标出所用的网络设备和链路速率以及校园网服务器位置。

第 3 章

局域网组建

局域网是构成计算机通信网的基础网络,可以实现文件管理、应用软件共享、打印机共享、传真通信服务等功能。本章主要介绍局域网的基本原理、分类以及各自特点,并以典型局域网的配置为例加以介绍。

3.1 局域网概述

3.1.1 局域网特性

1. 局域网定义

局域网(Local Area Network,LAN)是指范围在几十米到几千米内办公楼群或校园内的计算机相互连接所构成的计算机网络。一个局域网可以容纳几台至几千台计算机。按局域网现在的特性看,计算机局域网被广泛应用于校园、工厂及企事业单位的个人计算机或工作站的组网方面,图 3-1 是一个典型的局域网。

网络拓扑图

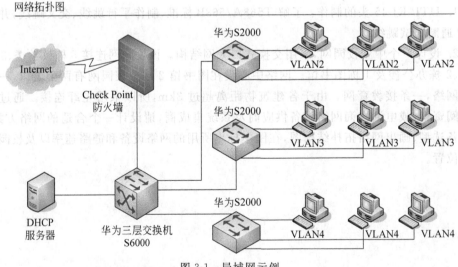

图 3-1 局域网示例

目前常见的局域网类型包括以太网(Ethernet)、光纤分布式数据接口(FDDI)、异步传输模式(ATM)、令牌环网(Token Ring)、交换网(Switching)等,它们在拓扑结构、传输介质、传输速率、数据格式等多方面都有许多不同,其中应用最广泛的当属以太网。主要的网络协议有 TCP/IP 协议、超文本传输协议(HTTP)、文件传输协议(FTP)、远程登录协议(Telnet)。

2. 局域网特点

由于局域网传输距离有限,网络覆盖的范围小,因而具有以下主要特点。

(1) 地理分布范围较小,一般为数百米至数公里,可覆盖一幢大楼、一所校园或企业。

(2) 数据传输速率高,可交换各类数字和非数字信息。

(3) 传输质量好,误码率低。

(4) 数据通信处理一般由网卡完成。

(5) 协议简单、结构灵活、组网成本低、周期短,便于管理和扩充。

3. 局域网分类

对局域网进行分类经常采用按拓扑结构分类、按传输介质分类、按访问介质分类、按网络操作系统分类和其他分类等方法。

(1) 按拓扑结构分类。局域网常采用总线型、环形、星形和混和型拓扑结构,因此可以把局域网分为总线型局域网、环形局域网、星形局域和混和型局域网等类型。这种分类方法反映的是网络采用的哪种拓扑结构,是最常用的分类方法。

(2) 按传输介质分类。局域网上常用的传输介质有同轴电缆、双绞线、光缆等,因此可以把局域网分为同轴电缆局域网、双绞线局域网和光纤局域网。若采用无线电波、微波,则可以称为无线局域网。

🐾**小贴士** 随着现代技术的发展,无线网络越来越普及和重要,成为广泛的应用方式。

(3) 按访问介质分类。传输介质提供了两台或多台计算机互连并进行信息传输的通道。在局域网上,经常是在一条传输介质上连有多台计算机,如总线型和环形局域网,大家共享使用一条传输介质,而一条传输介质在某一时间内只能被一台计算机所使用,这就需要有一个共同遵守的方法或原则来控制、协调各计算机对传输介质的同时访问,这种方法就是协议或称为介质访问控制方法。目前,在局域网中常用的传输介质访问方法有以太、令牌、异步传输模式等,因此可以把局域网分为以太网、令牌网、ATM 网等。

(4) 按网络操作系统分类。局域网的工作是在局域网操作系统控制下进行的。正如微机上的 DOS、UNIX、Windows、OS/2 等不同操作系统一样,局域网上也有多种网络操作系统。网络操作系统决定网络的功能、服务性能等,因此可以把局域网按其所使用的网络操作系统进行分类,如 Novell 公司的 Netware 网、Microsoft 公司的 Windows NT 网、IBM 公司的 LAN Manager 网、BANYAN 公司的 VINES 网等。

(5) 其他分类方法。按数据的传输速度分类,可分为 10Mb/s 局域网、100Mb/s 局域网等,按信息的交换方式分类,可分为交换式局域网、共享式局域网等。

3.1.2 局域网拓扑结构

在计算机网络中,把计算机、终端、通信处理机等设备抽象成点,把连接这些设备的通信线路抽象成线,并将由这些点和线所构成的拓扑称为网络拓扑结构。

🐾 **小贴士** 有很多可以提供灵活的自定义拓扑工具,使用这些工具可以定义出多种风格的网络拓扑图,以满足多用户的需求。此外,可根据实际行政区域划分来定义每个网络设备的位置,使拓扑视图更加清晰、易懂。

网络拓扑结构反映网络的结构关系,对于网络的性能、可靠性以及建设管理成本等都有重要影响,因此网络拓扑结构的设计在整个网络设计中占有十分重要的地位,在网络构建时,网络拓扑结构往往是首先要考虑的因素之一。局域网与广域网的一个重要区别在于它们覆盖的地理范围不同。

由于局域网设计的主要目标是覆盖一个公司、一所大学或一幢甚至几幢大楼的有限的地理范围,因此它在基本通信机制上选择了共享介质方式和交换方式。因此,局域网在传输介质的物理连接方式、介质访问控制方法上形成了自己的特点,在网络拓扑上主要有以下几种结构,其中最常用的网络拓扑是星形拓扑(Star Topology)、总线型拓扑(Bus Topology)、环形拓扑(Ring Topology)和树形拓扑(Tree Topology),如图 3-2 所示。

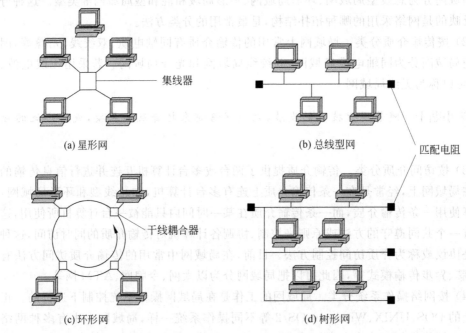

(a) 星形网　　　　　　　　　　　　(b) 总线型网

(c) 环形网　　　　　　　　　　　　(d) 树形网

图 3-2　常见局域网拓扑结构

1. 星形拓扑

星形拓扑(Star-Topology)是由中央结点和通过点对点链路接到中央结点的各站点(网络工作站等)组成。星形拓扑以中央结点为中心,执行集中式通信控制策略,因此,中央结点相当复杂,而各个站的通信处理负担都很小,又称集中式网络。中央控制器是一个具有信号分离功能的"隔离"装置,它能放大和改善网络信号,外部有一定数量的端口,每个端口连接一个站点,如 Hub 集线器、交换机等。

采用星形拓扑的交换方式有线路交换和报文交换,尤以线路交换更为普遍,现有的数据处理和声音通信的信息网大多采用这种拓扑。一旦建立了通信的连接,可以没有延迟地在两个连通的站点之间传输数据。

星形拓扑结构的优点是结构简单、管理方便、可扩充性强、组网容易。利用中央结点可以方便地提供网络连接和重新配置;且单个连接点的故障只影响一个设备,不会影响全网,容易检测和隔离故障,便于维护。

星形拓扑结构的缺点是:每个站点直接与中央结点相连,需要大量电缆,因此费用较高;如果中央结点产生故障,则全网不能工作,所以对中央结点的可靠性和冗余度要求很高。

🐾**小贴士**　星形拓扑广泛应用于网络中智能集中于中央结点的场合。目前在传统的数据通信中,这种拓扑还占支配地位。

2. 总线型拓扑

总线型拓扑(Bus Topology)采用单根传输线作为传输介质,所有的站点都通过相应的硬件接口直接连接到传输介质或总线上。任何一个站点发送的信息都可以沿着介质传播,而且能被所有其他站点接收。由于所有的站点共享一条公用的传输链路,所以一次只能有一个设备传输数据。通常采用分布式控制策略来决定下一次哪一个站点发送信息。发送时,发送站点将报文分组,然后依次发送这些分组,有时要与其他站点发来的分组交替地在介质上传输。当分组经过各站点时,目的站点将识别分组中携带的目的地址,然后复制这些分组的内容。这种拓扑减轻了网络通信处理的负担,它仅是一个无源的传输介质,而通信处理分布在各站点进行。

总线型拓扑结构的优点:结构简单,实现容易;易于安装和维护;价格低廉,用户站点入网灵活;某个站点失效不会影响到其他站点。

总线型拓扑结构的缺点:传输介质故障难以排除,并且由于所有结点都直接连接在总线上,因此任何一处故障都会导致整个网络的瘫痪,并且介质访问控制也比较复杂,不过,对于站点不多(10 个站点以下)的网络或各个站点相距不是很远的网络,采用总线型拓扑还是比较适合的。

3. 环形拓扑

环形拓扑(Ring Topology)由一些中继器和连接中继器的点到点链路首尾相连形成一个闭合的环。每个中继器都与两条链路相连,它接收一条链路上的数据,并以同样的速度串行地把该数据送到另一条链路上,而不在中继器中缓冲。这种链路是单向的,也就是说,只能在一个方向上传输数据,而且所有的链路都按同一方向传输,数据就在一个方向上围绕着环进行循环。

由于多个设备共享一个环,因此需要对此进行控制,以便决定每个站在什么时候可以把分组放在环上。这种功能是用分布控制的形式完成的,每个站都有控制发送和接收的访问逻辑。由于信息包在封闭环中,必须沿每个结点单向传输。因此,环中任何一段的故障都会使各站之间的通信受阻。为了增加环形拓扑可靠性,还引入了双环拓扑。双环拓扑就是在单环的基础上在各站点之间再连接一个备用环,从而当主环发生故障时,由备用环继续工作。

环形拓扑结构的优点:能够较有效地避免冲突。

环形拓扑结构的缺点:环形结构中的网卡等通信部件比较昂贵且管理复杂得多。在实际的应用中,多采用环形拓扑作为宽带高速网络的结构。

4. 树形拓扑

树形拓扑(Tree Topology)是从总线型拓扑演变而来的,它把星形和总线型结合起来,形状像一棵倒置的树,顶端有一个带分支的根,每个分支还可以延伸出子分支。这种拓扑和带有几个段的总线型拓扑的主要区别在于根的存在。当结点发送时,根接收该信号,然后再重新广播发送到全网。

树形拓扑的优点:易于扩展和故障隔离。

树形拓扑的缺点:对根的依赖性太大,如果根发生故障,则全网不能正常工作,对根的可靠性要求很高。

5. 星形环拓扑

星形环拓扑是将星形拓扑和环形拓扑混合起来的一种拓扑,集这两种拓扑的优点于一个系统中,克服了典型的星形和典型的环形两个拓扑的不足和缺陷。这种拓扑的配置是由一批接在环上的连接集中器(实际上是指安装在楼内各层的配线架)组成的,从每个集中器按星形结构接至每个用户站上。

星形环拓扑结构的优点:故障诊断和隔离,易于扩展,安装电缆方便。

星形环拓扑结构的缺点:需要智能的集中器,电缆安装电缆长,安装不方便等。

3.2 介质访问控制方法

将传输介质的频带有效地分配给网上各结点的方法,称为介质访问控制方法。介质访问控制方法是局域网最重要的一项基本技术,对局域网体系结构、工作过程和网络性能有着决定性影响。

小贴士 介质访问控制方法主要是解决介质使用权的算法或机构问题,如何使众多用户能够合理、方便地共享通信介质资源,从而实现对网络传输信道的合理分配。

介质访问控制方法的主要内容有两个方面:①要确定网络上每一个结点能够将信息发送到介质上去的特定时刻;②要解决如何对共享介质访问和利用加以控制。常用的介质访问控制方法有3种,即总线结构的带冲突检测的载波侦听多路访问CSMA/CD方法、环形结构的令牌环访问控制方法和令牌总线(Token Bus)访问控制方法。

3.2.1 信道分配问题

信道分配问题也就是介质共享技术。通常,可将信道分配方法划分为两类,即静态划分信道和动态介质接入控制。

1. 静态划分信道

静态划分信道是传统的分配方法,它采用频分复用、时分复用、波分复用和码分复用等办法将单个信道划分后静态地分配给多个用户。用户只要得到了信道就不会和别的用户发生冲突。

当用户结点数较多或使用信道的结点数在不断变化或者通信量的变化具有突发性时,静态分配多路复用方法的性能较差,因此,传统的静态分配方法不适合于局域网和某些广播信道的网络使用。

2. 动态介质接入控制

动态介质接入控制又称为多点接入(Multiple Access),其特点是信道并非在用户通信时固定分配给用户。动态介质接入控制又分为以下两类。

1) 随机接入

随机接入的特点是所有的用户可随机地发送信息。但如果恰巧有两个或更多的用户在同一时刻发送信息,那么在共享介质上就发生了冲突,使得这些用户的发送都失败。因此,必须有解决冲突的网络协议。如以太网采用的带冲突检测的载波侦听多路访问(CSMA/CD)协议和在卫星通信中使用的 ALOHA 协议。

2) 受控接入

受控接入的特点是用户不能随机地发送信息而必须服从一定的控制。典型的代表有分散控制的令牌环局域网、光纤分布式数据接口(FDDI)和集中控制的多点线路探询(polling)或称为轮询。

3.2.2 带冲突检测的载波侦听多路访问控制方法

CSMA/CD(Carrier Sense Multiple Access/Collision Detection)是采用争用技术的一种介质访问控制方法。

🐜 **小贴士** CSMA/CD 通常用于总线型拓扑结构和星形拓扑结构的局域网中。IEEE 802.3 即以太网,是一种总线型局域网,使用的介质访问控制子层方法是 CSMA/CD(载波侦听多路访问/冲突检测)。

它的每个结点都能独立决定发送帧,若两个或多个结点同时发送,即产生冲突。把在一个以太网中所有相互之间可能发生冲突的结点的集合称为一个冲突域。例如,对于用同轴电缆互连的以太网,其中所有结点就属于一个冲突域。当一个冲突域中的结点数目过多时,冲突就会很频繁。因此,在以太网中结点数目过多将会严重影响网络性能。

为了避免数据传输的冲突,以太网采用带有冲突监测的载波侦听多路访问机制规范结点对于共享信道的使用。每个结点都能判断是否有冲突发生,如有冲突发生,则等待随机时间间隔后重发,以避免再次发生冲突。

CSMA/CD的工作原理可概括成四句话,即先听后发、边发边听、冲突停止、随机延时后重发。具体过程如下。

(1) 当一个结点想要发送数据的时候,它首先检测网络是否有其他结点正在传输数据,即侦听信道是否空闲。

(2) 如果信道忙,则等待,直到信道空闲。

(3) 如果信道闲,结点就传输数据。

(4) 在发送数据的同时,结点继续侦听网络确信没有其他结点在同时传输数据。因为有可能两个或多个结点都同时检测到网络空闲,然后几乎在同一时刻开始传输数据。如果两个或多个结点同时发送数据,就会产生冲突。

(5) 当一个传输结点识别出一个冲突,它就发送一个拥塞信号,这个信号使得冲突的时间足够长,让其他的结点都能发现。

(6) 其他结点收到拥塞信号后,都停止传输,等待一个随机产生的时间间隙(回退时间 Backoff Time)后重发。

总之,CSMA/CD采用的是一种“有空就发”的竞争型访问策略,因而不可避免会出现信道空闲时多个结点同时争发的现象,无法完全消除冲突,只能是采取一些措施减少冲突,并对产生的冲突进行处理。因此,采用这种协议的局域网环境不适合于对实时性要求较强的网络应用。

3.2.3　令牌环访问控制方法

1. 概述

令牌环是令牌传送环(Token Passing Ring)的简写。令牌环网最早起源于 IBM 在1985年推出的环形基带网络。IEEE 802.5标准定义了令牌环网的国际规范。

小贴士　令牌环介质访问控制方法,是通过在环形网上传输令牌的方式来实现对介质的访问控制的。只有当令牌传送至环中某结点时,它才能利用环路发送或接收信息。

2. 令牌环网的构建

构建 Token Ring 网络时,需要 Token Ring 网卡、Token Ring 集线器和传输介质等。图 3-3 给出了一个 Token Ring 组网的示例。其物理拓扑在外表上为星形结构,星形拓扑的中心是一个被称为介质访问单元(Media Access Unit,MAU)的集线器装置,MAU 有增强信号的功能,它可以将前一个结点的信号增强后再送至下一个结点,以稳定信号在网络中的传输。

从图 3-3 中也可以看出,从 MAU 的内部看,令牌环网集线器上的每个端口实际上是用电缆连在一起的,即当各结点与令牌环网集线器连接起来后,就形成了一个电气网环。所以我们认为 Token Ring 采用的仍是一个物理环的结构。

令牌环网在 MAC 子层采用令牌传送的介质访问控制方法。所以在令牌环网中有两种 MAC 层的帧,即令牌帧和数据/命令帧。

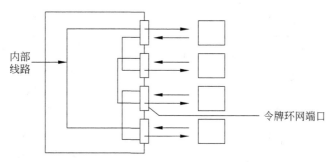

图 3-3 令牌环网集线器的内部结构

3. 令牌环网的工作原理

令牌环网利用一种称为"令牌"(Token)的短帧来选择拥有传输介质的结点,只有拥有令牌的结点才有权发送信息。令牌平时不停地在环路上流动,当一个结点有数据要发送时,必须等到令牌出现在本结点时截获它,即将令牌的独特标志转变为信息帧的标志(或称把闲令牌置为忙令牌),然后将所要发送的信息附在之后发送出去。由于令牌环网采用的是单令牌策略,环路上只能有一个令牌存在,只要有一个结点发送信息,环路上就不会再有空闲的令牌流动。

采取这样的策略,可以保证任一时刻环路上只能有一个发送结点,因此不会出现像以太网那样的竞争局面,环网不会因发生冲突而降低效率,所以说令牌环网的一个很大优点就是在重载时可以高效率地工作。

在环上传输的信息逐个结点不断向前传输,一直到达目的结点。目的结点一方面复制这个帧(即收下这个帧),另一方面还要将此信息帧转发给下一个结点(并在其后附上已接收标志)。信息在环路上转了一圈后,最后又必然会回到发送数据的源结点,信息回到源结点后,源结点对返回的数据不再进行转发(这是理所当然的),而是对返回的数据进行检查,查看本次发送是否成功。当所发信息的最后一个比特绕环路一周返回到源结点时,源结点必须生成一个新的令牌,将令牌发送给下一个结点,环路上又有令牌在流动,等待着某个结点去截获它。

总之,截获令牌的结点要负责在发送完信息后再将令牌恢复出来,发送信息的结点要负责从环路上收回它所发出的信息。图 3-4 归纳了上述令牌环的工作过程。

第一步,令牌在环中流动,C 结点有信息发送,截获了令牌。

第二步,C 结点发送数据给 A 结点,A 结点接收并转发数据。

第三步,C 结点等待并接收它所发的帧,并将该帧从环上撤离。

第四步,C 结点收完所发帧的最后一比特后,重新产生令牌发送到环上。

归纳起来,在令牌环中主要有下面的 3 种操作。

(1) 截获令牌并且发送数据帧。如果没有结点需要发送数据,令牌就由各个结点沿固定的顺序逐个传递;如果某个结点需要发送数据,它要等待令牌的到来,当空闲令牌传到这个结点时,该结点修改令牌帧中的标志,使其变为"忙"的状态,然后去掉令牌的尾部,加上数据,成为数据帧,发送到下一个结点。

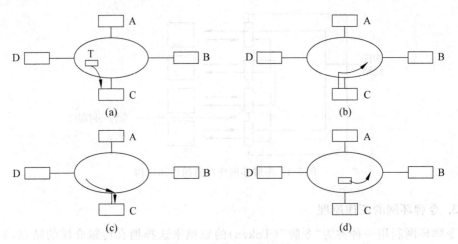

图 3-4　令牌环工作过程

（2）接收与转发数据。数据帧每经过一个结点，该结点就比较数据帧中的目的地址，如果不属于本结点，则转发出去；如果属于本结点，则复制到本结点的计算机中，同时在帧中设置已经复制的标志，然后向下一结点转发。

（3）取消数据帧并且重发令牌。当数据帧通过闭环重新传到发送结点时，发送结点不再转发，而是检查发送是否成功。如果发现数据帧没有被复制（传输失败），则重发该数据帧；如果发现传输成功，则清除该数据帧，并且产生一个新的空闲令牌发送到环上。

> 小贴士　与 CSMA/CD 不同，令牌传递网是延迟确定型网络。也就是说，在任何结点发送信息之前，可以计算出信息从源结点到目的结点的最长时间延迟。

采用确定型介质访问控制方法的令牌环网适合于传输距离远、负载重和实时要求严格的应用环境。但其缺点是令牌传送方法实现较复杂，而且所需硬件设备也较为昂贵，网络维护与管理也较复杂。

3.2.4　令牌总线访问控制方法

令牌总线访问控制方法是在物理总线上建立一个逻辑环，令牌在逻辑环路中依次传递，其操作原理与令牌环相同。

> 小贴士　令牌总线是综合 CSMA/CD 和 Token Ring 两种介质访问方式优点的基础上而形成的一种简单、公平、性能良好的介质访问控制方法。

令牌总线网络中各结点共享的传输介质是总线型的，每一结点都有一个本结点地址，并知道上一个结点地址和下一个结点地址，令牌传递规定由高地址向低地址，最后由最低地址向最高地址依次循环传递，从而在物理总线上形成逻辑环。如图 3-5 所示。环中令牌传递顺序与结点在总线上的物理位置无关。

与令牌环一致，只有获得令牌的结点才能发送数据。在正常工作时，当结点完成数据帧的发送后，将令牌传送给下一个结点。从逻辑上看，令牌是按地址的递减顺序传给下一

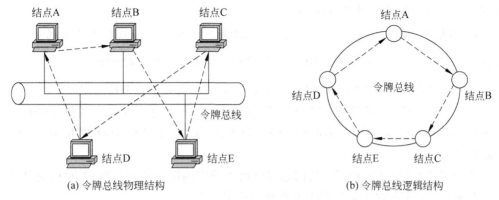

(a) 令牌总线物理结构   (b) 令牌总线逻辑结构

图 3-5 令牌总线工作原理

个结点的。而从物理上看,带有地址字段的令牌帧广播到总线上的所有结点,只有结点地址和令牌帧的目的地址相符的结点才有权获得令牌。

获得令牌的结点,如果有数据要发送,则可立即传送数据帧,完成发送后再将令牌传送给下一个结点;如果没有数据要发送,则应立即将令牌传送给下一个结点。由于总线上每一结点接收令牌的过程是按顺序依次进行的,因此所有结点都有访问权。为了使结点等待令牌的时间是确定的,需要限制每一结点发送数据帧的最大长度。如果所有结点都有数据要发送,则在最坏的情况下,等待获得令牌的时间和发送数据的时间应该等于全部令牌传送时间和数据发送时间的总和。

另外,如果只有一个结点有数据要发送,则在最坏的情况下,等待时间只是令牌传送时间的总和,而平均等待时间是它的一半,实际等待时间在这一区间范围内。

令牌总线还提供了不同的优先级机制。优先级机制的功能是将待发送的帧分成不同的访问类别,赋予不同的优先级,并把网络带宽分配给优先级较高的帧,而当有足够的带宽时,才发送优先级较低的帧。

逻辑环网与物理环网相对比,由于物理环网传送数据必须按环路进行,而逻辑环网传送数据有直接通路,所以逻辑环网延迟时间短。逻辑环网与争用总线网相比,在网络通信量增加的情况下,争用总线网冲突增加,系统开销随之增大,系统效率迅速下降,而逻辑环网传送令牌的时间为常数,不用解决冲突问题,效率依然很高。另外,争用总线网在访问竞争中各结点平等,访问和响应具有随机性,属于概率性网,不符合实时要求,而逻辑性环网可实现有优先级的数据传送,且访问和响应时间有确定值,符合实时应用要求。

令牌总线的特点在于它的确定性、可调整性及较好的吞吐能力,适用于对数据传输实时性要求较高或通信负荷较大的应用环境中,如生产过程控制领域。它的缺点在于它的复杂性和时间开销较大,结点可能要等待多次无效的令牌传送后才能获得令牌。

3.2.5 CSMA/CD 与 Token Bus、Token Ring 的比较

在共享介质访问控制方法中,CSMA/CD 与 Token Bus、Token Ring 应用广泛。从网络拓扑结构看,CSMA/CD 与 Token Bus 都是针对总线拓扑的局域网设计的,而 Token

Ring 是针对环形拓扑的局域网设计的。

    小贴士　如果从介质访问控制方法性质的角度看,CSMA/CD 属于随机介质访问控制方法,而 Token Bus、Token Ring 则属于确定型介质访问控制方法。

与确定型介质访问控制方法比较,CSMA/CD 方法有以下几个特点。

(1) CSMA/CD 介质访问控制方法算法简单,易于实现。目前有多种 VLSI(Very Large Scale Integration)可以实现 CSMA/CD 方法,这对降低 Ethernet 成本,扩大应用范围是非常有利的。

(2) CSMA/CD 是一种用户访问总线时间不确定的随机竞争总线的方法,适用于办公自动化等对数据传输实时性要求不严格的应用环境。

(3) CSMA/CD 在网络通信负荷较低时表现出较好的吞吐率与延迟特性。但是,当网络通信负荷增大时,由于冲突增多,网络吞吐率下降、传输延迟增加,因此 CSMA/CD 方法一般用于通信负荷较小的应用环境中。

与随机型介质访问控制方法比较,确定型介质访问控制方法 Token Bus、Token Ring 有以下几个特点。

(1) Token Bus、Token Ring 网中结点两次获得令牌之间的最大时间间隔是确定的,因而适用于对数据传输实时性要求较高的环境,如生产过程控制领域。

(2) Token Bus、Token Ring 在网络通信负荷较大时表现出很好的吞吐率与较低的传输延迟,因而适用于通信负荷较大的环境。

(3) Token Bus、Token Ring 的不足之处在于它们需要有复杂的环维护功能,实现较困难。

3.3　局域网参考模型

3.3.1　建立计算机网络体系结构的必要性

为了能够使分布在不同地理位置且功能相对独立的计算机之间组成网络实现资源共享,计算机网络系统需要设计和解决许多复杂的问题,包括信号传输、差错控制、寻址、数据交换和提供用户接口等一系列问题。具体来讲主要有以下工作。

(1) 发起通信的计算机必须将数据通信的通路进行激活(Activate)。激活就是要发出一些信令,保证要传送的计算机数据能在这条通路上正确发送和接收。

(2) 要告诉网络如何识别接收数据的计算机。

(3) 发起通信的计算机必须查明对方计算机是否已准备好接收数据。

(4) 发起通信的计算机必须弄清楚,在对方计算机中的文件管理程序是否已做好文件接收和存储文件的准备工作。

(5) 若计算机的文件格式不兼容,则至少其中的一个计算机应完成格式转换功能。

(6) 对出现的各种差错和意外事故,如数据传送错误、重复或丢失,网络中某个结点出故障等,应当有可靠的措施保证对方计算机最终能够收到正确的文件。

小贴士 计算机网络体系结构是为了简化这些问题的研究、设计与实现而抽象出来的一种结构模型。这种模型一般采用层次结构。在层次模型中，往往将系统所要实现的复杂功能分化为若干个相对简单的细小功能，每一项分功能以相对独立的方式去实现。

3.3.2 计算机网络的分层模型

将上述分层的思想或方法运用于计算机网络中，就产生了计算机网络的分层模型。图 3-6 给出了计算机网络分层模型的示意图，该模型将计算机网络中的每台终端抽象为若干层(Layer)，每层实现一种相对独立的功能。

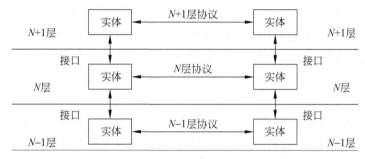

图 3-6 网络分层模型的示意图

1. 实体与对等实体

每一层中，用于实现该层功能的活动元素被称为实体(Entity)，包括该层上实际存在的所有硬件与软件，如终端、电子邮件系统、应用程序、进程等。不同终端上位于同一层次、完成相同功能的实体被称为对等(Peer to Peer)实体。

2. 通信协议

在计算机网络系统中，为了保证通信双方能正确地、自动地进行数据通信，针对通信过程的各种情况，制定了一整套约定，这就是网络系统的通信协议。通信协议是一套语义和语法规则，用来规定有关功能部件在通信过程中的操作。

两个通信对象在进行通信时，须遵从相互接受的一组约定和规则，这些约定和规则使它们在通信内容、通信方法以及通信时间等方面相互配合。这些约定和规则的集合称为协议。

小贴士 简单地说，协议是通信双方必须遵循的控制信息交换的规则的集合。

一般来说，一个网络协议主要由语法、语义和同步三大要素组成。

(1)语法是指数据与控制信息的结构或格式，确定通信时采用的数据格式、编码及信号电平等。

(2)语义由通信过程的说明构成，规定了需要发出何种控制信息完成何种动作以及做出何种应答，对发布请求、执行动作以及返回应答予以解释，并确定用于协调和差错处理的控制信息。

(3)同步是指事件实现顺序的详细说明，指出事件的顺序及速度匹配。

由此可见，网络协议是计算机网络不可缺少的组成部分。

3. 服务与接口

在网络分层结构模型中,每一层为相邻的上一层所提供的功能称为服务。N 层使用 $N-1$ 层所提供的服务,向 $N+1$ 层提供功能更强大的服务。N 层使用 $N-1$ 层所提供的服务时并不需要知道 $N-1$ 层所提供的服务是如何实现的,而只需要知道下一层可以为自己提供什么样的服务,以及通过什么形式提供。N 层向 $N+1$ 层提供的服务通过 N 层和 $N+1$ 层之间的接口来实现。接口定义下层向其相邻的上层提供的服务及原语操作,并使下层服务的实现细节对上层是透明的。

4. 服务类型

在计算机网络协议的层次结构中,层与层之间具有服务与被服务的单向依赖关系,下层向上层提供服务,而上层调用下层的服务。因此可称任意相邻两层的下层为服务提供者,上层为服务调用者。下层为上层提供的服务可分为两类,即面向连接服务(Connection Oriented Service)和无连接服务(Connectionless Service)。

面向连接服务:面向连接服务以电话系统为模式,它是在数据交换之前必须先建立连接。当数据交换结束后,则必须终止这个连接。在传送数据时是按顺序传送的。面向连接服务比较适合于在一定时期内要向同一目的地发送许多报文的情况。

无连接服务:无连接服务以邮政系统为模式。每个报文(信件)带有完整的目的地址,并且每一个报文都独立于其他报文,由系统选定的路线传递。在正常情况下,当两个报文发往同一目的地时,先发的先到。但是,也有可能先发的报文在途中延误了,后发的报文反而先收到。

3.3.3　局域网参考模型

20 世纪 80 年代初期,美国电气和电子工程师协会 IEEE 802 委员会结合局域网自身的特点,参考 OSI/RM,提出了局域网的参考模型(LAN/RM),制定出局域网体系结构,IEEE 802 标准诞生于 1980 年 2 月,故称为 802 标准。

由于计算机网络的体系结构和国际标准化组织(ISO)提出的开放的系统互联参考模型(OSI)已得到广泛认同,并提供了一个便于理解、易于开发和加强标准化的统一的计算机网络体系结构,因此局域网参考模型参考了 OSI 参考模型。根据局域网的特征,局域网的体系结构一般仅包含 OSI 参考模型的最低两层,即物理层和数据链路层,如图 3-7 所示。

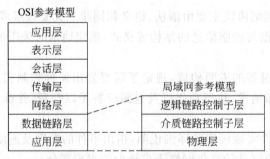

图 3-7　局域网参考模型

1) 物理层

物理层的主要作用是处理机械、电气、功能和规程等方面的特性,确保在通信信道上二进制位信号的正确传输。其主要功能包括信号的编码与解码,同步前导码的生成与去除,二进制位信号的发送与接收,错误校验(CRC 校验),提供建立、维护和断开物理连接的物理设施等功能。

2) 数据链路层

在 ISO/OSI 参考模型中,数据链路层的功能简单,它只负责把数据从一个结点可靠地传输到相邻的结点。在局域网中,多个站点共享传输介质,在结点间传输数据之前必须首先解决由哪个设备使用传输介质,因此数据链路层要有介质访问控制功能。由于介质的多样性,必须提供多种介质访问控制方法。为此 IEEE 802 标准把数据链路层划分为两个子层,即逻辑链路控制(Logical Link Control,LLC)子层和介质访问控制(Media Access Control,MAC)子层。

LLC 子层负责向网际层提供服务,它提供的主要功能是寻址、差错控制和流量控制等;MAC 子层的主要功能是控制对传输介质的访问,不同类型的 LAN,需要采用不同的控制法,并且在发送数据时负责把数据组装成带有地址和差错校验段的帧,在接收数据时负责把帧拆封,执行地址识别和差错校验。

尽管将局域网的数据链路层分成了 LLC 和 MAC 两个子层,但这两个子层都要参与数据的封装和拆封过程,而不是只由其中某一个子层来完成数据链路层帧的封装及拆封。在发送方,网络层下来的数据分组首先要加上 DSAP(Destination Service Access Point)和 SSAP(Source Service Access Point)等控制信息在 LLC 子层被封装成 LLC 帧,然后由 LLC 子层将其交给 MAC 子层,加上 MAC 子层相关的控制信息后被封装成 MAC 帧,最后由 MAC 子层交局域网的物理层完成物理传输;在接收方,则首先将物理的原始比特流还原成 MAC 帧,在 MAC 子层完成帧检测和拆封后变成 LLC 帧交给 LLC 子层,LLC 子层完成相应的帧检验和拆封工作,将其还原成网络层的分组上交给网络层。

802.11 是 IEEE 最初制定的一个无线局域网标准,主要用于解决办公室局域网和校园网中用户与用户终端的无线接入,业务主要限于数据存取,速率最高只能达到 2Mb/s。目前,3Com 等公司都有基于该标准的无线网卡。由于 802.11 在速率和传输距离上都不能满足人们的需要,因此,IEEE 小组又相继推出了 802.11b 和 802.11a 两个新标准。三者之间技术上的主要差别在于 MAC 子层和物理层。

3.4 以太网

3.4.1 以太网(IEEE 802.3)标准

以太网(Ethernet)自 Xerox、DEC 和 Intel 公司推出以来获得了巨大成功。1985 年,IEEE 802 委员会吸收以太网 IEEE 802.3 标准。IEEE 802.3 标准描述了运行在各种介质上的、数据传输率从 1~10Mb/s 的所有采用 CSMA/CD 协议的局域网,定义了 OSI 参考模型中的数据链路层的一个子层(介质访问控制(MAC)子层)和物理层,而数据链路层的逻辑链路控制(LLC)子层由 IEEE 802.2 描述。随着技术的发展,以太网推出了扩展的版本。IEEE 802.3 标准主要有以下几个。

IEEE 802.3ac：描述 VLAN 的帧扩展(1998)。

IEEE 802.3ad：描述多重链接分段的聚合协议（Aggregation of Multiple Link Segments)(2000)。

IEEE 802.3an：描述 10GBase-T 媒体介质访问方式和相关物理层规范。

IEEE 802.3ab：它定义了 1000Base-T 媒体接入控制方式法和相关物理层规范。

IEEE 802.3i：它定义了 10Base-T 媒体接入控制方式和相关物理层规范。

IEEE 802.3u：它定义了 100Base-T 媒体接入控制方式和相关物理层规范。

IEEE 802.3z：它定义了 1000Base-X 媒体接入控制方式和相关物理层规范。

IEEE 802.3ae：它定义了 10GBase-X 媒体接入控制方式和相关物理层规范。

以太网的速度也从最初的 10Mb/s 升级到 100Mb/s、1000Mb/s 以至于现在最高的 10Gb/s。

3.4.2 以太网技术

1. IEEE 802.3 MAC 帧格式

以太网发送的数据是按一定格式进行的,以太网的帧由 8 个字段组成,每一段符合这种格式的数据段称为帧,图 3-8 给出了 IEEE 802.3MAC 帧结构中各字段的定义,各字段的功能如下。

前导同步码	帧起始定界符	目的地址	源地址	长度/类型	LLC数据	填充字段	帧校验
7B	1B	6B	6B	2B	0~1500B	0~64B	4B

图 3-8 IEEE 802.3 帧结构

(1) 前导同步码：占 7B,用于接收方的接收时钟与发送方的发送时钟同步,以便数据的接收。

(2) 帧起始定界符(SFD)：占 1B,为 10101011,标志帧的开始。

(3) 目的地址：占 6B,是此帧发往的目的结点地址。它可以是一个唯一的物理地址,也可以是多组或全组地址,用以进行点对点通信、组广播或全局广播。

(4) 源地址：占 6B,是发送该帧的源结点地址。

(5) 长度/类型：占 2B,该字段在 IEEE 802.3 和以太网中的定义是不同的,在 IEEE 802.3 中该字段是长度指示符,用来指示紧随其后的 LLC 数据字段的长度,单位为字节数。在以太网中该字段为类型字段,规定了在以太网处理完成后接收数据的高层协议。

(6) LLC 数据：指明帧要携带的用户数据,该数据由 LLC 子层提供或接收。

(7) 填充字段：长度可从 0~1518B,但必须保证帧不得小于 64B;否则就要填入填充字节。

(8) 帧校验：占 4B,采用 CRC 码,用于校验帧传输中的差错。

IEEE 802.3 以太网帧结构中定义的地址就是 MAC 地址,又称为物理地址或硬件地址。每块网卡出厂时,都被赋予一个 MAC 地址,有 6B。

2. 以太网 MAC 子层

IEEE 802.3 即以太网,是一种总线型局域网,使用的介质访问控制方法是 CSMA/CD(载波侦听多路访问/冲突检测),帧格式采用以太网格式,即 802.3 帧格式,以太网是基带系统,使用曼彻斯特编码,通过检测通道上的信号存在与否来实现载波检测。

3. 以太网物理层

以太网在物理层可以使用粗同轴电缆、细同轴电缆、非屏蔽双绞线、屏蔽双绞线、光缆等多种传输介质,并且在 IEEE 802.3 标准中为不同的传输介质制定了不同的物理层标准,如图 3-9 所示。

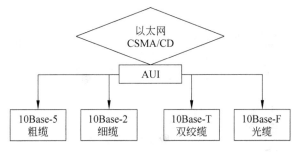

图 3-9 以太网的物理层

1) 10Base-5

10Base-5 也称为粗缆以太网,其中,"10"表示信号的传输速率为 10Mb/s,"Base"表示信道上传输的是基带信号,"5"表示每段电缆的最大长度为 500m。10Base-5 采用曼彻斯特编码方式。采用直径为 1.27cm、阻抗为 50Ω 粗同轴电缆作为传输介质。10Base-5 的组网主要由网卡、中继器、收发器、收发器电缆、粗缆、端接器等部件组成。在粗缆以太网中,所有的工作站必须先通过屏蔽双绞线电缆与收发器相连,再通过收发器与干线电缆相连,如图 3-10 所示。

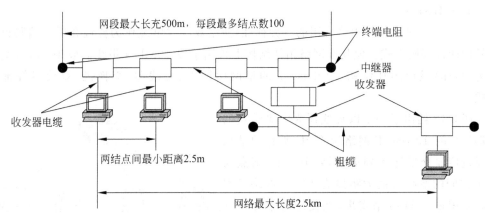

图 3-10 粗缆以太网 10Base-5

粗缆两端必须连接 50Ω 的终端匹配电阻,粗缆以太网的一个网段中最多容纳 100 个结点,结点到收发器最大距离为 50m,收发器之间最小间距 2.5m。10Base-5 在使用中继器进行扩展时也必须遵循“5-4-3-2-1”规则。因此 10Base-5 网络的最大长度可达 2500m,最大主机规模为 300 台。

2) 10Base-2

10Base-2 也称为细缆以太网,有人称为廉价网。它采用的传输介质是基带细同轴电缆,特征阻抗为 50 Ω,数据传输速率为 10Mb/s。网卡上提供 BNC 接头,细同轴电缆通过 BNC-T 型连接器与网卡 BNC 接头直接连接。为了防止同轴电缆端头信号反射,在同轴电缆的两个端头需要连接两个阻抗为 50Ω 的终端匹配器。10Base-2 以太网结构如图 3-11 所示。

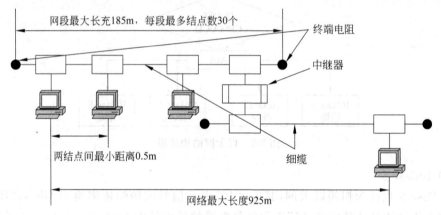

图 3-11　细缆以太网 10Base-2

每一个网段的最远距离为 185m,每一干线段中最多能安装 30 个结点。结点之间的最短距离为 0.5m。当用中继器进行网络扩展时,由于也同样要遵循“5-4-3-2-1”规则,所以扩展后的细缆以太网的最大网络长度为 925m。

3) 10Base-T

10Base-T 是以太网中最常用的一种标准,使用双绞线电缆作为传输介质。编码也采用曼彻斯特编码方式。但其在网络拓扑结构上采用了以 10Mb/s 集线器或 10Mb/s 交换机为中心的星形拓扑结构。10Base-T 的组网由网卡、集线器、交换机、双绞线等部件组成。

图 3-12 给出了一个以集线器为中央结点的星形拓扑的 10Base-T 网络示意图,所有的结点都通过传输介质连接到集线器 Hub 上,结点与 Hub 之间的双绞线最大距离为 100m,网络扩展可以采用多个 Hub 来实现,在使用时也要遵守集线器的“5-4-3-2-1”规则。Hub 之间的连接可以用双绞线、同轴电缆或粗缆线。

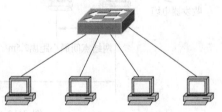

图 3-12　10Base-T 网络示意图

小贴士 10Base-T 以太网与 10Base-5 和 10Base-2 相比,10Base-T 以太网有以下特点。

(1) 安装简单、扩展方便。网络的建立灵活、方便,可以根据网络的大小,选择不同规格的 Hub 或交换机连接在一起,形成所需要的网络拓扑结构。

(2) 网络的可扩展性强。因为扩充与减少结点都不会影响或中断整个网络的工作。

(3) 集线器具有很好的故障隔离作用。当某个结点与中央结点之间的连接出现故障时,也不会影响其他结点的正常运行;甚至当网络中某一个集线器出现故障时,也只会影响到与该集线器直接相连的结点。

3.4.3 快速以太网技术

快速以太网技术是由 10Base-T 标准以太网发展而来,主要解决网络带宽在局域网络应用中的瓶颈问题。其协议标准为 1995 年颁布的 IEEE 802.3u,可支持 100Mb/s 的数据传输速率,并且与 10Base-T 一样可支持共享式与交换式两种使用环境,在交换式以太网环境中可以实现全双工通信。

1. 快速以太网的体系结构

图 3-13 给出了 IEEE 802.3u 协议的体系结构,对应于 OSI 模型的数据链路层和物理层。

2. 100Base-T 物理层

从图 3-13 中可以看出,100Base-T 定义了 3 种不同的物理层标准。表 3-1 给出了这3 种物理层标准的对比。为了屏蔽下层不同的物理细节,为 MAC 子层和高层协议提供了一个 100Mb/s 传输速率的公共透明接口。快速以太网在物理层和 MAC 子层之间还定义了一种独立于介质类型的介质无关接口(Medium Independent Interface,MII),该接口可以支持上面 3 种不同的物理层介质标准。

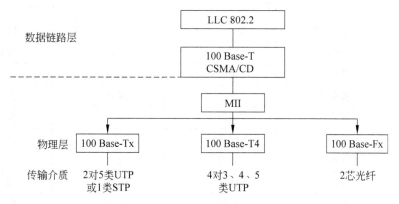

图 3-13   100Base-T 协议结构

表 3-1　100Base-T 的 3 种不同的物理层协议

物理层协议	线 缆 类 型	线缆对数	最大分段长度/m	编码方式	优　点
100Base-TX	5 类 UTP/RJ-45 接头 1 类 STP/DB-9 接头	2 对	100	4B/5B	全双工
100Base-FX	62.5m 单模/125m 多模光纤,ST 或 SC 光纤连接器	1 对	2000	4B/5B	全双工长距离
100Base-T4	3/4/5 类 UTP	4 对	100	8B/6T	3 类 UTP

1) 100Base-TX

100Base-TX 介质规范基于 ANSI TP-PMD 物理介质标准。100Base-TX 介质接口在两对双绞线电缆上运行,其中一对用于发送数据,另一对用于接收数据。100Base-TX 介质接口支持两对 5 类以上非屏蔽双绞线电缆。

(1) 5 类 UTP 及 5 类以上 UTP。100Base-TX UTP 介质接口使用两对 MDI 连接器来将信号传出和传入网络介质,这意味着 RJ-45 接头 8 个管脚中的 4 个是被占用的。为使串音和可能的信号失真最小,另外 4 条线不应传送任何信号。每对的发送和接收信号是极化的,一条线传送正(+)信号,而另一条线传送负(-)信号。对于 RJ-45 接头,正确的配线对分配是管脚[1,2]和管脚[3,6]。应尽量在 MDI 管脚分配中使用正确的彩色编码线对。表 3-2 即为 100Base-TX 的 UTP MDI 连接器管脚分配表。

(2) 100Base-T 交叉布线。当两个结点在网段上连到一起时,一个 MDI 连接器的发送对连到第二个结点的 MDI 的接收对。当两个结点连到一起应用时,必须提供一条外部交叉电缆,将电缆一端 8 脚 RJ-45 接头上的发送管脚连到电缆另一端 8 脚 RJ-45 接头上的接收管脚。在多个结点连到一个集线器或交换机端口的实现中,交叉布线是在集线器或交换机端口内部完成的,这使得直通线能用于各个结点和集线器或交换机端口之间。

表 3-2　100Base-TX 交叉连接管脚分配表

管 脚 号	5 类 UTP 电缆		1 类 STP 电缆	
	无交叉信号名	交叉信号名	无交叉信号名	交叉信号名
1	发送+	接收+	接收+	发送+
2	发送-	接收-	保留	保留
3	接收+	发送+	保留	保留
4	保留	保留	保留	保留
5	保留	保留	发送+	接收+
6	接收-	发送-	接收-	发送-
7	保留	保留	保留	保留
8	保留	保留	保留	保留
9	N/A	N/A	发送-	接收-
10	N/A	N/A	底盘	底盘

2）100Base-FX

100Base-FX标准指定了两条光纤，一条用于发送数据，另一条用于接收数据。它采用与100Base-TX相同的数据链路层和物理层标准协议，当支持全双工通信方式时，传输速率可达200Mb/s。

100Base-FX的硬件系统包括单模或多模光纤及其介质连接部件、集线器、交换机、网卡等部件。

（1）多模光纤。这种光纤为$62.5/125\mu m$或$50/125\mu m$，采用基于LED的收发器将波长为820nm的光信号发送到光纤上。当连在两个设置为全双工模式的集线器（交换机）端口之间或结点与集线器（交换机）的端口之间时，支持的最大距离为2km。当结点与结点不经集线器（交换机）而直接连接，且工作在半双工方式时，两结点之间的最大传输距离仅为412m。

（2）单模光纤。这种光纤为$9/125\mu m$，采用基于激光的收发器将波长为1300nm的光信号发送到光纤上。单模光纤在全双工的情况下，最大传输距离可达10km。

3）100Base-T4

100Base-T4是100Base-T标准中唯一全新的物理层标准。100Base-T4链路与介质相关的接口是基于3、4、5类非屏蔽双绞线。100Base-T4标准使用4对线。使用和100Base-T一样的RJ-45接头。4对中的3对用于一起发送数据，同时第四对用于冲突检测。每对线都是极化的，每对的一条线传送正（＋）信号而另一条线传送负（－）信号。表3-3即为100Base-T4 UTP MDI管脚分配表。

表3-3　100Base-T4 UTP MDI管脚分配表

管脚号	信号名	电缆编码
1	TX_D1＋	白色/橙色
2	TX_D1－	橙色/白色
3	RX_D2＋	白色/绿色
4	BI_D3＋	蓝色/白色
5	BI_D3－	白色/蓝色
6	RX_D2－	绿色/白色
7	BI_D4＋	白色/棕色
8	BI_D4＋	棕色/白色

3. 10/100Mb/s自动协商

自动协商是IEEE 802.3规定的一项标准，它允许一个网络结点向同一网段上另一端的网络设备广播其容量。对于100Base-T来说，自动协商则允许一个网卡或一个集线器能够同时适应10Base-T和100Base-T的传输速率，直至达到自动通信操作模式，然后以最高性能操作。

自动协商适用于10/100Mb/s双速以太网卡。例如，如果一个10/100网卡和一个

10Base-T 集线器(Hub)连接,自动协商算法会自动驱动 10/100 网卡以 10Base-T 模式操作,该区段便以 10Mb/s 速率通信。如果把 10Base-T 集线器升级为 100Base-T 集线器,10/100 网卡的自动协商算法就会自动驱动网卡和集线器以 100Base-T 模式操作,该区段便以 100Mb/s 速率通信。

　　小贴士　自动协商在速率升级的过程中无须人工或软件干预。

　　图 3-14 给出了一个采用 100M 集线器进行组网的快速以太网的例子。由于快速以太网是从 10Base-T 发展而来,并且保留了 IEEE 802.3 的帧格式,所以 10Mb/s 以太网可以非常平滑地过渡到 100Mb/s 的快速以太网。

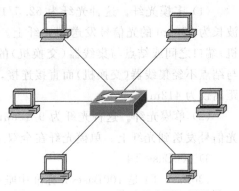

图 3-14　100Base-T 快速以太网组网示例

3.4.4　千兆位以太网技术

1. 千兆位以太网标准

　　随着多媒体技术、高性能分布计算和视频应用等的不断发展,用户对局域网的带宽提出了越来越高的要求;同时,100Mb/s 快速以太网也要求主干网、服务器一级的设备要有更高的带宽。在这种需求背景下人们开始酝酿速度更高的以太网技术。1996 年 3 月,IEEE 802 委员会成立了 IEEE 802.3z 工作组,专门负责千兆位以太网及其标准,并于 1998 年 6 月正式发布了千兆位以太网的标准。

　　千兆位以太网标准是对以太网技术的再次扩展,其数据传输率为 1000Mb/s 即 1Gb/s,因此也称其为吉比特以太网。千兆位以太网基本保留了原有以太网的帧结构,所以向下和以太网与快速以太网完全兼容,从而原有的 10Mb/s 以太网或快速以太网可以方便地升级到千兆位以太网。千兆位以太网标准实际上包括支持光纤传输的 IEEE 802.3z 和支持铜缆传输的 IEEE 802.3ab 两大部分。

　　图 3-15 给出了千兆位以太网的协议结构。IEEE 802.3z 标准在 LLC 子层使用 IEEE 802.2 标准,在 AMC 子层使用 CSMA/CD 方法。在物理层定义了千兆介质专用接口(Gigabit Media Independent Interface,GMII),它将 MAC 子层与物理层分开。这样,物理层在实现 1000Mb/s 速率时所使用的传输介质和信号编码方式的变化不会影响 MAC 子层。

　　从图 3-15 可以看出,IEEE 802.3z 千兆位以太网标准定义了 3 种介质系统,其中两种是光纤介质标准,包括 1000Base-SX 和 1000Base-LX;另一种是铜线介质标准,称为 1000Base-CX。IEEE 802.3ab 千兆位以太网标准定义了双绞线标准,称为 1000Base-T。

　　1) 1000Base-SX 标准

　　1000Base-SX 标准是一种在收发器上使用短波激光作为信号源的媒体技术。这种收发器上配置了激光波长为 770～860nm(一般为 800nm)的光纤激光传输器,不支持单模光纤,仅支持 62.5μm 和 50μm 两种多模光纤。对于 62.5μm 多模光纤,全双工模式下最

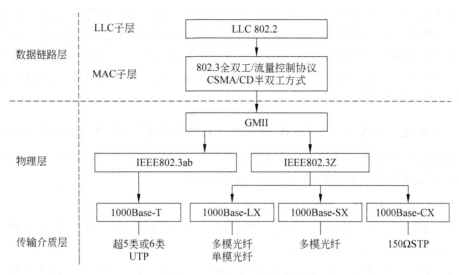

图3-15　标准的千兆位以太网协议体系

大传输距离为275m,对于50μm多模光纤,全双工模式下最大传输距离为550m。数据编码方法为8B/10B,适用于作为大楼网络系统的主干通路。

2) 1000Base-LX标准

1000Base-LX是一种在收发器上使用长波激光作为信号源的介质技术。这种收发器上配置了激光波长为1270～1355nm(一般为1300nm)的光纤激光传输器,它可以驱动多模光纤和单模光纤。使用的光纤规格为62.5μm和50μm的多模光纤、9μm的单模光纤。

对于多模光纤,在全双工模式下,最长的传输距离为550m,数据编码方法为8B/10B,适用于作为大楼网络系统的主干通路。

对于单模光纤,在全双工模式下,最长的传输距离可达5km,工作波长为1300nm或1550nm,数据编码方法采用8B/10B,适用于校园或城域主干网。

3) 1000Base-CX标准

1000Base-CX的媒体是一种短距离屏蔽铜缆,最长距离达25m,这种屏蔽电缆是一种特殊规格高质量的TW型带屏蔽的铜缆。连接这种电缆的端口上配置9针的D型连接器。1000Base-CX的短距离铜缆适用于交换机间的短距离连接,特别适用于千兆主干交换机与主服务器的短距离连接。

4) 1000Base-T标准

IEEE 802.3委员会公布的第二个铜线标准IEEE 802.3ab,即1000Base-T物理层标准。1000Base-T采用4对5类UTP双绞线,传输距离为100m,传输速率为1Gb/s,主要用于结构化布线中同一层建筑的通信,从而可以利用以太网或快速以太网已铺设的UTP电缆。也可被用作为大楼内的网络主干。因此,1000Base-T能与10Base-T、100Base-T完全兼容,它们都使用5类UTP介质,从中心设备到结点的最大距离都是100m,这使得千兆位以太网应用于桌面系统成为现实。

在千兆位以太网的 MAC 子层,除了支持以往的 CSMA/CD 协议外,还引入了全双工流量控制协议。其中,CSMA/CD 协议用于共享信道的争用问题,即支持以集线器作为星形拓扑中心的共享以太网组网;全双工流量控制协议适用于交换机到交换机或交换机到结点之间的点对点连接,两结点间可以同时进行发送与接收,即支持以交换机作为星形拓扑中心的交换以太网组网。

小贴士　与快速以太网相比,千兆位以太网有其明显的优点。千兆位以太网具有更高的性能价格比,而且从现有的传统以太网与快速以太网可以平滑地过渡到千兆位以太网,并不需要掌握新的配置、管理与排除故障技术。

千兆位以太网的优点主要有以下几个。

(1) 简易性。千兆位以太网保持了传统以太网的技术原理、安装实施和管理维护的简易性,这是千兆位以太网成功的基础之一。

(2) 技术过渡的平滑性。千兆位以太网保持了传统以太网的主要技术特征,采用CSMA/CD 介质管理协议,采用相同的帧格式及帧的大小,支持全双工、半双工工作方式,以确保平滑过渡。

(3) 网络可靠性。保持传统以太网的安装、维护方法,采用中央集线器和交换机的星形结构和结构化布线方法,以确保千兆位以太网的可靠性。

(4) 可管理性和可维护性。采用简易网络管理协议(SNMP)即传统以太网的故障查找和排除工具,以确保千兆位以太网的可管理性和可维护性。

(5) 成本低。网络成本包括设备成本、通信成本、管理成本、维护成本及故障排除成本。由于继承了传统以太网的技术,使千兆位以太网的整体成本下降。

(6) 支持新应用与新数据类型。计算机技术和应用的发展,出现了许多新的应用模式,对网络提出了更高的要求。千兆位以太网具有支持新应用与新数据类型的高速传输能力。

2. 千兆位以太网组网应用

目前,千兆位以太网主要被用于园区或大楼网络的主干中,但也有被用于有非常高带宽要求的高性能桌面环境中。图 3-16 给出了一个将千兆位以太网用于网络主干,将快速以太网或 10M 以太网用于桌面环境的网络示意图。该网络采用了典型的层次化网络设计方法。

其中,最下面一层由 10Mb/s 以太网交换机加上 100Mb/s 上行链路组成;第二层由100Mb/s 以太网交换机加 1000Mb/s 上行链路组成;最高层由千兆位以太网交换机组成。通常将面向用户连接或访问网络的层称为接入层(Access Layer),而将网络主干层称为核心层(Core Layer),将连接接入部分和核心部分的层称为汇聚层(Distribution Layer)。

3.4.5　万兆位以太网技术

在以太网技术中,快速以太网是一个里程碑,确立了以太网技术在桌面的统治地位。随后出现的千兆位以太网更是加快了以太网的发展。然而以太网主要是在局域网中占绝

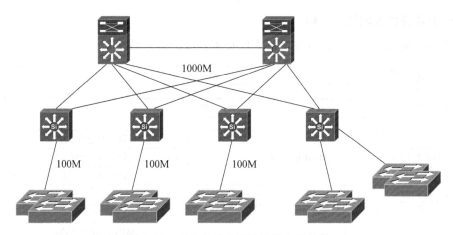

图 3-16　千兆位以太网的组网应用示例

对优势,在很长的一段时间中,由于带宽及传输距离等原因,人们普遍认为以太网不能用于城域网,特别是在汇聚层及骨干层。万兆位以太网不仅再度扩展了以太网的带宽和传输距离,更重要的是其使得以太网从局域网领域向城域网领域渗透。

正如 1000Base-X 和 1000Base-T(千兆位以太网)都属于以太网一样,从速度和连接距离上来说,万兆位以太网是以太网技术自然发展中的一个阶段。

1. 万兆位以太网的技术特色

万兆位以太网相对于千兆位以太网拥有着绝对的优势和特点。

(1)在物理层面上万兆位以太网是一种采用全双工与光纤的技术,其物理层(PHY)和 OSI 模型的第一层(物理层)一致,它负责建立传输介质(光纤或铜线)和 MAC 层的连接,MAC 层相当于 OSI 模型的第二层(数据链路层)。

(2)万兆位以太网技术基本承袭了以太网、快速以太网及千兆位以太网技术,因此在用户普及率、使用方便性、网络互操作性及简易性上皆占有极大的引进优势。在升级到万兆位以太网解决方案时,用户不必担心已有的程序或服务是否会受到影响,升级的风险非常低,同时在未来升级到 40Gb/s 其至 100Gb/s 都将是很明显的优势。

(3)万兆标准意味着以太网将具有更高的带宽(10Gb/s)和更远的传输距离(最长传输距离可达 40km)。

(4)在企业网中采用万兆位以太网可以更好地连接企业网骨干路由器,这样大大简化了网络拓扑结构,提高了网络性能。

(5)万兆位以太网技术提供了更多的更新功能,大大提升 QoS。因此,能更好地满足网络安全、服务质量、链路保护等多方面需求。

(6)随着网络应用的深入,WAN/MAN 与 LAN 融合已经成为大势所趋,各自的应用领域也将获得新的突破,而万兆位以太网技术让工业界找到了一条能够同时提高以太网的速度、可操作距离和连通性的途径,万兆位以太网技术的应用必将为三网发展与融合提供新的动力。

2. 万兆位以太网技术介绍

图 3-17 所示为 802.3ae 万兆位以太网技术标准的体系结构。

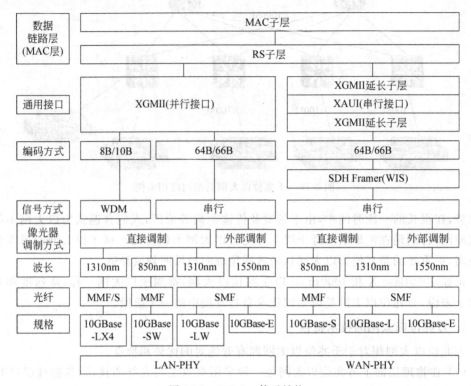

图 3-17　802.3ae 体系结构

1）物理层

在物理层,万兆位以太网的 802.3ae 标准只支持光纤作为传输介质,但提供了两种物理连接(PHY)类型。一种是提供与传统以太网进行连接的速率为 10Gb/s 的局域网物理层设备即"LAN PHY";另一种提供与 SDH/SONET 进行连接的速率为 9.58464Gb/s 的广域网物理层设备即"WAN PHY"。通过引入 WAN PHY,提供了以太网帧与 SONET OC-192 帧结构的融合,WAN PHY 可与 OC-192、SONET/SDH 设备一起运行,从而在保护现有网络投资的基础上,能够在不同地区通过 SONNET 城域网提供端到端以太网连接。

每种物理层分别可使用 10GBase-S(850nm 短波)、10GBase-L(1310nm 长波)和 10GBase-E(1550nm 长波)3 种规格,最大传输距离分别为 300m、10km、40km。

在物理拓扑上,万兆位以太网既支持星形连接或扩展星形连接,也支持点到点连接及星形连接与点到点连接的组合,在万兆位以太网的 MAC 子层,已不再采用 CSMA/CD 机制,其只支持全双工方式。事实上,尽管在千兆位以太网协议标准中提到了对 CSMA/CD 的支持,但基本上已经只采用全双工/流量控制协议,而不再采用共享带宽方式。另外,其继承了 802.3 以太网的帧格式和最大/最小帧长度,从而能充分兼容已有的以太网技术,进而降低了对现有以太网进行万兆位升级的风险。

（1）10G 串行物理媒体层。万兆位以太网支持 5 种接口，分别是 1550nm LAN 接口、1310nm 宽频波分复用（WWDM）LAN 接口、850nm LAN 接口、1550nm WAN 接口和 1310nm WAN 接口。每种接口都有其对应的传输介质，其传输距离也不同，如表 3-4 所示。

表 3-4　10G 串行物理媒体层

名　　称	描　　述	传输介质	传输距离
10GBase-SR	805nm LAN 接口	50/125m 多模光纤	65m
10GBase-LR	1310nm LAN 接口	62.5/125m 多模光纤	300m
10GBase-ER	1550nm LAN 接口	50/125m 多模光纤	
10GBase-LW	1310nm WAN 接口	单模光纤	10km
10GBase-EW	1550nm WAN 接口	单模光纤	40km

（2）PMD（物理介质相关）子层。PMD 子层的功能是支持在 PMA 子层和介质之间交换串行化的符号代码位。PMD 子层将这些电信号转换成适合于在某种特定介质上传输的形式。PMD 是物理层的最低子层，标准中规定物理层负责从介质上发送和接收信号。

（3）PMA（物理介质接入）子层。PMA 子层提供了 PCS 和 PMD 层之间的串行化服务接口。和 PCS 子层的连接称为 PMA 服务接口。另外，PMA 子层还从接收位流中分离出用于对接收到的数据进行正确的符号对齐（定界）的符号定时时钟。

（4）WIS（广域网接口）子层。WIS 子层是可选的物理子层，可用在 PMA 与 PCS 之间，产生适配 ANSI 定义的 SONET 或 ITU 定义 SDH 的以太网数据流。该速率数据流可以直接映射到传输层而不需要高层处理。

（5）PCS（物理编码）子层。PCS 子层位于协调子层（通过 GMII）和物理介质接入层（PMA）子层之间。PCS 子层完成将经过完善定义的以太网 MAC 功能映射到现存的编码和物理层信号系统的功能上去。PCS 子层和上层 RS/MAC 的接口由 XGMII 提供，与下层 PMA 接口使用 PMA 服务接口。

（6）RS（协调子层）和 XGMII（10Gb/s 介质无关接口）。协调子层的功能是将 XGMII 的通路数据和相关控制信号映射到原始 PLS 服务接口定义（MAC/PLS）接口上。XGMII 接口提供了 10Gb/s 的 MAC 和物理层间的逻辑接口。XGMII 和协调子层使 MAC 可以连接到不同类型的物理介质上。

2）传输介质层

802.3ae 目前支持 $9/125\mu m$ 单模、$50/125\mu m$ 多模和 $62.5/125\mu m$ 多模 3 种光纤，而对电接口的支持规范 10GBase-CX4 目前正在讨论之中，尚未形成标准。

3）数据链路层

802.3ae 继承了 802.3 以太网的帧格式和最大/最小帧长度，支持多层星形连接、点到点连接及其组合，充分兼容已有应用，不影响上层应用，进而降低了升级风险。

与传统的以太网不同，802.3ae 仅仅支持全双工方式，而不支持单工和半双工方式，不采用 CSMA/CD 机制,采用全双工流量控制协议;802.3ae 不支持自协商,可简化故障定位,并提供广域网物理层接口。

3. 万兆位以太网的应用场合

随着千兆位以太网到桌面的日益普及,万兆位以太网技术将会在汇聚层和骨干层广泛应用。从目前网络现状而言,万兆位以太网先应用的场合包括教育行业、数据中心出口和城域网骨干。

1) 在教育网的应用

随着高校多媒体网络教学、数字图书馆等应用的展开,高校校园网将成为万兆位以太网的重要应用场合,如图 3-18 所示。利用 10GE 高速链路构建校园网的骨干链路和各分校区与本部之间的连接,可实现端到端的以太网访问,进而提高传输效率,有效保证远程多媒体教学和数字图书馆等业务的开展。

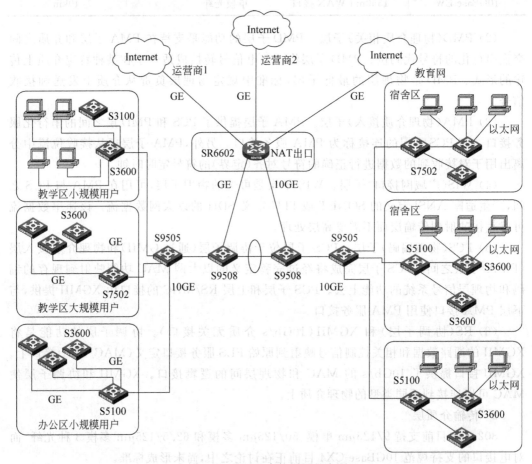

图 3-18 10GE 在校园网的应用

2) 在数据中心出口的应用

随着服务器纷纷采用千兆链路连接网络,汇聚这些服务器的上行带宽将逐渐成为业务瓶颈,使用 10GE 高速链路可为数据中心出口提供充分的带宽保障。

3）在城域网的应用

随着城域网建设的不断深入,各种业务(如流媒体视频应用、多媒体互动游戏)纷纷出现,这些对城域网的带宽提出更高的要求,而传统的 SDH、DWDM 技术作为骨干存在着网络结构复杂、难以维护和建设成本高等问题。在城域网骨干层部署 10GE 可大大简化网络结构、降低成本、便于维护,通过端到端以太网打造低成本、高性能和具有丰富业务支持能力的城域网。

3.4.6　以太网组网所需的设备

组建不同类型的以太局域网需要不同的部件和设备。比如组建 1000Base-SX/LX 千兆位以太网就需要带有光纤口的 10/100/1000M 交换机/集线器、以太网卡(光纤口)、传输介质(光纤(单模或多模))等。而组建 10Base-T、100Base-T 及 1000Base-T 的以太局域网就需要带有 RJ-45 口的 10/100/1000M 交换机/集线器、带有 RJ-45 口的 10/100/1000M 以太网卡、传输介质(双绞线(超 5 类及以上))等。在这里介绍组建基于双绞线的以太局域网所需的设备。

1. 10/100 集线器

集线器处于星形物理拓扑结构的中心,组建的是共享式以太网。关于集线器的特性在本章物理层已经详细介绍过,在这里不再介绍。现在市场上已经基本见不到集线器。

2. 10/100/1000M 交换机

交换机和集线器的外形类型、组网方法基本一样,但功能却不同,它工作在 OSI 参考模型的第二层(数据链路层),组建的是交换式以太网。

3. 10/100/1000M 以太网卡

网络接口卡简称为网卡,是构成网络的基本部件。计算机通过网卡与局域网中的通信介质相连,从而达到将计算机接入网络的目的。网卡的工作方式有两种,即半双工和全双工。

按照网络技术的不同可分为以太网卡、令牌环网卡、FDDI 网卡等。目前,以太网网卡最常见。

按照传输速率,以太网卡提供了 10Mb/s、100Mb/s、1000Mb/s 和 10Gb/s 等多种速率。数据传输速率是网卡的一个重要指标。

按照总线类型分类,网卡可分为 ISA 总线网卡、EISA 总线网卡、PCI 总线网卡及其他总线网卡等。目前 PCI 网卡最常用。PCI 总线网卡常用的为 32 位的,其带宽从 10Mb/s 到 1000Mb/s 都有。

按照所支持的传输介质,网卡可分为双绞线网卡、粗缆网卡、细缆网卡、光纤网卡和无线网卡。连接双绞线的网卡带有 RJ-45 接口,连接粗缆的网卡带有 AUI 接口,连接细缆的网卡带有 BNC 接口,连接光纤的网卡则带有光纤接口。当然有些网卡同时带有多种接口,如同时具备 RJ-45 口和光纤接口。

🐬 **小贴士**　目前,市场上还有带 USB 接口的网卡,这种网卡可以用于具备 USB 接口的各类计算机网络。

3.5 虚拟局域网

3.5.1 虚拟局域网的概念

随着以太网技术的普及,以太网的规模越来越大,从小型的办公环境到大型的园区网络,网络管理变得越来越复杂。

第一,在采用共享介质的以太网中,所有结点位于同一冲突域中,同时也位于同一广播域中,即一个结点向网络中某些结点的广播会被网络中所有的结点所接收,造成很大的带宽资源和主机处理能力的浪费。为了解决传统以太网的冲突域问题,采用了交换机来对网段进行逻辑划分。但是,交换机虽然能解决冲突域问题,却不能克服广播域问题。例如,一个 ARP 广播就会被交换机转发到与其相连的所有网段中,当网络上有大量这样的广播存在时,不仅是对带宽的浪费,还会因过量的广播产生广播风暴,当交换网络规模增加时,网络广播风暴问题还会更加严重,并可能因此导致网络瘫痪。

第二,在传统的以太网中,同一个物理网段中的结点也就是一个逻辑工作组,不同物理网段中的结点是不能直接相互通信的。这样,当用户由于某种原因在网络中移动但同时还要继续原来的逻辑工作组时,就必然会需要进行新的网络连接乃至重新布线。

为了解决上述问题,虚拟局域网(Virtual Local Area Network,VLAN)应运而生。虚拟局域网是以局域网交换机为基础,通过交换机软件实现根据功能、部门、应用等因素将设备或用户组成虚拟工作组或逻辑网段的技术,其最大的特点是在组成逻辑网时无须考虑用户或设备在网络中的物理位置。

> **小贴士** 虚拟局域网可以在一个交换机或者跨交换机实现。

1996 年 3 月,IEEE 802 委员会发布了 IEEE 802.1Q VLAN 标准。目前,该标准得到全世界重要网络厂商的支持。

在 IEEE 802.1Q 标准中对虚拟局域网是这样定义的:虚拟局域网是由一些局域网网段构成的与物理位置无关的逻辑组,而这些网段具有某些共同的需求。每一个虚拟局域网的帧都有一个明确的标识符,指明发送这个帧的工作站是属于哪一个 VLAN。利用以太网交换机可以很方便地实现虚拟局域网。虚拟局域网其实只是局域网给用户提供的一种服务,而并不是一种新型局域网。

图 3-19 给出一个关于 VLAN 划分的示例,其中使用了 4 个交换机的网络拓扑结构。有 9 个工作站分配在 3 个楼层中,构成了 3 个局域网,即 LAN1(A1,B1,C1)、LAN2(A2,B2,C2)、LAN3(A3,B3,C3)。

但这 9 个用户划分为 3 个工作组,也就是说,划分为 3 个虚拟局域网 VLAN。即VLAN1(A1,A2,A3)、VLAN2(B1,B2,B3)、VLAN3(C1,C2,C3)。

在虚拟局域网上的每一个站都可以听到同一虚拟局域网上的其他成员所发出的广播。如工作站 B1、B2、B3 同属于虚拟局域网 VLAN2。当 B1 向工作组内成员发送数据时,B2 和 B3 将会收到广播信息(尽管它们没有连在同一交换机上),但 A1 和 C1 都不会收到 B1 发出的广播信息(尽管它们连在同一个交换机上)。

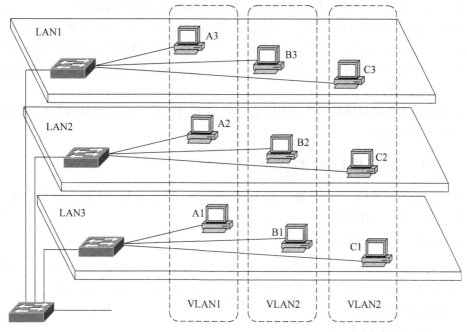

图 3-19 虚拟局域网 VLAN 的划分示例

3.5.2 虚拟局域网使用的以太网帧格式

IEEE 802.1q 标准定义了虚拟局域网的以太网帧格式,在传统的以太网的帧格式中插入一个 4B 的标识符,称为 VLAN 标记,也称为 Tag 域,用来指明发送该帧的工作站属于哪一个虚拟局域网,如图 3-20 所示。如果还使用传统的以太网帧格式,那么就无法划分虚拟局域网。

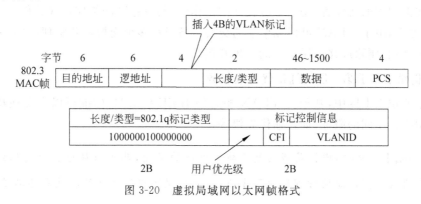

图 3-20 虚拟局域网以太网帧格式

虚拟局域网标记字段的长度是 4B,插入在以太网 MAC 帧的源地址字段和长度/类型字段之间。虚拟局域网标记的前两个字节和原来的长度/类型字段的作用一样,但它总是设置为 0x8100(这个数值大于 0x0600,因此不是代表长度),称为 802.1q 标记类型。

当数据链路层检测到在 MAC 帧的源地址字段的后面的长度/类型字段的值是 0x8100 时,就知道现在插入了 4B 的 VLAN 标记。于是就检查该标记的后两个字节的内容。在后面的两个字节中,前 3bit 是用户优先级字段,接着的一个比特是规范格式指示符(Canonical Format Indicator,CFI),最后的 12bit 是该虚拟局域网的标识符 VID,它唯一地标志这个以太网帧是属于哪一个 VLAN。在 801.1q 标记(4B)后面的两个字节是以太网帧的长度/类型字段。

因为用于虚拟局域网的以太网帧的首部增加了 4B,所以以太网帧的最大长度从原来的 1518B 变为 1522B。

3.5.3　虚拟局域网的优点

采用虚拟局域网后,在不增加设备投资的前提下,可在许多方面提高网络的性能,并简化网络的管理。具体表现在以下几个方面。

1. 提供了一种控制网络广播的方法

通过将交换机划分到不同的 VLAN 中,一个 VLAN 的广播不会影响到其他 VLAN 的性能。即使是同一交换机上的两个相邻端口,只要它们不在同一 VLAN 中,则相互之间也不会渗透广播流量。

2. 提高了网络的安全性

VLAN 的数目及每个 VLAN 中的用户和主机是由网络管理员决定的。网络管理员通过将可以相互通信的网络结点放在一个 VLAN 内,或将受限制的应用和资源放在一个安全 VLAN 内,并提供基于应用类型、协议类型、访问权限等不同策略的访问控制表,就可以有效限制广播组或共享域的大小。

3. 简化了网络管理

一方面,可以不受网络用户的物理位置限制而根据用户需求进行网络逻辑应用,如同一项目或部门中的协作者,功能上有交叉的工作组,共享相同网络应用或软件的不同用户群;另一方面,由于 VLAN 可以在单独的交换设备或跨多个交换设备实现,也会大大减少在网络中增加、删除或移动用户时的管理开销。

4. 提供了基于第二层的通信优先级服务

在千兆位以太网中,基于与 VLAN 相关的 IEEE 802.1P 标准可以在交换机上为不同的应用提供不同的服务,如传输优先级等。

小贴士　总之,虚拟局域网是交换式网络的灵魂,其不仅从逻辑上对网络用户和资源进行有效、灵活、简便管理提供了手段,同时提供了极高的网络扩展和移动性。

3.5.4　虚拟局域网的组网方法

VLAN 的划分可以根据功能、部门或应用而无须考虑用户的物理位置。以太网交换机的每个端口都可以分配给一个 VLAN。分配给同一个 VLAN 的端口共享广播域(一个站点发送希望所有站点接收的广播信息,同一 VLAN 中的所有站点都可以听到),分配各不同 VLAN 的端口不共享广播域。虚拟局域网既可以在单台交换机中实现,也可以跨越多个交换机。

从实现的方式上看,所有 VLAN 均是通过交换机软件实现的;从实现的机制或策略分,VLAN 分为静态 VLAN 和动态 VLAN 两种。

1. 静态 VLAN

在静态 VLAN 中,由网络管理员根据交换机端口进行静态的 VALN 分配,当在交换机上将其某一个端口分配给一个 VLAN 时,其将一直保持不变直到网络管理员改变这种配置,所以又被称为基于端口的 VLAN。也就是根据以太网交换机的端口来划分广播域。也就是说,交换机某些端口连接的主机在一个广播域内,而另一些端口连接的主机在另一个广播域,VLAN 和端口连接的主机无关,如图 3-21 和表 3-5 所示。

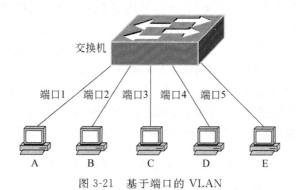

图 3-21　基于端口的 VLAN

表 3-5　VLAN 映射简化版

端口	VLANID	端口	VLANID
Port1	VLAN2	Port4	VLAN3
Port2	VLAN3	Port5	VLAN2
Port3	VLAN2		

假定指定交换机的端口 1、3、5 属于 VLAN2,端口 2、4 属于 VLAN3,此时,主机 A、主机 C、主机 E 在同一 VLAN,主机 B 和主机 D 在另一 VLAN 下。如果将主机 A 和主机 B 交换连接端口,则 VLAN 表仍然不变,而主机 A 变成与主机 D 在同一 VLAN。基于端口的 VLAN 配置简单,网络的可监控性强。但缺乏足够的灵活性,当用户在网络中的位置发生变化时,必须由网络管理员将交换机端口重新进行配置。所以静态 VLAN 比较适合用户或设备位置相对稳定的网络环境。

2. 动态 VLAN

动态 VLAN 是指交换机上以联网用户的 MAC 地址、逻辑地址(如 IP 地址)或数据包协议等信息为基础将交换机端口动态分配给 VLAN 的方式。总之,不管以何种机制实现,分配给同一个 VLAN 的所有主机共享一个广播域,而分配给不同 VLAN 的主机将不会共享广播域。也就是说,只有位于同一 VLAN 中的主机才能直接相互通信,而位于不同 VLAN 中的主机之间是不能直接相互通信的。

1）基于 MAC 地址的 VLAN

这种方式的 VLAN,要求交换机对结点的 MAC 地址和交换机端口进行跟踪,在新结点入网时,根据需要将其划归至某一个 VLAN。不论该结点在网络中怎样移动,由于其 MAC 地址保持不变,因此用户不需对网络地址重新配置。然而所有的用户必须明确地分配给一个 VLAN,在这种初始化工作完成后,对用户的自动跟踪才成为可能。在一个大型网络中,要求网络管理人员将每个用户划分到某一个 VLAN,是十分烦琐的。

2）基于路由的 VLAN

路由协议工作在 7 层协议的第三层——网络层,即基于 IP 和 IPX 协议的转发,它是利用网络层的业务属性来自动生成 VLAN,把使用不同的路由协议的结点分在相对应的 VLAN 中。IP 子网 1 为第 1 个 VLAN,IP 子网 2 为第 2 个 VLAN,IPX 子网 1 为第 3 个 VLAN,……依此类推。通过检查所有的广播和多点广播帧,交换机能自动生成 VLAN。

这种方式构成的 VLAN,在不同的 LAN 网段上的结点可以属于同一 VLAN,同一物理端口上的结点也可分属于不同的 VLAN,从而保证了用户完全自由地进行增加、移动和修改等操作。这种根据网络上应用的网络协议和网络地址划分 VLAN 的方式,对于那些想针对具体应用和服务来组织用户的网络管理人员来说是十分有效的。

小贴士　基于路由的 VLAN 减少了人工参与配置 VLAN,使 VLAN 有更大灵活性,比基于 MAC 地址的 VLAN 更容易做到自动化管理。

3）用 IP 广播组定义虚拟局域网

这种虚拟局域网的建立是动态的,它代表一组 IP 地址。虚拟局域网中由叫作代理的设备对虚拟局域网中的成员进行管理。当 IP 广播包要送达多个目的地址时,就动态建立虚拟局域网代理,这个代理和多个 IP 结点组成 IP 广播组虚拟局域网。

网络用广播信息通知各 IP 站,表明网络中存在 IP 广播组,结点如果响应信息,就可以加入 IP 广播组,成为虚拟局域网中的一员,与虚拟局域网中的其他成员通信。IP 广播组中的所有结点属于同一个虚拟局域网,但它们只是特定时间段内特定 IP 广播组的成员。IP 广播组虚拟局域网的动态特性提供了很高的灵活性,可以根据服务灵活地组建,而且它可以跨越路由器形成与广域网的互联。

3.5.5　VLAN 数据帧的传输

目前任何主机都不支持带有 Tag 域的以太网数据帧,即主机只能发送和接收标准的以太网数据帧,而将 VLAN 数据帧作为非法数据帧。所以支持 VLAN 的交换机在与主机和交换机进行通信时,需要区别对待。当交换机将数据发送给主机时,必须检查该数据帧,并删除 Tag 域。而发送交换机时,为了让对端交换机能够知道数据帧的 VLAN ID,它应该给从主机接收到的数据帧增加一个 Tag 域后再发送,其数据帧传输过程中的变化如图 3-22 所示。

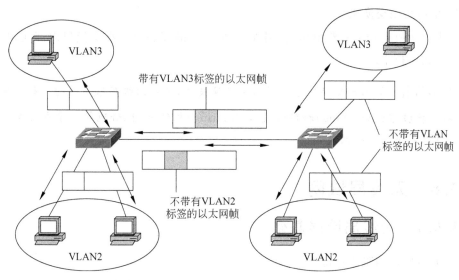

带有VLAN3标签的以太网帧

不带有VLAN标签的以太网帧

不带有VLAN2标签的以太网帧

图 3-22　VLAN 数据帧的传输

当交换机接收到某数据帧时,交换机根据数据帧中的 Tag 域或者接收端口的默认 VLAN ID 来判断该数据帧应该转发到哪些端口,如果目标端口连接的是普通主机,则删除 Tag 域(如果数据帧中包含 Tag 域)后再发送数据帧;如果目标端口连接的是交换机,则添加 Tag 域(如果数据帧中不包含 Tag 域)后再发送数据帧。

为了保证在交换机之间的 Trunk 链路上能够接入普通主机,以太网还能够当检查到数据帧的 VLAN ID 和 Trunk 端口的默认 VLAN ID 相同时,数据帧不会被增加 Tag 域。而到达对端交换机后,交换机发现数据帧中没有 Tag 域时,就认为该数据帧为接收端口的默认 VLAN 数据。

根据交换机处理数据帧的不同,可以将交换机的端口分为如下两类。

(1) Access 端口。只能传送标准以太网帧的端口,一般是指那些连接不支持 VLAN 技术的端设备的接口,这些端口接收到的数据帧都不包含 VLAN 标签,而向外发送数据帧时,必须保证数据帧中不包含 VLAN 标签。

(2) Trunk 端口。既可以传送有 VLAN 标签的数据帧,也可以传送标准以太网帧的端口,一般是指那些连接支持 VLAN 技术的网络设备(如交换机)的端口,这些端口接收到的数据帧一般都包含 VLAN 标签(数据帧 VLAN ID 和端口默认 VLAN ID 相同除外),而向外发送数据帧时,必须保证接收端能够区分不同 VLAN 的数据帧,故常常需要添加 VLAN 标签(数据帧 VLAN ID 和端口默认 VLAN ID 相同除外)。

3.5.6　VLAN 间的互联方法

1. 传统路由器方法

传统路由器方法就是使用路由器将位于不同 VLAN 的交换端口连接起来,这种方法的缺点:对路由器的性能有较高要求;同时如果路由器发生故障,则 VLAN 之间就不能通信。

2. 采用路由交换机

如果交换机本身带有路由功能,则 VLAN 之间的互联就可在交换机内部实现,即采用第三层交换技术。

🔶 **小贴士**　第三层交换技术也叫路由交换技术,是各网络厂家推出的一种局域网技术,它将交换技术(Switching)和路由技术(Routing)相结合,很好地解决了在大型局域网中以前难以解决的一些问题。

3.6　无线局域网

3.6.1　无线局域网基础

1. 无线局域网概念及特点

无线局域网(Wireless Local Area Network,WLAN)是利用无线通信技术,在一定的局部范围内建立的网络,是计算机网络与无线通信技术相结合的产物。它以无线传输媒体作为传输介质,提供传统有线局域网的功能,并能使用户实现随时、随地的网络接入。

🔶 **小贴士**　之所以称其是局域网,是因为受到无线连接设备与计算机之间距离的限制而影响传输范围,必须在区域范围之内才可以组网。

无线局域网的特点有以下几个。

(1) 安装便捷、维护方便。免去或减少了网络布线的工作量,一般只要安装一个或多个接入点(Access Point,AP)设备,就可以建立覆盖整个建筑物或区域的局域网。

(2) 使用灵活、移动简单。一旦无线局域网建成后,在该网的信号覆盖范围内任何一个位置都可以接入网络。使用无线局域网不仅可以减少与布线相关的一些费用,还可以为用户提供灵活性更高、移动性更强的信息获取方法。

(3) 易于扩展、大小自如。有多种配置方式,能够根据需要灵活选择,能胜任从只有几个用户的小型局域网到上千用户的大型网络。

2. 无线局域网标准

1) IEEE 802.11

1990 年 IEEE 802 标准化委员会成立 IEEE 802.11 无线局域网(WLAN)标准工作组。IEEE 802.11 无线局域网标准工作组的任务主要为研究 1Mb/s 和 2Mb/s 数据速率、工作在 2.4GHz 开放频段的无线设备和网络发展的全球标准,并于 1997 年 6 月公布了该标准,它是第一代无线局域网标准之一。

2) IEEE 802.11b

IEEE 802.11b 标准规定无线局域网工作频段在 2.4~2.4835GHz,数据传输速率达到 11Mb/s,传输距离控制在 50~150in(1.3~3.8m)。

IEEE 802.11b 已成为当前主流的无线局域网标准,被多数厂商所采用,所推出的产品广泛应用在办公室、家庭、宾馆、车站、机场等众多场合。

3）IEEE 802.11a

802.11a 标准规定无线局域网工作频段在 5.15～8.825GHz，数据传输速率达到 54Mb/s，传输距离控制在 10～100m。

802.11a 标准的优点是传输速度快，可达 54Mb/s，完全能满足语音、数据、图像等业务的需要。缺点是无法与 802.11b 兼容，使一些早购买 802.11b 标准的无线网络设备在新的 802.11a 网络中不能用。

4）IEEE802.11g

最早推出的是 802.11b，它的传输速率为 11Mb/s，因为它的连接速度比较低，随后推出了 802.11a 标准，它的连接速度可达 54Mb/s。但由于两者互不兼容，所以 IEEE 又正式推出了完全兼容 802.11b 且与 802.11a 速率上兼容的 802.11g 标准，这样通过 802.11g，原有的 802.11b 和 802.11a 两种标准的设备就可以在同一网络中使用。

3. 无线局域网的组成

1）分布式组网（自组网络模式）

在分布式方式中，主机可以在无线通信覆盖范围内移动并自动建立点到点的连接。主机之间通过争用信道直接进行数据通信，而无须其他设备的控制。主机可以在无线通信覆盖范围内移动并自动建立点到点的连接。主机之间通过争用信道直接进行数据通信，而无须其他设备的控制。

2）集中式组网（基础设施模式）

所有无线结点以及有线局域网要与 AP 设备连接。接入点设备负责无线通信管理工作。例如，给无线结点分配无线信道的使用权；实现无线通信与有线通信的转换；起到与有线局域网网桥和路由器相似的作用。

两种组网方式如图 3-23 所示。

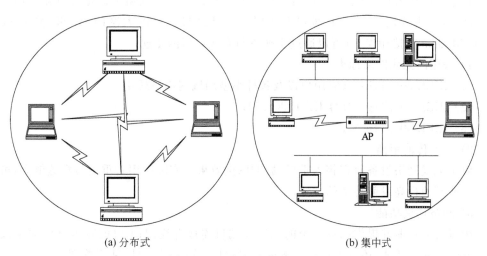

(a) 分布式　　　　　　　　　　　　(b) 集中式

图 3-23　无线局域网组网方式

3.6.2　无线局域网的主要设备

1. 无线网卡

无线网卡安装在计算机上,用于计算机之间或计算机与无线 AP、路由器之间的无线连接。根据接口类型的不同,无线网卡主要分为 3 种类型,即 PCMCIA 无线网卡、PCI 无线网卡和 USB 无线网卡,如图 3-24 所示。

(a) PCMCIA接口无线网卡　　(b) PCI接口无线网卡　　(c) USB接口无线网卡

图 3-24　无线网卡类型

小贴士　无线网卡的作用和功能与普通网卡一样,是用来连接到局域网上的,差别在于前者的数据传送是借助无线电波,而后者则是通过实际的网络线。

无线网卡的功耗与稳定性最重要的两大技术指标,它支持的标准有 IEEE 802.11a、IEEE 802.11b、IEEE 802.11g、IEEE 802.11n。目前最流行的是 IEEE 802.11b 和 IEEE 802.11g。无线网卡常见有 PCI 接口、Mini PCI 接口、PCMCIA 接口、USB 接口。

2. 无线接入器

无线接入器有 3 种基本类型,即无线收发器、无线网桥和无线路由器。无线收发器又称为无线 AP,其作用类似于集线器或交换机,是无线局域网的核心。它是无线终端接入有线骨干网的接入点,典型覆盖距离在几十米至上百米。无线路由器是带有无线覆盖功能的路由器,主要用于用户上网和无线覆盖。可以与所有以太网的 ADSL Modem 或 Cable Modem 直接相连,也可以通过交换机与有线局域网相连。

1) 采用的无线网络标准

(1) IEEE 802.11b:家庭用户以及各种小型局域网用户适用。

(2) IEEE 802.11g:兼容 IEEE 802.11b。

(3) IEEE 802.11n 等。

2) 有效传输距离

对于无线网络设备而言相当重要,影响联网效果。实际应用看重信号穿透能力,可采用天线或其他提高发射功率的方法。

3) 网络连接功能

内置交换功能并提供超过一个的双绞线端口连接有线网;4 口的宽带路由器不仅提供 Internet 共享功能,还可以进行局域网连接,自动分配 IP 地址,便于管理。

4) 路由技术

(1) NAT:网络地址转换,把网络内部 IP 地址映射成 Internet 合法 IP 地址,以实现

Internet 共享接入。

（2）DHCP：动态主机配置。具有 DHCP 功能的无线路由器可以为局域网中接入的每台 PC 自动分配一个 IP 地址；同时本身又作为 DHCP Client，使 WAN 端口动态地获得由 ISP 分配的 IP 地址。

3. 无线天线

当计算机与无线 AP 或其他计算机相距较远时，随着信号的减弱，或者传输速率明显下降，或者根本无法实现与 AP 或其他计算机间通信，此时，就必须借助无线天线对所接收或发送的信号进行增益。增益表示天线功率放大倍数，数值越大表示信号的放大倍数就越大，也就是说当增益数值越大，信号越强，传输质量就越好。增益的单位是 dB。无线天线如图 3-25 所示。

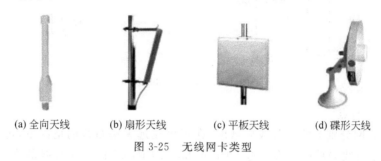

(a) 全向天线　　(b) 扇形天线　　(c) 平板天线　　(d) 碟形天线

图 3-25　无线网卡类型

3.6.3　无线局域网的组网模式

1. Ad-Hoc 模式

Ad-Hoc 模式是一种点对点的对等式移动网络模式，不需要具有控制转换功能的无线 AP，所有的终端设备都能对等地相互通信，如图 3-26 所示。在 Ad-Hoc 模式的局域网中，一个基站会自动设置为初始站，并对网络进行初始化，使所有同域（SSID 相同）的基站成为一个局域网。

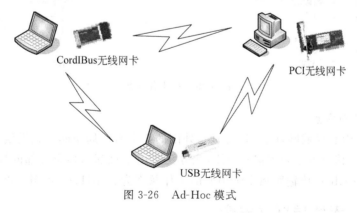

CordIBus无线网卡

PCI无线网卡

USB无线网卡

图 3-26　Ad-Hoc 模式

2. Infrastructure 模式

该模式即集中控制式模式网络，是一种整合有线与无线局域网架构的应用模式。在这种模式中,无线网卡与无线 AP 进行无线连接,再通过无线 AP 与有线网络建立连接。实际上 Infrastructure 模式还可以分为 3 种模式,即室内移动办公、室外点对点和室外点对多点。

1）室内移动办公

这种方式以星形拓扑为基础,以 AP 为中心,所有的基站通信都要通过 AP 接转。由于 AP 有以太网接口,这样,既能以 AP 为中心独立建立一个无线局域网,也能以 AP 作为一个有线局域网的扩展部分,如图 3-27 所示。

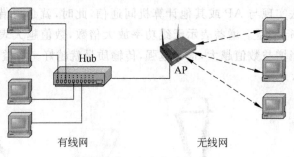

有线网   无线网

图 3-27   室内移动办公

2）室外点对点

A 网与 B 网分别为两个有线局域网,在距离较远无法布线的情况下,可通过两台无线网桥将两个有线局域网连在一起,通过网桥上的 RJ-45 接口与有线的交换机相连,如图 3-28所示。

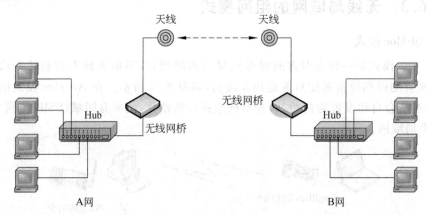

A网   B网

图 3-28   室外点对点

3）室外点对多点

A 是有线中心局域网,B、C、D 分别是外围的 3 个有线局域网。在无线设备上中心点需要全向天线,其他各点采用定向天线,此方案适用于总部与多个分部的局域网连接,其传输速率为 11Mb/s,传输距离小于 10km,工作频率为 2.4GHz。如图 3-29 所示。

3.6.4   无线局域网安全

由于 802.11 技术自身的特点,其安全问题已经引起了广泛的关注。有的"黑客"利用

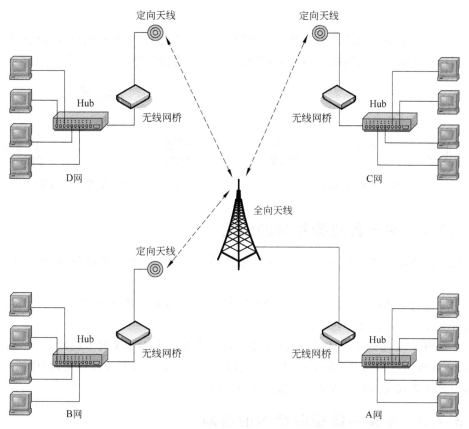

图 3-29　室外点对多点

无线局域网认证与加密的安全漏洞,在短至几分钟的时间内就可以破解密钥。802.11 技术本身设置了认证和加密功能,如服务集标识符(SSID)、物理地址过滤(MAC)、无线对等保密(WEP),但存在较大的安全隐患。

在 802.11i 标准中加入了新的安全措施,包括 WPA(Wi-Fi Protected Access)、端口访问控制技术、EAP(Extensible Authentication Protocol)、AES(Advanced Encryption Standard) 标准等,加强了无线网的安全性,很好地解决了现有无线网络的安全缺陷和隐患。安全标准的完善,无疑将有利于推动 WLAN 应用。

小贴士　网络的安全不仅与加密认证等机制有关,而且还需要入侵检测、防火墙等技术的配合来共同保障,因此无线局域网的安全需要从多层次来考虑,综合利用各种技术来实现。

3.7　局域网组建实例

3.7.1　两台计算机直连

两台计算机之间互连,可以使用双绞线跳线将两台计算机的网卡连接在一起,如

图 3-30 所示。

在使用网卡将两台计算机直连时,计算机跳线要用交叉线,并且两台计算机的网卡最好选用相同的品牌和相同的传输速率,以避免可能的连接故障。

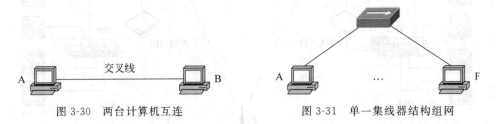

图 3-30　两台计算机互连　　　　　图 3-31　单一集线器结构组网

3.7.2　单一集线器结构的组网

把所有的计算机通过双绞线连接到集线器上,组成一个小型的局域网,如图 3-31 所示。

使用直通线从计算机的网卡上的 RJ-45 接口连接到集线器的 RJ-45 接口,组成网络,一般可支持 2～24 台计算机联网。

若按图 3-31 组建 100M 的以太局域网,只要将安装有 100M 网卡(或 10/100M 自适应)的计算机通过 5 类以上的非屏蔽双绞线与 100Base-T 集线器相连即可,同样结点到集线器的非屏蔽双绞线的最大长度不能超过 100m。

3.7.3　多集线器级联结构的组网

当需要联网的计算机超过单一集线器所能提供的端口数量或需要联网的计算机位置比较分散时,可以使用多集线器级联方式进行组网。

对集线器而言,由于利用了 CSMA/CD 方式共享信道,各结点对信道会产生争用,若发生冲突,将停止传送数据。而根据以太网规定,冲突信号必须在传输 512bit 数据的时间段内传回到发送端口,由此限制了以太网的级联层数。

集线器主要有两种端口类型,即普通端口和级联端口(虽然各厂家在集线器上的级联端口不一样,但各种型号的集线器是可以互连的)。以 3COM 公司的集线器为例,其普通端口主要将各网络站点接至集线器;级联端口为 MDI,主要用于设备级联。

由于级联时所使用的端口不一致,所以直通线、交叉线都可用于设备级联。当两台设备至少有一台有级联端口时,将一个普通的直通线一端插入一台级联端口,另一端插入另一台设备的普通端口,即可实现两台设备的级联;当两台设备都没有级联端口时,将一根交叉线一端插入一台设备的普通端口,另一端插入另一台设备的普通端口,即可实现两台设备的级联。

多集线器级联时,一般可以采用平行式级联(图 3-32)和树形级联两种方式(图 3-33)。很显然,推荐采用树形级联方式。在图 3-32 中所有的双绞线跳线都采用直通线。而在图 3-33 中集线器之间级联的是集线器普通端口需要用交叉线,计算机到集线器之间为直通线。

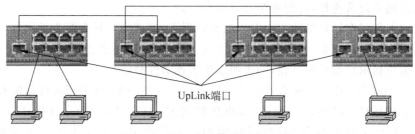

图 3-32　多集线器级联(平行级联)

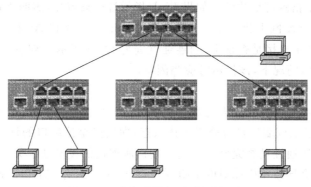

图 3-33　多集线器级联(树形级联)

10Mb/s 集线器进行级联组建多集线器 10M 以太网时,遵循"5-4-3-2-1"规则。每段 UTP 电缆的最大长度为 100m;任意两个结点之间最多可以有 5 个网段,经过 4 个集线器;整个网络的最大覆盖范围为 500m;网络中不能出现环路。

100Mb/s 集线器进行级联组建多集线器 100M 以太网时,由于其传输速率是 10M 网络的 10 倍,因此 100Mb/s 集线器级联个数受到更大限制。每段 UTP 电缆的最大长度为 100m;任意两个结点之间最多可以经过两个集线器,且它们之间长度不超过 5m;整个网络的最大覆盖范围为 205m;网络中不能出现环路。

3.7.4　局域网连接的判断

1. 利用网卡和网络设备的指示灯判断

无论是网卡还是网络设备都提供 LED 指示灯,通过对这些指示灯的观察,通常能够提供一些非常有帮助的信息,并排除一些非常简单的连通性故障。

1)网卡指示灯

在使用网卡指示灯判断连通时,一定要先将集线器的电源打开,并保证集线器处于正常工作状态。

(1) 10/100Mb/s 网卡指示灯。10/100Mb/s 网卡通常都有 3 个 LED 指示灯。但是不同品牌的网卡其指示灯所代表的意义有所不同,请注意查看网卡说明书。例如,D-Link530Tx网卡,如果计算机与集线器端口连接正常,则网卡的"full"和"100M"指示灯应当呈绿色,"Link"指示灯则不断闪烁。当网卡没有指示灯被点亮时,表明计算机与集线器之间没有建立正常连接,物理链路有故障发生。

如果网卡集成在计算机的主板上。通常情况下,集成网卡只有两个指示灯,黄色指示灯用于表明连接是否正常,绿色指示灯则表示计算机主板是否已经供电,正处于待机状态。如果黄色指示灯没有被点亮,则表明发生了连通性故障。

(2) 10/100/1000Mb/s 网卡指示灯。Intel Pro/1000 MT 网卡指示灯通常有 4 个,分别用于表示连接状态(Link 指示灯)、数据传输状态(ACT 指示灯)和连接速率。当正常连接时,Link 指示灯呈绿色,有数据传输时,ACT 指示灯不停闪烁。当连接速率为 10Mb/s 时,速率指示灯熄灭;连接速率为 100Mb/s 时,速率指示灯呈绿色;连接速率为 1000Mb/s 时,速率指示灯呈黄色。如果 Link 指示灯未被点亮,表明连接有故障。

(3) 1000Base-SX 网卡指示灯。3Com 只有 Link 1000 和 ACT 两个 LED 指示灯。其中,Link 1000 表示连接是否正常,当连通性完好时,该指示灯被点亮。ACT 表示是否有数据在传输,正常情况下,该指示灯应当闪烁。

2)网络设备指示灯及判断

无论是集线器还是交换机,无论是 SC 光纤端口还是 RJ-45 端口,每个端口都有一个 LED 指示灯用于指示该端口是否处于工作状态,即连接至该端口的计算机或网络设备是否处于工作状态、连通性是否完好。无论该端口所连接的设备处于关机状态,还是链路的连通性有问题,都会导致相应端口的 LED 指示灯熄灭。只有该端口所连接的设备处于开机状态,并且链路连通性完好的情况下指示灯才会被点亮。

下面以 Cisco Catalyst Switch2950 系列交换机为例,详细介绍各种 LED 指示灯的含义。Catalyst 2950 系列交换机前面板 LED 指示灯标注如图 3-34 所示。

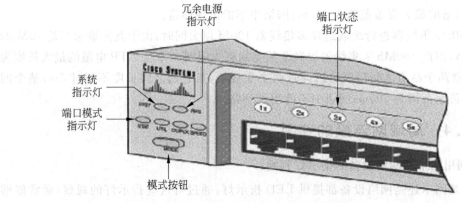

图 3-34 CISCO Catalyst 2950 指示灯示意图

(1) SYSTEM LED(系统指示灯)用于显示系统加电情况,指示灯含义如下。

灭:系统未加电。

绿色:系统正常运行。

琥珀色:系统虽然加电,但电源有问题。

(2) Port Mode LEDS(端口模式指示灯):此指示灯分为四种指示灯,一般通过 Mode 按钮可以对交换机各端口模式状态进行调整。在不同模式下,不同颜色的 LED 指示灯的含义有所不同,如表 3-6 所示。

表 3-6 各端口模式指示灯含义

端口模式指示灯	LED 颜色		含 义
STAT(表示交换机各端口的连接状态)	灭		未连接,或连接设备未打开电源
	绿色		端口正常连接
	闪烁绿色		端口正在发送或接收数据
	琥珀色与绿色交替		连接失败。错误帧影响连通性,在该连接监视到过多的碰撞冲突、CRC 校验错误、队列错误
	闪烁琥珀色		端口被 STP 阻塞,正在发送或接收包
UTIL(表示交换机背板带宽利用率)	绿色		背板利用率在合理范围内
	琥珀色		最后 24h 的背板利用率达到最高值
Duplex(表示交换机的工作模式)	灭		端口运行在半双工模式
	绿色		端口运行在全双工模式
Speed(表示交换机端口的连接速率)	10/100 和 10/100/ 1000 端口	灭	端口运行在 10Mb/s
		绿色	端口运行在 100Mb/s
		闪烁绿色	端口运行在 1000Mb/s
	Gbic 端口	灭	端口未运行,未连接或连接设备未打开电源
		闪烁绿色	端口运行在 1000Mb/s

(3) RPS(冗余电源指示灯,Redundant Power Supply LED):CISCO Catalyst Switch 2950 系列交换机既支持交流电源,又支持直流电源供电。当只使用交流电源供电时,此灯为熄灭状态;当既使用交流电源供电,又使用直流电源供电作为冗余时,此灯呈绿色状态。

(4) Port Status LEDS(端口状态指示灯)显示交换机各端口的工作状态。

2. 利用 Ping 等命令进行测试

Ping 命令是网络中使用最频繁的小工具,使用 Ping 命令测试网络连通性。

3.7.5 以太网交换机 VLAN 配置

1. 企业背景说明

某企业有约 90 台计算机,主要使用网络的部门有财务部(18)、人事部(10)、信息中心(10)、办公室(12)、生产车间(30),网络拓扑如图 3-35 所示。整个网络主干部分采用两台 Catalyst 2948 网管型交换机(分别命名为 Sw1、Sw2),一台 Cisco 2611 路由器与 Internet 进行连接。所连的用户主要分布在以上 5 个部门。假设要对这 5 个部门用户单独划分 VLAN,以确保相应部门网络资源的相对安全。

通过 VLAN 的划分,可以把企业主要网络划分为财务部、人事部、信息中心、办公室、生产车间 5 部分,对应的 VLAN 号分别为 100、200、300、400、500 等,服务器单独划分一个 VLAN,对应的 VLAN 号为 600。各 VLAN 对应的 VLAN 组名分别为 cwb、rsb、xxzx、bgs、sccjdt。各 VLAN 对应的端口分布如表 3-7 所示。

2. 以太网交换机 VLAN 配置步骤

按照图 3-35 和表 3-7 所述,配置步骤如下。

(1) 设置好超级终端,连上 2948 交换机,通过超级终端配置交换机的 VLAN。连接成功后,选择命令行配置界面,进入交换机的普通用户模式,输入进入特权模式的命令 enable,进入特权模式。

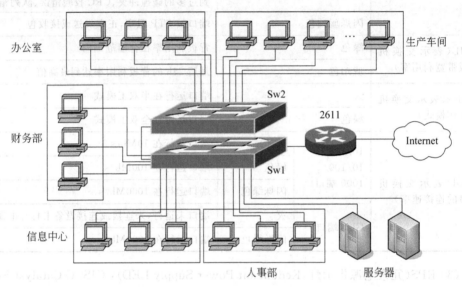

图 3-35　企业网络拓扑图

表 3-7　VLAN 组及对应端口号分布

VLAN 号	VLAN 组名	部门	端口号
100	Cwb	财务部	Sw1：2～19
200	Rsb	人事部	Sw1：20～29
300	Xxzx	信息中心	Sw1：30～39
400	Bgs	办公室	Sw2：2～13
500	Sccj	生产车间	Sw2：14～43
600	Fwq	服务器	Sw2：45～48

(2) 在特权模式"#"下,输入进入全局配置模式的明令命令 config t,进入全局配置模式。

```
Switch#config t
Switch(config)#
```

（3）分别给这两个交换机起名字，下面仅以 Sw1 为例进行介绍。配置如下。

```
Switch(config)#hostname Sw1
Sw1(config)#
```

（4）设置 VLAN 名称。在 Sw1 和 Sw2 上配置 100、200、300、400、500、600 号 VLAN 组的配置命令如下。

```
Sw1(config)#vlan 100 name cwb
Sw1(config)#vlan 200 name rsb
Sw1(config)#vlan 300 name xxzx
Sw2(config)#vlan 400 name bgs
Sw2(config)#vlan 500 name sccj
Sw2(config)#vlan 600 name fwq
```

（5）按照表 3-7 所列将 VLAN 号对应到交换机端口上。

在 Sw1 的交换机上的 VLAN 端口号配置如下。

```
Sw1(config)#int f0/2
Sw1(config-if)#switchport acess vlan 100
Sw1(config-if)#int f0/3
Sw1(config-if)#switchport acess vlan 100
  ⋮
Sw1(config)#int f0/19
Sw1(config-if)#switchport acess vlan 100
Sw1(config-if)#int f0/20
Sw1(config-if)#switchport acess vlan 200
  ⋮
Sw1(config-if)#int f0/29
Sw1(config-if)#switchport acess vlan 200
Sw1(config-if)#int f0/30
Sw1(config-if)#switchport acess vlan 300
  ⋮
Sw1(config-if)#int f0/39
Sw1(config-if)#switchport acess vlan 300
```

在 Sw2 的交换机上的 VLAN 端口号配置如下。

```
Sw2(config)#int f0/2
Sw2(config-if)#switchport acess vlan 400
Sw2(config-if)#int f0/3
Sw2(config-if)#switchport acess vlan 400
  ⋮
Sw2(config-if)#int f0/13
Sw2(config-if)#switchport acess vlan 400
Sw2(config-if)#int f0/14
Sw2(config-if)#switchport acess vlan 500
  ⋮
Sw2(config-if)#int f0/43
Sw2(config-if)#switchport acess vlan 500
```

```
Sw2(config-if)#int f0/45
Sw2(config-if)#switchport acess vlan 600
Sw2(config-if)#int f0/46
Sw2(config-if)#switchport acess vlan 600
```

（6）在命令行方式下输入 Show Vlan 命令，交换机返回的信息显示了当前交换机的 VLAN 个数、VLAN 编号、VLAN 名字、VLAN 状态（即每个 VLAN 所包含的端口号）。

（7）删除 VLAN。当一个 VLAN 的存在没有任何意义时，可以将它删除。删除 VLAN 的步骤如下。

① 利用 Vlan Database 命令进入交换机的 VLAN 数据库维护模式。

② 利用 No vlan 112 命令将 VLAN112 从数据库中删除。在一个 VLAN 删除后，原来分配给这个 VLAN 的端口将处于非激活状态，它不会自动分配给其他的 VLAN。

③ 使用 Exit 命令推出 VLAN 数据库维护模式。

④ 使用 Show Vlan 命令在此查看交换机的 VLAN 配置。

本章小结

本章简单介绍了局域网的基本工作原理、局域网的分类，重点介绍了以太网、虚拟局域网、无线局域网技术，并介绍了一些常用的配置与管理方法，最后给出典型局域网配置实例。

思考与练习

（1）网络协议的三要素是什么？各有什么含义？

（2）面向连接和无连接服务有何区别？

（3）解释 CSMA/CD 工作原理。

（4）局域网参考模型的数据链路层分为哪几层？各层的功能是什么？

（5）什么是 10/100Mb/s 自动协商？

（6）组建以太局域网需要哪些设备？

（7）虚拟局域网有哪些优点？

（8）常用的无线局域网设备有哪些？它们各自的功能是什么？

实践课堂

（1）组建一个简单的交换式以太网。

（2）对交换机的端口进行配置，如配置 IP 地址、关闭、启用、设置速率、全双工等。

（3）在交换式以太网中，配置一个基于 MAC 地址的动态 VLAN。

第 4 章

网 络 互 联

网络互联是指在不同的网段间进行互相连接,最终形成更大的网络环境,Internet 网就可以看成是全球最大的互联网络环境。在网络互联中路由器是最重要的设备之一,其主要用于连接多个逻辑上分开的网络,使属于不同网段的设备之间可以通信。本章主要介绍网络互联的基本概念以及路由器的基本原理和配置方法,并在最后一节给出了一个简单的综合实例。

4.1　网络互联概述

网络互联是现代网络最重要的概念,分隔的网络形成一个个的网络孤岛,不能进行即时的网络通信与传输,不利于网络技术的发展,更不利于信息的传播。现代网络最基本的要求就是网络要延伸到地球的每个角落。

4.1.1　网络互联的表现形式

网络互联是将多个分布在不同地理位置、运行不同网络协议的网络系统,通过一定的手段或方法,用相应的通信处理设备将这些网络相互连接起来,构成更大的网络系统,以实现更大范围内的数据资源共享和信息传输。

网络互联如果按覆盖范围为标准,则其表现形式主要有 3 种,即局域网与局域网互联、局域网与广域网互联和广域网与广域网的互联。第三章介绍的网络设备就可以看成是一种将不同局域网之间进行互联,以便形成更大的网络系统。而通过 ADSL 连接 Internet 的办公网就是一种将办公局域网与 ADSL 的广域网连接的实例。

此外,也可以按物理网络的构造为标准,比如可以将使用双绞线的网络、使用铜轴电缆的网络、使用光纤的网络以及使用无线的网络通过某种设备互联成一个更大的网络系统。

这些混合的网络系统在现实中非常常见,这样做的主要目的如下。

(1) 屏蔽各个物理网络的差异,如寻址机制的差别、数据报文最大长度的差别等不同。

(2) 隐藏各个物理网络的实现细节,如有线网络与无线网络的区别。

（3）为用户提供通用的服务。使用户不必纠结于不同物理网络的不同使用方法，给用户一个统一的服务接口，如使用手机、平板计算机和台式计算机的用户将感觉不到所获得服务的差异。

随着计算机网络的快速发展，越来越多的厂商加入进来，但是由于没有一个统一的标准，因此众多厂商的设备和软件不能混合使用，它们之间互不相容。为了改变这种情况，一些知名团体（如 ISO，即国际标准化组织）和大厂商（如微软、IBM 等）联合提出了网络体系结构的概念。

在理论和实际应用中，有两个非常重要的网络体系结构，一个是 ISO 的 OSI/RM（即开放系统互联参考模型）；另一个是在 Internet 上拥有统治权的 TCP/IP 体系结构。

此外，还有 IBM 提出的 SNA（系统网络体系结构）、IBM 提出的 NetBIOS（网络基本输入/输出系统）及 NetBEUI（NetBIOS 增强用户接口）协议集、Novell 提出的 IPX/SPX（Internet 分组交换/顺序分组交换）。

4.1.2　OSI 参考模型

OSI（即开放系统互联）模型是由国际标准化组织于 1984 年提出的一种标准参考模型，是一种关于由不同生产厂商提供的不同设备和应用软件之间的网络通信的概念性框架结构。当今使用的大多数网络通信协议都是基于 OSI 参考模型的。OSI 参考模型分为 7 层，主要是为了解决异种网络互联时所遇到的兼容性问题。它的最大优点是将服务、接口和协议这 3 个概念明确地区分开来，也使网络的不同功能模块分担起不同的职责，并且当其中一层提供的某解决方案更新时不会影响到其他层。

OSI 参考模型的 7 层分别是物理层、数据链路层、网络层、传输层、会话层、表示层和应用层，如图 4-1 所示。

1）物理层

它是 OSI 的第一层，虽然处于最底层，却是整个参考模型的基础，它定义了通信网络之间物理链路的电气或机械特性，以及激活、维护和关闭这条链路的各项操作。物理层为设备之间的数据通信提供传输媒体及互联设备，为数据传输提供可靠的环境。物理层特征参数包括电压、比特率、最大传输距离、物理连接介质等。

第七层	应用层
第六层	表示层
第五层	会话层
第四层	传输层
第三层	网络层
第二层	数据链路层
第一层	物理层

图 4-1　OSI 7 层参考模型

2）数据链路层

数据链路可以粗略地理解为数据通道，实际的物理链路是不可靠的，在其上传输的数据难免受到各种不可靠因素的影响而产生差错，为了弥补物理层上的不足，为上层提供无差错的数据传输，要能对数据进行检错和纠错，这就是数据链路层的功能，它通过一定的手段（如将数据分成更小长度的帧，以数据帧为单位进行传输）将有差错的物理链路转化成没有错误的数据链路。数据链路层的特征参数包括物理地址、网络拓扑结构、错误警告机制、所传数据帧的排序等。

3）网络层

网络层将所传输的数据分成一定长度的分组，并在分组头中标识源和目的结点的逻辑地址,这些地址就像街区、门牌号一样,它关心的是"点到点"的逐点转递。网络层有许多功能,分别包括路由选择、差错检测、恢复排序、流量控制、服务选择等,其中路由选择是这个层的核心功能。

4) 传输层

这个层提供对上面各层透明的可靠的数据传输。传输层关注的是"端到端"(源端到目的端)的传递。传输层的服务一般要经历传输连接建立阶段、数据传送阶段、传输连接释放阶段 3 个阶段才算完成一个完整的服务过程,而在数据传送阶段又分为一般数据传送和加速数据传送两种。传输层的功能主要包括流控、多路技术、虚电路管理和纠错及恢复等。

5) 会话层

会话层的功能是在网络实体间建立、管理和终止通信应用服务请求和响应等会话。它提供的服务可使应用建立和维持会话,并能使会话获得同步。

6) 表示层

这个层的作用是为网络通信提供一种公共语言,以便能使不同架构的设备之间进行互相操作,其定义了一系列代码和代码转换功能,以保证源端数据在目的端同样能被识别,如 ASCII 码。

7) 应用层

应用层是 OSI 的最高层,也是唯一面向用户的层,它向用户应用程序提供服务,这些服务按其向应用程序提供的特性分成组,并称为服务元素。

4.1.3 TCP/IP 体系结构

虽然 OSI 参考模型成为全球范围内的标准,但是由于种种原因 OSI 参考模型并没有在实际应用中使用。相反 1982 年诞生的另一个体系结构却被广泛使用,成为事实上的工业标准,这就是 TCP/IP 体系结构。

TCP/IP 体系结构从更实用的角度出发,压缩了 OSI 的 7 层结构,形成了具有高效率的 4 层结构,这 4 个层分别是应用层、传输层、互联层和网络接口层。

TCP/IP 协议集由数十种各类协议组成,这些协议分属在 4 个层次上,如图 4-2 所示。

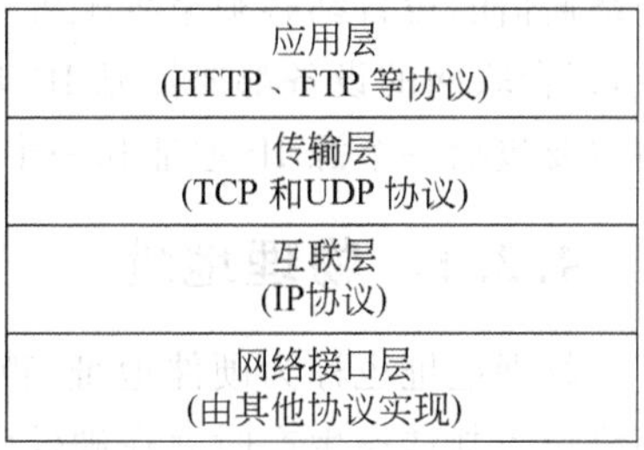

网络接口层是 TCP/IP 协议中最低的一层,其主要作用是为底层的硬件设备提供驱动及对底层数据通信的支持,对实际的网络媒体进行管理,定义如何使用实际网络来传送数据。

互联层负责提供最基本的数据封装传送功能,这层中包括一个重要的协议——网际协议(IP),以及一个对网络通信极为重要的概念——IP 地址。

应用层 (HTTP、FTP 等协议)
传输层 (TCP 和UDP 协议)
互联层 (IP协议)
网络接口层 (由其他协议实现)

图 4-2 TCP/IP 协议集的 4 个层次

传输层负责在结点间进行数据传送,这一层中包括两个不同的传输协议,即传输控制协议(TCP)和用户数据报协议(UDP),这两个协议使用不同的通信机制将数据包传输给另一个结点。本层同样也包含一个对网络通信非常重要的概念,即端口号(Port)。

应用层是 TCP/IP 协议中最高的层，其主要作用是为用户提供各种服务，本层中包含了许多的协议以便用户使用，如简单电子邮件传输协议(SMTP)、文件传输协议(FTP)、网络远程访问协议(Telnet)、超文本传输协议(HTTP)等。

TCP/IP 体系结构中包含了 100 多个协议，它们用来将各种计算机和设备组成实际的 TCP/IP 网络。图 4-3 列出了一些常用协议及其所在的层次。

DHCP	NFS	SMTP	FTP	HTTP	…
TCP			UDP		
	ICMP				
IP				ARP	RARP
Ethernet		X.25		…	

图 4-3　TCP/IP 体系结构中的一些协议及所在层次

TCP/IP 体系结构与 OSI 结构对比如图 4-4 所示。

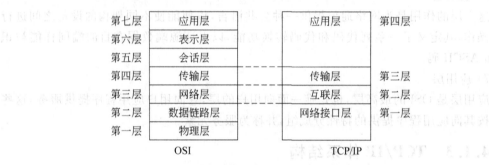

图 4-4　OSI 7 层参考模型与 TCP/IP 4 层体系结构对比

4.2　IP 协议

IP 地址是 TCP/IP 协议集中非常重要的概念之一，每一台使用 TCP/IP 协议集进行网络通信的设备都必须至少配置一个 IP 地址，它是用来唯一标识网络中计算机的逻辑地址，每台联网的设备都要依靠 IP 地址来标识自己。在计算机网络里，每个被传输的数据包也要包括一个源 IP 地址和一个目的 IP 地址。

4.2.1　物理地址

物理地址也称为硬件地址，英文缩写为 MAC，它是在网络接口层上使用的地址，由网络设备制造商生产时写在硬件内部。MAC 地址采用 6B(48b)编码，前 3B 由设备制造厂商向 IEEE(电子电气工程师协会)申请，后者会根据厂商发放不同的厂商代码，价格大约是 1000 美元买一个地址块，后 3B 由厂商自行分配，这样的分配使得世界上任意一个拥有 6B 的 MAC 地址的网络设备都有唯一的标识。

用户可以通过指定命令查看相应设备的 MAC 地址。比如：在 Windows 系统中要查看计算机中的 MAC 地址，就可以在"命令提示行"中输入 ipconfig/all 命令，如图 4-5

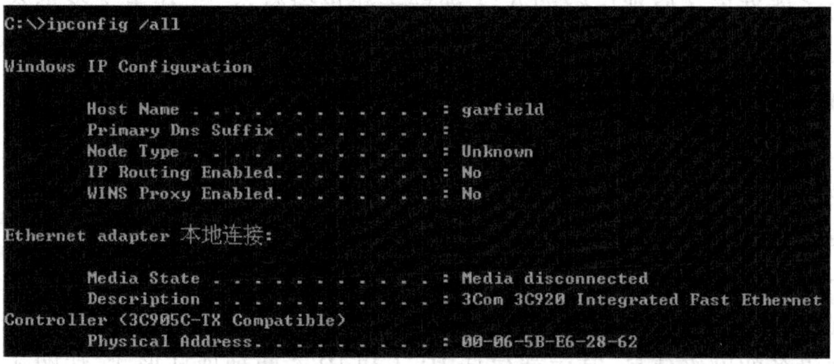

```
C:\>ipconfig /all

Windows IP Configuration

        Host Name . . . . . . . . . . . . : garfield
        Primary Dns Suffix  . . . . . . . :
        Node Type . . . . . . . . . . . . : Unknown
        IP Routing Enabled. . . . . . . . : No
        WINS Proxy Enabled. . . . . . . . : No

Ethernet adapter 本地连接:

        Media State . . . . . . . . . . . : Media disconnected
        Description . . . . . . . . . . . : 3Com 3C920 Integrated Fast Ethernet
Controller (3C905C-TX Compatible)
        Physical Address. . . . . . . . . : 00-06-5B-E6-28-62
```

图 4-5　查看 Windows 系统中设备的 MAC 地址

所示。

其中最后一行,即 Physical Address 后面对应的十六进制数值就是这台设备的物理地址,其值为 00-06-5B-E6-28-62,其中 00-06-5B 是设备厂商代码,E6-28-62 是设备厂商分配的唯一编码值。

物理地址是网络接口层上的地址,IP 地址是互联层上的地址,它们之间一般是一对一的关系,可以通过 ARP(地址解析协议)与 RARP(逆地址解析协议)进行转换,其中前者是把 IP 地址转换为物理地址,后者是把物理地址转换为 IP 地址。

4.2.2　IP 地址版本

物理地址只能工作在网络接口层,在它上面的各层中需要使用另一种编码,这就是 IP 地址。

IP 地址是用来标识网络中的一个通信实体,如一台计算机或网络设备。在网络中传输的每一个数据包,只要它是基于 IP 协议的,都会包含一个源 IP 地址和一个目的 IP 地址,这两个地址用于标识发送实体和接收实体。这就如同人们写一封信,要标明收信人的通信地址和发信人的地址,邮政工作人员才可以通过这些地址来决定邮件的去向。

IP 地址有多个版本,其中最著名的就是第 4 版和第 6 版,分别称为 IPv4 版本和 IPv6 版本。IPv4 版本由 32 位二进制数组成,为了方便识别和记忆,一般采用"点分十进制"的方式来表示,即将 32 位二进制数分为 4 个部分,每部分由 8 位组成,表示时将其转换为十进制数,由于 $2^8 = 256$,因此每个部分能表示的范围从 0(二进制的 00000000)到 255(二进制的 11111111),每个部分间使用"."分隔,如 210.82.53.1。

IPv6 地址为 128 位长二进制数组成,但通常写作 8 组,每组为 4 个十六进制数的形式,如 FE80:0000:0000:0000:AAAA:0000:00C2:0002 是一个合法的 IPv6 地址。IPv6 网络地址和 IPv4 网络地址的转化有非常复杂的关系,一般采用缩减其长度的方法,叫作零压缩法。当几个连续段位的值都是 0,那么这些 0 就可以简单地以"::"来表示,上述地址就可以写成 FE80::AAAA:0000:00C2:0002。

这里要注意的是只能简化连续的段位的 0,其前后的 0 都要保留,如 FE80 的最后的这个 0 不能被简化。还有这个只能用一次,在上例中的 AAAA 后面的 0000 就不能再次简化。当然也可以在 AAAA 后面使用::,这样前面的 12 个 0 就不能压缩了。这个限制的目的是为了能准确还原被压缩的0,不然就无法确定每个::代表了多少个0。

一个IPv6地址可以将一个IPv4地址内嵌进去,并且写成IPv6形式和平常习惯的IPv4形式的混合体。IPv6有两种内嵌IPv4的方式,即IPv4映像地址和IPv4兼容地址。

IPv4映像地址有以下格式:::ffff:192.168.89.9。

这个地址仍然是一个IPv6地址,只是0000:0000:0000:0000:0000:ffff:c0a8:5909的另一种写法罢了。

像Windows 7系统已经完全支持IPv6地址,在"命令提示行"中输入ipconfig命令,可以看到本设备的网络信息,其中就包括IPv4和IPv6两种地址形式,如图4-6所示。

图 4-6　查看 Windows 7 系统中设备的 IP 地址

由于IPv4在设计时存在了缺陷,导致其地址的分配极不公平,互联网地址分配机构(IANA)在2011年2月份已将其IPv4地址空间段的最后2个"/8"地址组分配出去,这也基本表示新用户将不能再获取IPv4地址,今后的新地址只能使用IPv6地址。但是由于IPv4地址在之前大量地使用,因此现在很多的实际环境中,IPv4地址还可以使用,只不过变成IPv4与IPv6混合存在。

💡**小贴士**　由于IPv4地址只有32位,在使用时非常简单,同时在很多地方还有大量的应用,因此本章后面的内容都是以IPv4为标准介绍的。后面所有标"IP地址"的地方都表示为IPv4地址形式。

4.2.3　IP地址使用

IP地址使用4B(32b)来表示,为了记忆方便,通常使用"点分十进制"的形式来表示,在这种表示形式中IP地址共分为4个部分,每个部分之间使用"."分隔,如10.22.1.100。在每一个部分中,其最大值是255,因此IP地址的范围为0.0.0.0~255.255.255.255。

由于历史原因，IP 地址被分为了 5 种类型，分别是 A 类、B 类、C 类、D 类和 E 类。其中只有 A 类、B 类和 C 类最为常用。不管是哪个类型的 IP 地址，都是由两个部分组成：一个是用于标识该地址所从属的网络号；另一个用于指明该网络上某个特定主机的主机号。比如：IP 地址 10.22.1.100 的网络号是 10.22.1，主机号是 100。一般情况下，网络号的长度也是 4B，不足的补"0"，因此这个网络号可以写为 10.22.1.0。

表 4-1 列出了 A、B、C 这 3 类 IP 地址的范围和网络号长度及主机号长度。

表 4-1　IP 地址范围及网络号和主机号长度

IP 地址类型	地 址 范 围	网络号长度/b	主机号长度/b
A 类	0.0.0.0～127.255.255.255	8	24
B 类	128.0.0.0～191.255.255.255	16	16
C 类	192.0.0.0～223.255.255.255	24	8

在这 3 类 IP 地址中，有些 IP 地址用于特殊用途，它们一般分为两种类型。一种是不能被用户分配使用的 IP 地址，分别是 0.0.0.0～0.255.255.255 地址段和 127.0.0.0～127.255.255.255 地址段，其中一般使用 127.0.0.1 代表本地机，它有一个专用名称叫"环回地址"。

另一种称为私有地址，分别是 10.0.0.0～10.255.255.255 地址段、172.16.0.0～172.31.255.255 地址段和 192.168.0.0～192.168.255.255 地址段。这 3 个段的 IP 地址可以被用户分配使用，但是分配了这种 IP 地址的计算机不能直接与 Internet 网络连接，需要通过一些技术(如 NAT)转换后才可与 Internet 中的其他计算机通信。

4.2.4　IP 地址子网划分

由于有些 IP 地址段浪费较多，为了提高 IP 地址的使用效率，一个网络(地址段)可以划分为多个子网。这使得 IP 地址的结构分为 3 个部分，即网络号、子网号和主机号，如图 4-7 所示。

网络号	子网号	主机号

图 4-7　IP 地址的子网划分形式

为了能够在原有的 IP 地址结构中划分子网，因此引入了子网掩码的概念。子网掩码同 IP 地址一样，长度是 32b(即 4B)，它用于屏蔽 IP 地址的一部分以区别网络标识(包括子网)和主机标识。子网掩码中用二进制的"1"表示网络标识，用二进制的"0"表示主机标识，但显示时一般也用"点分十进制"表示。

每一类的 IP 地址都有一个标准的子网掩码。A 类是 255.0.0.0，B 类是 255.255.0.0，C 类是 255.255.255.0。如果用户划分了子网，那么新的子网掩码就从这几个标准子网掩码中演算而来。

知道一台计算机的 IP 地址和子网掩码，就可以得到这台计算机所在的网络号，只需要通过"位与"操作即可。

比如 IP 地址为 10.22.1.180，子网掩码为 255.255.255.0，把这两个值首先转换成二进制形式，然后进行"位与"操作，就可以得到网络号了，运算后的网络号是 10.22.1.0，运算如图 4-8 所示。

```
10.22.1.180     =>    00001010.00010110.00000001.10110100
255.255.255.0   =>    111111111.11111111.111111111.00000000
位与---------------------------------------------------------------
10.22.1.0       <=    00001010.00010110.00000001.00000000
```

图 4-8　IP 地址与子网掩码进行"位与"操作

如果希望在一个网络中建立子网,就要对子网掩码中进行一些操作,下面举个例子来说明,比如,想把 123.0.0.0 这个 IP 地址段划分为 7 个子网。

(1) 找出被划分的 IP 地址的标准子网掩码。本例中,由于 123.0.0.0 是 A 类 IP 地址,因此它的标准子网掩码是 255.0.0.0。

(2) 算出要划分的子网个数所需要的最小二进制位数,如果要遵守 RFC 950 协议,则位数公式为 $2^{b-1}<(N+2)\leqslant 2^b$(其中 N 为子网个数,b 为所需要的二进制位数);如果不需要遵守 RFC 950 协议,则位数公式为 $2^{b-1}<N\leqslant 2^b$(其中 N 为子网个数,b 为所需要的二进制位数)。本例中,如果遵守 RFC 950 协议,则 b(二进制位数)为 4,如果不遵守 RFC 950 协议,则 b 为 3。

(3) 把标准子网掩码转换为二进制形式,然后从左边起找到第一个 0 的位置,并记录下来(这里记为 M)。转换后的形式如图 4-9 所示,本例中为 9。

```
1 2 3 4 5 6 7 8 9 10 11 12 13 14 15 16 17 18 19 20 21 22 23 24 25 26 27 28 29 30 31 32
1 1 1 1 1 1 1 1 0 0  0  0  0  0  0  0  0  0  0  0  0  0  0  0  0  0  0  0  0  0  0  0
```

图 4-9　IP 地址子网掩码转换成二进制的形式

(4) 从子网掩码二进制形式最左边的"0"开始数 b 位,并将其改为"1",然后再转换为"点分十进制"的形式,则这个值就是新的划分了子网后的子网掩码了。本例中的新子网掩码为 255.224.0.0(不遵守 RFC 950 协议)或 255.240.0.0(遵守 RFC 950 协议)。

(5) 把 IP 地址转换为二进制形式,并从左边起数 M 位(实际这些值是网络位),然后再数 b 位,这些 b 位就是子网位了,其余的是主机位,主机位的范围是从二进制的全 0 到二进制的全 1。而子网位如果是不遵守 RFC 950 协议,则范围也是从二进制的全 0 到二进制的全 1;但是如果遵守 RFC 950 协议,则范围是从二进制全 0 的后 1 位到二进制的全 1 的前 1 位,比如,如果 $b=3$,则其范围是 001~110。子网的计算过程可以参看图 4-10。

如果 IP 地址的子网位还有富余,则舍弃不用。

(6) 根据规定,当主机位全都是二进制的 0 时,则这个表示子网地址;当主机位全都是二进制的 1 时,则这个表示子网的广播地址。因此,有效地址是去除了两种地址的范围,如第一个子网的有效范围就是从 123.0.0.1 到 123.31.255.254。

4.2.5　TCP 与 UDP

IP 地址只是 OSI/RM 中网络层(TCP/IP 中的网际层)对应的地址,即有时说的第三层网络数据,在网络互联时,还可能需要更高层(如第四层传输层)的通信,这就需要使用其他的协议。

在 TCP/IP 协议集的传输层中有两种传输方式,分别对应两个协议,即 TCP

	网络位	子网位	主　　机　　位	十进制
第一个子网开始	01111011	000	00000 00000000 00000000	=> 123.0.0.0
第一个子网结束	01111011	000	11111 11111111 11111111	=> 123.31.255.255
第二个子网开始	01111011	001	00000 00000000 00000000	=> 123.32.0.0
第二个子网结束	01111011	001	11111 11111111 11111111	=> 123.63.255.255
第三个子网开始	01111011	010	00000 00000000 00000000	=> 123.64.0.0
第三个子网结束	01111011	010	11111 11111111 11111111	=> 123.95.255.255
第四个子网开始	01111011	011	00000 00000000 00000000	=> 123.96.0.0
第四个子网结束	01111011	011	11111 11111111 11111111	=> 123.127.255.255
第五个子网开始	01111011	100	00000 00000000 00000000	=> 123.128.0.0
第五个子网结束	01111011	100	11111 11111111 11111111	=> 123.159.255.255
第六个子网开始	01111011	101	00000 00000000 00000000	=> 123.160.0.0
第六个子网结束	01111011	101	11111 11111111 11111111	=> 123.191.255.255
第七个子网开始	01111011	110	00000 00000000 00000000	=> 123.192.0.0
第七个子网结束	01111011	110	11111 11111111 11111111	=> 123.223.255.255

图 4-10　IP 地址子网的计算

和 UDP。

TCP(Transmission Control Protocol,传输控制协议)是一种面向连接的协议,可以提供可靠的、基于字节流的传输服务。

面向连接意味着两个使用 TCP 的网络设备在彼此交换数据之前必须先建立一个 TCP 连接,这一过程与打电话很相似,先要拨号振铃,等待对方摘机准备好通话后,两端才可以正式通信。

由于 TCP 在通信之前需要建立连接,通信结束后需要撤销连接,因此在通信速度上比较慢,而且会占用网络设备的大量资源。另外,在一个 TCP 连接中,仅有建立连接的两方能够进行通信。但是由于其先建立连接再传输数据,因此数据传输是可靠、有序的。

UDP(User Datagram Protocol,用户数据报协议)是一种面向非连接的协议,传输数据之前发送端和接收端不需要建立连接,当想要传送时就简单地将数据发送到网络上。

由于使用 UDP 传输数据时不需要建立连接,因此也就不需要维护连接状态,包括收发状态等,这样可以节省设备资源。UDP 传送数据的速度仅仅是受应用程序生成数据或接收数据的速度、设备的运算能力和传输带宽的限制。另外,UDP 可以使一台源设备同时向多个接收设备传输相同的数据。

UDP 比 TCP 传输的速度快,也比较节省资源,但是由于其不建立连接就传输数据,因此其不能保证可靠、有序地将数据传送给接收端。

需要注意,TCP 和 UDP 只负责将数据发送给对方,对于数据的内容或格式,需要由用户自行定义。

一台计算机在同一时刻可能需要连接多台其他的网络设备,如果只使用 IP 地址则无法区分每个连接,这就引入了一个新的概念,即端口号(Port)。端口号的使用在 TCP/IP 协议集的传输层中,由于传输层中有两个协议,即 TCP 和 UDP 协议,因此端口号也会被分为 TCP 端口和 UDP 端口。

端口也可以看成是一种地址,它主要应用在传输层,其与 IP 地址联合使用,可以区分出不同的服务应用。

　　端口根据传输层协议的不同,分为 TCP 端口和 UDP 端口两种,每一种端口的取值范围可以从 1 到 65535。根据国际网络组织的规定,这 6 万多个端口中,前 1024 个为固定端口,它们大多数都对应于常用服务,因此这些端口也称为“知名端口”(Well-Known Ports),如 HTTP 服务对应于 TCP 的 80 号端口、FTP 服务对应于 TCP 的 21 号端口、DNS 服务对应于 UDP 的 53 号端口,如果读者想了解更多的“知名端口”,可以在自己计算机的 Windows 安装目录中(如 C:\windows)找到相关的文件,文件的具体绝对路径为%SystemRoot%\system32\drivers\etc\services。除了“知名端口”外,其他的端口都是可以被用户自定义使用的。

　　表 4-2 列举了一些比较常用的服务协议和其端口号的对应关系。

表 4-2　常用的服务协议与端口号的对应关系表

服务(协议)名称	传输层协议	端口号
Telnet(远程终端服务)	TCP	23
SMTP(简单邮件传输协议)	TCP	25
HTTP(超文本传输协议)	TCP	80
POP3(邮局协议第三版)	TCP	110
NTP(网络时间协议)	UDP	123
SNMP(简单网络管理协议)	UDP	161

　　在网络通信过程中,为了能够使两台网络设备之间能够正确连接和传输数据,每个网络设备上都需要使用一个称为套接字(Socket)的接口,它一般是由设备的 IP 地址和一个端口号组成。在使用时一般服务器端套接字中的端口号是固定不变的,而客户机套接字中的端口号则是随机生成的。

4.3　路由器原理

　　路由器的主要工作就是使用路由算法,为经过路由器的每个数据包寻找一条最佳传输路径,将该数据包有效地传送到目的站点或可以到达目的站点的下一个路由器上。

4.3.1　路由器基本原理

　　路由器是广域网(尤其是 Internet)的核心通信设备,广域网一般是由许多路由器组成的网状拓扑结构的网络,在其上传输的数据不是从“出发点”直接就被传送到“目的地”的,而是在每个数据包上封装进目的地址和发送地址(就如同人们写信一样,要写上收信的地址和发信的地址),然后从最近的路由器开始,在路由器之间进行传递,最后发送到离目的地址最近的路由器上,并由路由器传输到相应的网段上。

　　路由器工作在 ISO/OSI 参考模式的第三层(网络层),一般至少和两个不同网段的网络相联,它生成并维护一张称为“路由信息表”的表格,也称为“路由表”,其主要记录了以下内容。

（1）目的网络的地址。数据包最终被送达的地址，这是一个网络地址，不是某一台主机的地址。

（2）端口。为了到达目的网络需要从路由器的哪个端口转发出数据包。

（3）下一跳。如果路由器直接连接在目的网络上，下一跳就没有意义，但是如果路由器不是直接连接在目的网络上，还需要将数据包发送给下一个路由器，由下一个路由器再判断并选择路径，则下一个被发送到的路由器称为下一跳。

小贴士 数据包每经过一个路由器，其包头中 TTL 域中的值就会被减 1，如果 TTL 的值为 0，则此数据包被丢弃，因此在路由器组成的广域网中不会出现广播风暴。

此外，还可能包括路由记录类型（动态或静态）、路径花费、路由记录保存时间等信息。

当数据包经过路由器时，通过分析数据包中目的 IP 地址和源 IP 地址，并查找"路由表"，根据记录信息找到一条传输路径，将数据包进行传递。因此路由器能否安全稳定地运行，直接影响着网络中数据包的传输。不管因为什么原因出现路由器死机、拒绝服务、路由表错误或是运行效率急剧下降，其结果都将是灾难性的。

由于路由器一般充当了从局域网连接到广域网的"桥梁"，就如同是局域网的出口，因此有时也称路由器为网关。但从严格意义上来说，网关可以在不同的协议集之间进行数据包的转发，而路由器只能在单一的协议集里（如 TCP/IP 协议集）传输数据。

小贴士 为了适应缺少实际网络设备的教学环境，本章中所有的实例均基于 Cisco 公司开发的 Packet Tracer 软件，因此所有操作命令也将基于 Cisco 系列路由器。

图 4-11 中显示了一个使用 3 台路由器连接成的一个广域网的拓扑结构图，其中在路由器 Router0 和 Router2 上分别连接了两个属于不同网段的 PC 机。表 4-3 至表 4-5 分别显示了 3 个路由器中"路由表"的主要记录内容。

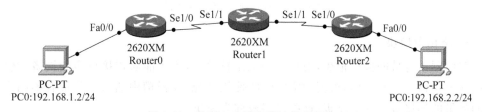

图 4-11 使用 3 台路由器连接的网络

表 4-3　Router0 的路由表

目的网络	端　口	下一跳
192.168.1.0/24	Fa0/0	直连
192.168.2.0/24	Se1/0	Router1

表 4-4　Router1 的路由表

目的网络	端　口	下一跳
192.168.1.0/24	Se1/0	Router1
192.168.2.0/24	Se1/1	Router2

表 4-5　Router2 的路由表

目的网络	端　口	下一跳	目的网络	端　口	下一跳
192.168.1.0/24	Se1/0	Router1	192.168.2.0/24	Fa0/0	直连

假如现在 PC0 需要访问 PC1,在 PC0 上将产生一个数据包,其源 IP 地址是 192.168.1.2/24,目的 IP 地址是 192.168.2.2/24。这个数据包将首先通过 PC0 所在的局域网发送到 PC0 的网关设备,即路由器 Router0 上。

小贴士 PC 机除了要配置基本的 IP 地址和子网掩码信息,还要配置网关地址;否则将不能把数据包发送到路由器上。

Router0 通过查找路由表中的记录,了解到如果数据包的目的地址是 192.168.2.0/24 这个网段,就必须将数据包转发给与 Se1/0 端口连接的路由器 Router1。Router1 也通过查找路由表记录,将数据包发送给 Router2。Router2 查找路由表记录,发现自己就是目的地址 192.168.2.0/24 的网关,因此可以将这个数据包发送到端口 Fa0/0 连接的局域网上,最终 PC1 将获得这个数据包。

4.3.2 路由器的外观与连接

路由器没有如交换机一样众多的物理接口,其接口主要分为三大类:广域网连接接口(如各种串口)、局域网连接接口(如以太网接口)和配置接口。图 4-12 显示了 Cisco 2600 路由器的后面板和在其上面的各种接口。

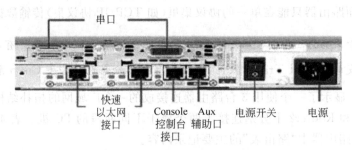

图 4-12 Cisco 2600 路由器后面板

1. 路由器模块

路由器本身带的接口很少,而且类型也比较单一,为了能够连接更多的设备,路由器在面板上预留了一些插槽,根据网络实际的使用情况,在插槽中插入一些带有不同类型、不同数量的连接接口的电路板,这些电路板称为模块。

图 4-13 所示为 WIC-1T 串口模块,此模块在图 4-12 中已经插入到交换机中(串口右边的就是 WIC-1T 模块,左边的是 WIC-2T 模块)。

图 4-13 Cisco WIC-1T 模块

路由器模块的类型非常多,可以为网络提供非常灵活的选择,具体的模块型号和使用可以参见相应路由器的说明书。

2. 局域网接口

路由器作为局域网的网关设备,使用以太网接口与局域网相连接,可以连接到交换设备上(如交换机、集线器等),也可以直接连接到 PC 机上。

路由器上的局域网接口比较常用的有以太网接口、快速以太网接口(图 4-14)、千兆位以太网接口(图 4-15)。

图 4-14 以太网或快速以太网 RJ-45 接口　　　图 4-15 千兆位以太网光纤接口

3. 广域网接口

由于广域网技术有多种类型,路由器也配备了与之对应的连接接口,其中使用最广泛的就是串口(Serial),如图 4-16 所示。这种接口可以连接 DDN、帧中继、X.25、PSTN 等各种广域网。

此外,还有图 4-17 所示的直接连接电话线的 RJ-11 接口和其他多种接口。

大多数路由器都与广域网连接,但是在实验室环境中,在没有广域网,又必须让两台路由器使用串口连接在一起时,可以使用路由器厂商提供的专用连接线,如 Cisco 公司提供的串口连接线,也称为背靠背线,如图 4-18 所示。

图 4-16 串口(Serial 接口)

图 4-17 RJ-11(电话线)接口　　　图 4-18 Cisco 串口连接线(背靠背线)

在串口接口的配置中,除了要设置 IP 地址和子网掩码等内容外,还要使用 clock rate 命令设置时钟速率,使相邻路由器之间可以同步传输。

两个使用串口连接在一起的路由器,其中一个作为 DCE(数字通信设备),在其上必须设置时钟速率;另一个作为 DTE(数字终端设备),它可以不设置时钟速率,而是从 DCE 中获取。

4. 配置接口

路由器的配置接口有两个：一个是控制台接口(Console)；另一个是辅助接口(Aux)。Console 接口一般用于本地配置，与交换机的 Console 接口使用相似，而 Aux 接口是异步端口，主要用于远程配置连接。

访问并配置路由器的方法与交换机相似，常用的方式一般有两种。

1) 使用 Console 口访问路由器

使用专用的控制台连接线，可以将 PC 机的串口(一般是 COM1)与路由器的控制台接口(Console)相连接，并在 PC 机中运行"超级终端"程序访问路由器。

当新购买的路由器在第一次使用的时候必须使用这种方法访问并配置，并且这种方法也是管理员本地配置路由器的最常用方法。Aux 口的访问方式与 Console 相似，只不过需要通过远程网络(PSTN)连接访问。

2) 使用远程登录(Telnet)访问路由器

当网络管理员需要访问并配置异地(即远程)的设备时，可以使用 PC 机上自带的 Telnet 程序访问并配置路由器。在使用远程登录之前，需要在路由器上进行相应的配置(如 IP 地址等内容)，以便 PC 机可以访问。

4.4　配置路由器

路由器在使用之前需要进行手工配置，使其可以正确、高效地运行。

4.4.1　路由器的初始化配置

路由器加电运行后，会显示出 IOS 系统的版本等信息，并读入内核文件并解压。

```
System Bootstrap, Version 12.1(3r)T2, RELEASE SOFTWARE (fc1)
Copyright (c) 2000 by cisco Systems, Inc.
cisco 2620 (MPC860) processor (revision 0x200) with 60416K/5120K bytes
of memory
Self decompressing the image:
##################################################################[OK]
```

然后检查软件和各种接口信息。

```
Restricted Rights Legend
  ⋮
Cisco Internetwork Operating System Software
IOS (tm) C2600 Software (C2600-I-M), Version 12.2(28), RELEASE SOFTWARE (fc5)
Technical Support: http://www.cisco.com/techsupport
Copyright (c) 1986-2005 by cisco Systems, Inc.
Compiled Wed 27-Apr-04 19:01 by miwang

cisco 2620 (MPC860) processor (revision 0x200) with 60416K/5120K bytes of memory
```

```
Processor board ID JAD05190MTZ (4292891495)
M860 processor: part number 0, mask 49
Bridging software.
X.25 software, Version 3.0.0.
1 FastEthernet/IEEE 802.3 interface(s)
4 Low-speed serial(sync/async) network interface(s)
32K bytes of non-volatile configuration memory.
63488K bytes of ATA CompactFlash (Read/Write)
```

如果之前没有配置过路由器，或是没有保存配置文件，则会提示是否运行配置向导。如果选择不运行配置向导，则会直接转到命令提示符下。

```
        ---System Configuration Dialog ---
Continue with configuration dialog? [yes/no]: yes
   ⋮
```

如果选择运行配置向导就会询问是否进入基本配置。

```
Would you like to enter basic management setup? [yes/no]: yes
```

选择进入基本配置后，输入路由器名称。

```
Configuring global parameters:
  Enter host name [Router]: R1
```

输入路由器的加密密码。

```
Enter enable secret: 123456
```

输入路由器的不加密密码。如果有加密密码则在进入特权模式视图时，会询问加密密码，如果没有则询问不加密密码。IOS 规定不加密密码不能与加密密码相同。

```
  Enter enable password: 123456
%Please choose a password that is different from the enable secret
  Enter enable password: 123
```

输入虚拟终端的访问密码（明文保存）。

```
Enter virtual terminal password: 123
```

选择是否配置 SNMP（简单网络管理协议），默认是不配置。

```
Configure SNMP Network Management? [no]:
```

给出接口列表，并要求选择使用哪个接口作为管理接口。

```
Current interface summary
Interface        IP-Address       OK?Method Status             Protocol
FastEthernet0/0  unassigned       YES manual administratively down down
Serial1/0        unassigned       YES manual administratively down down
Serial1/1        unassigned       YES manual administratively down down
```

```
Serial1/2          unassigned          YES manual administratively down down
Serial1/3          unassigned          YES manual administratively down down
Enter interface name used to connect to the mnagement network from the
above interface
summary: FastEthernet0/0
```

配置管理接口的 IP 地址信息。

```
Configuring interface FastEthernet0/0:
  Configure IP on this interface? [yes]: yes
    IP address for this interface: 192.168.1.1
    Subnet mask for this interface [255.255.255.0] :
```

配置完成后给出配置文件清单。

```
The following configuration command script was created:
!
hostname R1
enable secret 5 $1$mERr$H7PDx17VYMqaD3id4jJVK/
enable password 123
line vty 0 4
password 123
!
interface FastEthernet0/0
  no shutdown
  ip address 192.168.1.1 255.255.255.0
!
interface Serial1/0
  shutdown
  no ip address
!
interface Serial1/1
  shutdown
  no ip address
!
interface Serial1/2
  shutdown
  no ip address
!
interface Serial1/3
  shutdown
  no ip address
!
end
```

最后给出配置结束操作,默认是保存到 NVRAM 中,生成启动时配置文件(startup-config)。

```
[0] Go to the IOS command prompt without saving this config.
[1] Return back to the setup without saving this config.
[2] Save this configuration to nvram and exit.
Enter your selection [2]:
Building configuration...
[OK]
Use the enabled mode 'configure' command to modify this configuration.
```

4.4.2 路由器的基本操作与命令模式

路由器与交换机在操作上基本相似,如 Cisco 路由器,由于与 Cisco 交换机都使用 IOS 系统,因此其基本操作(如命令帮助、命令缩写、命令补全等)都是相同的,而且模式视图也基本相似。

1. 用户模式视图

访问路由器最先进入的模式视图,主要包括一些基本的信息测试与查看命令。其命令提示符是 Router>。

2. 特权模式视图

在用户模式视图中输入 enable 命令可进入本模式视图,其主要包括验证配置等命令。

```
Router>enable
Router#
```

3. 全局配置模式视图

在特权模式视图中输入 configure terminal 命令可以进入本模式视图,其主要包括各种全局性的配置命令。

```
Router#configure terminal
Enter configuration commands, one per line. End with CNTL/Z.
Router(config)#
```

4. 接口配置模式视图

在全局配置模式视图中输入"interface 接口名"命令可以进入本模式视图,其主要包括对指定接口的配置命令。

```
Router(config)#interface fastEthernet 0/0
Router(config-if)#
```

5. 路由器配置模式

在全局配置模式视图中输入 rip 或 ospf 等命令可以进入本模式视图,其主要包括对路由协议的配置命令。

```
Router(config)#router rip
Router(config-router)#
```

6. 线路配置模式

在全局配置模式视图中输入"line 线路接口名"等命令可以进入本模式视图,其主要包括对线路接口的配置命令。

```
Router(config)#line console 0
Router(config-line)#
```

4.4.3 路由器的基本配置

路由器的基本配置包括状态信息查看、路由器端口配置等内容。有些命令与交换机的命令非常相似,甚至相同。

1. 路由器的常用命令

1) show cdp... 命令

此命令用于显示路由器邻居设备的信息。

```
Router#show cdp neighbors
Capability Codes: R-Router, T-Trans Bridge, B-Source Route Bridge
                  S-Switch, H-Host, I-IGMP, r-Repeater, P-Phone
Device ID      Local Intrfce    Holdtme    Capability    Platform    Port ID
Switch         Fas 0/0          128        S             2950        Fas 0/1
Router         Ser 0/0          175        R             C2600       Ser 0/0
```

2) show interface 命令

此命令用于查看路由器的接口信息。

```
Router#show interface
FastEthernet0/0 is up, line protocol is up (connected)
  Hardware is Lance, address is 00e0.f91d.6201 (bia 00e0.f91d.6201)
⋮
FastEthernet0/1 is up, line protocol is up (connected)
  Hardware is Lance, address is 00e0.f91d.6202 (bia 00e0.f91d.6202)
⋮
Serial0/0 is up, line protocol is up (connected)
⋮
```

3) show history 命令

此命令用于显示包括本命令在内的前 10 条历史命令。

```
Router#show history
  configure terminal
⋮
  show history
```

在 CLI 下用户可以使用上、下方向键选择历史命令。

4) dir 命令

此命令用于以列表方式显示指定文件或存储器(主要是 Flash 和 NVRAM)中的文件信息。

```
Router#dir
Directory of flash:/
   3  -rw-  5571584        <no date>  c2600-i-mz.122-28.bin
   2  -rw-    28282        <no date>  sigdef-category.xml
   1  -rw-   227537        <no date>  sigdef-default.xml
64016384 bytes total (58188981 bytes free)
```

5) reload 命令

此命令用于重启路由器,在提示语句后按 Enter 键或输入 confirm 命令即可重启,否则将不重启。

```
Router#reload
Proceed with reload? [confirm]
```

6) setup 命令

本命令用于调用配置向导重新配置路由器。如果输入 yes 就会调用配置向导,如果输入 no 则中止执行,输入其他内容会提示错误信息。

```
Router#setup
        ---System Configuration Dialog---
Continue with configuration dialog? [yes/no]:
```

7) write 命令

此命令用于将配置信息写入启动时配置文件(startup-config)。

```
Router#write
Building configuration...
[OK]
```

8) copy 命令

此命令用于复制文件,最主要的功能是与 TFTP 服务器通信,上传或下载文件(内核文件升级、配置文件备份等),或是在运行时配置文件(running-config)与启动时配置文件(startup-config)之间进行文件复制。

```
Router#copy running-config startup-config
Destination filename [startup-config]?
Building configuration...
[OK]
```

上面执行的效果与使用 write 命令相似。

9）hostname 命令

此命令用于修改路由器的名称。

```
Router(config)#hostname R1
R1(config)#
```

10）enable 命令

此命令用于设置进入特权模式的密码，主要有两个命令，一个是密码以明文方式保存的命令。

```
R1(config)#enable password 123456
R1#show running-config
 ⋮
enable password 123456
 ⋮
```

另一个是以密文方式保存的命令。

```
R1(config)#enable secret 123456
R1#show running-config
 ⋮
enable secret 5 $1$mERr$H7PDxl7VYMqaD3id4jJVK/
enable password 123456
 ⋮
```

11）no 命令

此命令要和其他命令结合使用，一般用在其他命令的前面，用于清除其他命令的配置。

```
R1>enable
Password:
R1#conf t
Enter configuration commands, one per line.  End with CNTL/Z.
R1(config)#no enable password
R1(config)#exit
%SYS-5-CONFIG_I: Configured from console by console
R1#exit
R1>enable
R1#
```

2. 路由器的接口配置

路由器面板上的以太网接口比较少，如 Cisco 2620 路由器，面板上只有一个以太网端口，即只能连接一台 PC 机或是连接一台交换机。如果需要增加以太网的连接数量，则必须增加模块（如 NM-4E 模块）。

由于路由器是工作在 3 层的设备，因此可以为以太网端口和广域网端口配置 IP 地址，用于和其他路由器或 PC 机相连接。

1) 以太网接口配置

路由器中以太网接口的命名及使用与交换机相似,普通以太网为 Ethernet(可缩写为 E),快速以太网为 FastEthernet(可缩写为 F 或 Fa 等),后面是模块号(从 0 开始)和模块上端口编号(从 0 开始),如 FastEthernet 0/0 即为第一个模块中的第一个快速以太网接口。

以太网接口的配置主要是配置 IP 地址与子网掩码,首先进入相应的以太网接口配置模式视图中。

```
R1(config)#interface fastEthernet 0/0
R1(config-if)#
```

然后使用 ip address 命令配置其 IP 地址与子网掩码。

```
R1(config-if)#ip address 192.168.1.1 255.255.255.0
```

为以太网接口配置的 IP 地址,一般就是与其连接的 PC 机或局域网的网关地址,即为了能够让连接在此接口的设备通过路由器访问其他网段,则必须在 PC 机网络配置中的网关项目中输入相同的 IP 地址(即 192.168.1.1)。

默认情况下路由器的端口都是关闭的,因此在配置完 IP 地址后,还需要手工打开端口。

```
R1(config-if)#no shutdown
```

shutdown 命令为关闭,no shutdown 命令则为打开端口。

小贴士 网关地址可以任意选取使用,但建议使用网段的第一个 IP 或最后一个 IP。另外,如果某台 PC 机与路由器的以太网接口配置了相同的 IP 地址,由于路由器的机制,不会发送 IP 地址冲突信息,这就会造成网络不可使用。

2) 路由器串口配置

路由器广域网接口的类型有多种,其中串口命名为 serial(或缩写为 s),后面跟着模块号和模块上端口编号。串口的配置与以太网接口基本相似,都是进入端口后设置 IP 地址。

```
R1(config)#interface serial 0/0
R1(config-if)#ip address 10.0.0.1 255.0.0.0
```

由于串口之间的通信是同步操作,因此必须统一相邻两个路由器的串口时钟速率,其值有多个,要根据实际情况进行选择。

```
R1(config-if)#clock rate 9600
```

最后再打开该端口。

```
R1(config-if)#no shutdown
```

如果与此端口连接的路由器的对应端口处于关闭状态,则在打开本地路由器端口命令执行完成后,端口会自动变为"假关闭"状态,并显示相应的提示信息。

```
%LINK-5-CHANGED: Interface Serial0/0, changed state to down
```

只有当另一个端口被手工打开以后,这个端口的状态才会变为打开,并显示相应的提示信息。

```
%LINK-5-CHANGED: Interface Serial0/0, changed state to up
```

3) Console 口和虚拟终端配置

路由器的 Console 端口和虚拟终端的配置与交换机基本相似,如果需要远程登录访问路由器,需要为虚拟终端接口配置密码。

```
R1(config)#line console 0
R1(config-line)#password 123456
R1(config-line)#end
```

小贴士　与交换机一样,使用远程登录访问路由器,除了要设置虚拟终端的密码外,还要设置进入特权模式的密码。

4.5　静态路由的配置

静态路由是管理员根据网络的实际情况,手工设置的连接路径,其不会随着网络结构的变化而自动改变。由于是管理员手工设置,静态路由的可靠性比动态路由高,当有多条路径可以选择时,静态路由的优先级要高于动态路由。但是当网络拓扑环境比较复杂时(路由器比较多),静态路由在配置和管理上将会比较麻烦,出错率也较高,因此其一般只适用于拓扑结构比较简单的网络环境中。

4.5.1　直接连接目的网络

如果目的网络直接与路由器的接口相连接,路由器可以自动识别并建立路由表。图 4-19 所示的拓扑结构图中,路由器的两个以太网接口分别连接两个网络,路由器在启动后会自动检测到目的网络与路由器以太网接口之间的对应关系,并建立路由表。

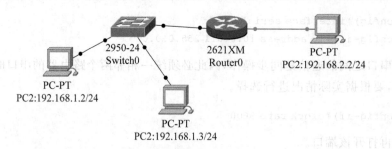

2950-24
Switch0

2621XM
Router0

PC-PT
PC2:192.168.2.2/24

PC-PT
PC2:192.168.1.2/24

PC-PT
PC2:192.168.1.3/24

图 4-19　直接连接目的网络的拓扑结构图

这些路由表项是路由器自动检测的,会随着网络拓扑结构的变化而改变,因此从严格意义上说,这种路由不是静态路由,更像是动态路由。

在特权模式视图中执行 show ip route 命令,可以查看路由器的路由表。

```
Router0#show ip route
Codes: C-connected, S-static, I-IGRP, R-RIP, M-mobile, B-BGP
       D-EIGRP, EX-EIGRP external, O-OSPF, IA-OSPF inter area
       N1-OSPF NSSA external type 1, N2-OSPF NSSA external type 2
       E1-OSPF external type 1, E2-OSPF external type 2, E-EGP
       i-IS-IS, L1-IS-IS level-1, L2-IS-IS level-2, ia-IS-IS inter area
       *-candidate default, U-per-user static route, o-ODR
       P-periodic downloaded static route

Gateway of last resort is not set
C    192.168.1.0/24 is directly connected, FastEthernet0/0
C    192.168.2.0/24 is directly connected, FastEthernet0/1
```

Codes 及其后面的内容是路由代码说明,比较常见的代码说明如表 4-6 所示。

表 4-6 常见路由表路由代码说明

代码	说　　明
C	直连,即路由器与目的网络直接连接
S	静态路由,由管理员手工配置
R	RIP 动态路由
O	OSPF 动态路由
*	此项一般与静态路由代码同时出现,表示默认路由

Gateway of last resort is not set 一行表示没有设置默认路由。其下面的几行即为路由表的记录项,第一列为路由代码,后面是目的网络的网络地址,再后段是连接方式,最后是与目的网络相连接的端口。

4.5.2　静态路由的配置

如果目的网络不是直接连接在路由器上的,就需要启动动态路由进程进行检测,或是由管理员手工增加路由表项。图 4-20 所示的 3 个网络,其中两个连接在一台路由器两端,相互之间的通信可以由直连路由解决,而另一个网络连接在了另一个路由器上,因此这时需要在路由器中配置静态路由。

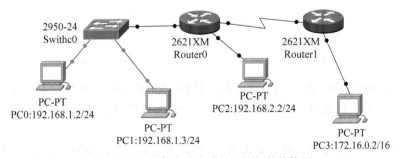

图 4-20　配置静态路由表的网络拓扑结构图

首先,为全部设备配置接口信息,如表 4-7 所示。

表 4-7　全部设备的接口配置信息表

设备名称	接口名称	IP 地址及子网掩码	说　　明
PC0	以太网网卡	192.168.1.2/24	网关地址是:192.168.1.1
PC1	以太网网卡	192.168.1.3/24	网关地址是:192.168.1.1
PC2	以太网网卡	192.168.2.2/24	网关地址是:192.168.2.1
PC3	以太网网卡	172.16.0.2/16	网关地址是:172.16.0.1
Router0	Fa0/0	192.168.1.1/24	与 PC0、PC1 连接
	Fa0/1	192.168.2.1/24	与 PC2 连接
	Se0/0	10.0.0.1/8	与 Router1 连接
Router1	Fa0/0	172.16.0.1/8	与 PC3 连接
	Se0/0	10.0.0.2/8	与 Router0 连接

路由器与路由器之间的连接也需要使用独立的网段,但是在静态路由配置时,由于其不影响目的网络,因此可以不将其写入静态路由表项中。

而目的网络则必须要明确指出。在全局配置模式下,使用 ip route 命令可以设置静态路由表项,后面是必须要有的 3 个参数。第一个是目的网络的网络地址;第二个是目的网络的子网掩码;第三个是要到达目的网络必须先经过的路由器的入口地址(即与当前路由器相连接,可以找到目的网络的路由器的对应接口地址,也称为下一跳地址)。

从路由器 Router0 上不能直接访问的只有一个网络,即 172.16.0.0,因此只需要设置一条路由表项。

```
Router0(config)#ip route 172.16.0.0 255.255.0.0 10.0.0.2
```

10.0.0.2 是要访问 172.16.0.0 网络时必须要经过的下一个路由器的入口地址(与 Router0 相连的接口地址)。

设置完成后,查看路由器的路由表记录。

```
Router0#show ip route
⋮
C    10.0.0.0/8 is directly connected, Serial0/0
S    172.16.0.0/16 [1/0] via 10.0.0.2
C    192.168.1.0/24 is directly connected, FastEthernet0/0
C    192.168.2.0/24 is directly connected, FastEthernet0/1
```

其中,类型标记为 S 的路由表项,即为刚刚设置的静态路由表项。其中中括号中记录的是路径的花费和优先级(静态路由的花费最少,优先级最高),其后指明了下一跳的 IP 地址。

如果路由表项设置错误或是需要修改,则要先删除这个静态路由记录,然后再设置新的内容。删除的方法是在设置命令之前加上 no 命令。

```
Router0(config)#no ip route 172.16.0.0 255.255.0.0 10.0.0.2
```

仅仅配置了一个路由器中的路由表是不够的,还需要配置全部路由器的路由表项,才能使整个网络相互之间可以通信。

通过路由器 Router1 可以访问的网络有两个,因此需要配置两条静态路由记录。

```
Router1(config)#ip route 192.168.1.0 255.255.255.0 10.0.0.1
Router1(config)#ip route 192.168.2.0 255.255.255.0 10.0.0.1
```

配置完成后查看 Router1 中的路由表,可以看到包括了两条静态路由表项。

```
Router1#show ip route
  ⋮
C    10.0.0.0/8 is directly connected, Serial0/0
C    172.16.0.0/16 is directly connected, FastEthernet0/0
S    192.168.1.0/24 [1/0] via 10.0.0.1
S    192.168.2.0/24 [1/0] via 10.0.0.1
```

整个网络中的路由器都配置好以后,可以使用 ping 命令进行两台 PC 之间的测试,但是 ping 命令只能测试其是否连通,而经过了哪条路径是不能够显示出来的,因此可以使用另一个网络测试常用命令 tracert(在 Linux 中是 traceroute)。命令后面使用目的 IP 作为参数。从 IP 地址是 172.16.0.2 的 PC 机访问 IP 地址为 192.168.1.2 的 PC,显示结果如下。

```
D:\>tracert 192.168.1.2
Tracing route to 192.168.1.2 over a maximum of 30 hops:
  1   31 ms     16 ms     31 ms      172.16.0.1
  2   62 ms     62 ms     62 ms      10.0.0.1
  3   110 ms    110 ms    110 ms     192.168.1.2
Trace complete.
```

"…30 hops:"表示数据包最大只能经过 30 个路由器或相似设备,超过这个值,数据包将被丢弃,这个设置是为了防止数据包被无限制地转发,进而影响网络的速度。

再下面就是数据包经过路由器的列表,从中可以看出,从 IP 地址为 172.16.0.2 的 PC 机到 IP 地址是 192.168.1.2 的 PC,首先要经过接口 IP 地址为 172.16.0.1 的路由器(其是源主机的网关),再经过另一台路由器后,找到目标主机。

4.5.3 默认路由

当目的网络不在管理员管理的区域范围内,并且明确掌握本区域网络与外网连接的出口,或是在管理区域范围内,从某一台路由器访问多个不同的目标网络,其下一跳的地址相同时,可以使用默认路由(其仅能使用一次,即一个路由表中只能有一个默认路由记录)。

🐾 小贴士 一般在本管理区域范围内的所有路由器上,都会配置默认路由,用于访问其他区域(外网)里的网络。

在图 4-21 所示的拓扑结构中,每一个网络都在管理区域范围内,其中路由器 Router2
和 Router3 要想访问除了直连外的其他网段时,其下一跳都指向了同一个路由器。
Router0 访问 172.18.0.0 和 172.16.0.0 两个网段时也需要通过相同的下一跳路由器
Router1。同理,Router1 要访问 172.17.0.0、192.168.1.0 和 192.168.2.0 这 3 个网段时
需要通过同一个下一跳路由器 Router0。

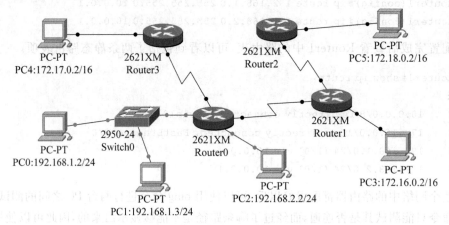

图 4-21　使用默认路由的网络拓扑结构图

如果还是为每一个目的网络配置一条路由记录,比如在路由器 Router1 中,由于其有
4 个非直连目标网络,因此要输入 4 条静态路由命令。

```
Router1(config)#ip route 172.18.0.0 255.255.0.0 12.0.0.2
Router1(config)#ip route 172.17.0.0 255.255.0.0 10.0.0.1
Router1(config)#ip route 192.168.1.0 255.255.255.0 10.0.0.1
Router1(config)#ip route 192.168.2.0 255.255.255.0 10.0.0.1
```

其路由表也会如实地记录下 4 条路由表项。

```
Router1#show ip route
 ⋮
C    10.0.0.0/8 is directly connected, Serial0/0
C    12.0.0.0/8 is directly connected, Serial1/0
C    172.16.0.0/16 is directly connected, FastEthernet0/0
S    172.17.0.0/16 [1/0] via 10.0.0.1
S    172.18.0.0/16 [1/0] via 12.0.0.2
S    192.168.1.0/24 [1/0] via 10.0.0.1
S    192.168.2.0/24 [1/0] via 10.0.0.1
```

这不但会增加管理员的工作量,还会降低路由器查找到正确的路由表项的速度。因
此可以使用默认路由代替其中具有相同下一跳地址的多条路由记录。默认路由也是使用
ip route 命令,但其目的网络和子网掩码都要写为 0.0.0.0,即表示全部网络,第三个参数
还是下一跳的 IP 地址。

```
Router1(config)#ip route 172.18.0.0 255.255.0.0 12.0.0.2
```

```
Router1(config)#ip route 0.0.0.0 0.0.0.0 10.0.0.1
```

设置完成后,查看路由表,会发现在路由表的最后一行会出现以"S *"为类型的路由记录,这就是默认路由。它会在其他路由记录都不匹配的情况下被执行。

```
Router1#show ip route
  ⋮
Gateway of last resort is 10.0.0.1 to network 0.0.0.0
C    10.0.0.0/8 is directly connected, Serial0/0
C    12.0.0.0/8 is directly connected, Serial1/0
C    172.16.0.0/16 is directly connected, FastEthernet0/0
S    172.18.0.0/16 [1/0] via 12.0.0.2
S *  0.0.0.0/0 [1/0] via 10.0.0.1
```

在 PC 机中执行 tracert 命令可以了解到路径的详细信息,其与不使用默认路由所得到的路径是完全一样的。

```
D:\>tracert 172.17.0.2
Tracing route to 172.17.0.2 over a maximum of 30 hops:
  1   47 ms     31 ms     18 ms     172.16.0.1
  2   62 ms     62 ms     62 ms     10.0.0.1
  3   81 ms     78 ms     63 ms     11.0.0.1
  4   125 ms    125 ms    109 ms    172.17.0.2
Trace complete.
```

4.5.4 单臂路由

在一台交换机中设置了多个 VLAN,如果只需要一台路由器连通并路由每个 VLAN 中的 PC 机,则可以使用单臂路由。图 4-22 所示为其拓扑图。

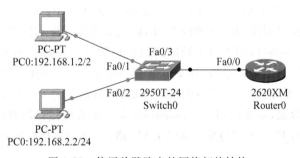

图 4-22 使用单臂路由的网络拓扑结构

1. 交换机配置

在交换机 Switch0 中配置两个 VLAN,即 VLAN2 和 VLAN3。

```
Switch#vlan database
%Warning: It is recommended to configure VLAN from config mode,
  as VLAN database mode is being deprecated. Please consult user
```

```
        documentation for configuring VTP/VLAN in config mode.
Switch(vlan)#vlan 2 name vlan2
VLAN 2 added:
    Name: vlan2
Switch(vlan)#vlan 3 name vlan3
VLAN 3 added:
    Name: vlan3
Switch(vlan)#exit
APPLY completed.
Exiting...
```

并将相应的以太网接口划归到指定的 VLAN 中。

```
Switch(config)#interface fa0/1
Switch(config-if)#switchport access vlan 2
Switch(config-if)#exit
Switch(config)#interface fa0/2
Switch(config-if)#switchport access vlan 3
Switch(config-if)#exit
```

配置 VLAN 的"公共通道",即将与路由器相连接的以太网接口模式改为 trunk 模式,并应用于全部 VLAN,这样所有 VLAN 的数据都可以通过这个接口与路由器通信。

```
Switch(config)#interface fa0/3
Switch(config-if)#switchport mode trunk
Switch(config-if)#switchport trunk allowed vlan all
Switch(config-if)#end
```

2. 路由器配置

在路由器 Router0 中配置接口的 IP 地址,但是由于路由器与交换机连接只使用了一个以太网接口,此接口不能同时配置两个 IP,因此需要使用"子接口",即在一个真实的接口上建立多个逻辑的接口,用于为不同的网段提供服务。子接口的名称就是在接口名称的后面加上点(".")和子接口编号,如 Fa0/0 接口的第一个子接口可以命名为 Fa0/0.1。

为子接口配置 IP 的方法与接口的配置方法相同,同时为了在某个子接口中只接收和传递某 VLAN 的数据,还要使用 encapsulation 命令配置此接口的对应 VLAN,其后面的参数是 dot1Q(由 IEEE 802.1Q 定义的 VLAN 格式及标识)和对应的 VLAN 编号。

```
Router(config)#interface fa0/0.1
Router(config-subif)#encapsulation dot1Q 2
Router(config-subif)#ip address 192.168.1.1 255.255.255.0
Router(config-subif)#exit
Router(config)#interface fa0/0.2
Router(config-subif)#encapsulation dot1Q 3
Router(config-subif)#ip address 192.168.2.1 255.255.255.0
Router(config-subif)#exit
```

可以在配置完每一个子接口后打开(使用命令 no shutdown)其接口,也可以在配置完全部子接口后,一次性地在接口中使用 no shutdown 命令打开接口。

```
Router(config)#interface fa0/0
Router(config-if)#no shutdown
%LINK-5-CHANGED: Interface FastEthernet0/0, changed state to up
%LINEPROTO-5-UPDOWN: Line protocol on Interface FastEthernet0/0, changed
state to up
%LINK-5-CHANGED: Interface FastEthernet0/0.1, changed state to up
%LINEPROTO-5-UPDOWN: Line protocol on Interface FastEthernet0/0.1, changed
state to up
%LINK-5-CHANGED: Interface FastEthernet0/0.2, changed state to up
%LINEPROTO-5-UPDOWN: Line protocol on Interface FastEthernet0/0.2, changed
state to up
```

查看路由器中的路由表信息,可以看到两个直连的路由记录。

```
Router#show ip route
⋮
C    192.168.1.0/24 is directly connected, FastEthernet0/0.1
C    192.168.2.0/24 is directly connected, FastEthernet0/0.2
```

3. PC 机的配置及测试

在 PC 机上配置好相应的 IP 地址、子网掩码和网关地址,并使用 ping 命令测试 VLAN 之间是否连通。

```
PC>ping 192.168.2.2
Pinging 192.168.2.2 with 32 bytes of data:
Reply from 192.168.2.2: bytes=32 time=112ms TTL=127
Reply from 192.168.2.2: bytes=32 time=125ms TTL=127
Reply from 192.168.2.2: bytes=32 time=125ms TTL=127
Reply from 192.168.2.2: bytes=32 time=112ms TTL=127
Ping statistics for 192.168.2.2:
    Packets: Sent=4, Received=3, Lost=1 (25%loss),
Approximate round trip times in milli-seconds:
    Minimum=112ms, Maximum=125ms, Average=120ms
```

4. 不使用单臂路由连接多个 VLAN

如果不使用单臂路由,也可以使用普通方法,但路由器必须支持两个以上的以太网接口,如图 4-23 所示。

其中在交换机上将 Fa0/1 和 Fa0/3 配置在一个 VLAN 中,Fa0/2 和 Fa0/4 配置在另一个 VLAN 中,并在路由器的对应接口上进行配置,配置方法与单臂路由相似,但不是在子接口中配置而是在接口中配置。配置好后也可以实现两个 VLAN 之间的通信。限于篇幅,具体的配置方法请读者自行试验。

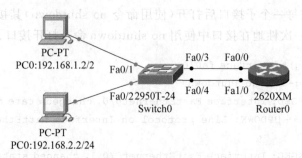

图 4-23　不使用单臂路由进行 VLAN 间连接的拓扑结构

不使用单臂路由的方法需要多使用一个路由器接口和一条线路,这会增加网络的建造成本,其与图 4-24 所示的拓扑图具有相同的逻辑拓扑结构和运行机制。

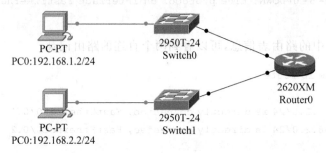

图 4-24　具有相同逻辑结构的拓扑图

4.6　动态路由的配置

静态路由算法需要管理员手工配置每条路由,但是当网络环境比较复杂,路由器比较多,或是网络拓扑结构经过变化时,管理员的工作将会比较繁重,出错率也会大增,这时可以改用动态路由。

动态路径是路由器根据网络的运行情况,自动学习并生成的路由表,其会随着网络状态的调整而改变。动态路由主要依据路由算法生成路由表,而不同的路由算法会产生出不同的路由表,因此动态路由协议也有多种,下面介绍两种比较常用的动态路由协议。

4.6.1　RIP 路由

RIP(路由信息协议)是最简单的动态路由协议,运行该协议的路由器仅和相邻的路由器按固定时间交换信息,这些信息是当前路由器所知道的全部信息(即路由表的全部信息),其算法非常简单,只寻找从源端到目的端经过路由器数最少的路径,并记录到路由表中。

RIP 协议支持站点的数量有限,不能支持超过 15 跳数(每经过一个路由器,称为一跳)的网络。其路由表更新信息时,需要使用广播发送数据包,要占用较大的网络带宽,并且收敛速度很慢。另外,其算法只考虑跳数,不考虑线路的速率等其他关键原因,因此这种算法只适用于较小的自治系统(自治系统,也称为 AS,是指一组通过统一的路由政策或路由协议互相交换路由信息的网络),其线路速率的差异也不能太大。

RIP 配置的方法非常简单,如在图 4-25 所示的拓扑结构中,先为每个设备的接口配置相应的 IP 等信息,配置清单如表 4-8 所示。

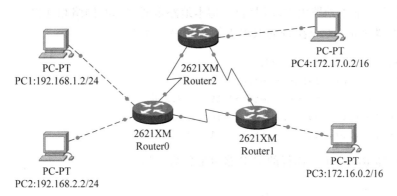

PC-PT
PC4:172.17.0.2/16

PC-PT
PC1:192.168.1.2/24

2621XM
Router2

2621XM
Router0

2621XM
Router1

PC-PT
PC2:192.168.2.2/24

PC-PT
PC3:172.16.0.2/16

图 4-25　使用 RIP 动态路由的网络拓扑结构

表 4-8　全部设备的接口配置信息表

设备名称	接口名称	IP 地址及子网掩码	说　　明
PC1	以太网网卡	192.168.1.2/24	网关地址是 192.168.1.1
PC2	以太网网卡	192.168.2.2/24	网关地址是 192.168.2.1
PC3	以太网网卡	172.16.0.2/16	网关地址是 172.16.0.1
PC4	以太网网卡	172.17.0.2/16	网关地址是 172.17.0.1
Router0	Fa0/0	192.168.1.1/24	与 PC1 连接
	Fa0/1	192.168.2.1/24	与 PC2 连接
	Se0/0	10.0.0.1/8	与 Router1 连接
	Se1/0	11.0.0.1/8	与 Router2 连接
Router1	Fa0/0	172.16.0.1/16	与 PC3 连接
	Se0/0	10.0.0.2/8	与 Router0 连接
	Se1/0	12.0.0.1/8	与 Router2 连接
Router2	Fa0/0	172.17.0.1/16	与 PC4 连接
	Se0/0	12.0.0.2/8	与 Router1 连接
	Se1/0	11.0.0.2/8	与 Router0 连接

配置完接口后,查看路由表,可以看到其中只包含直连的信息。

```
Router0# show ip route
    ⋮
C    10.0.0.0/8 is directly connected, Serial0/0
```

```
C    11.0.0.0/8 is directly connected, Serial1/0
C    192.168.1.0/24 is directly connected, FastEthernet0/0
C    192.168.2.0/24 is directly connected, FastEthernet0/1
```

在路由器的全局配置模式中，使用 router rip 命令进入 RIP 路由配置模式，使用
network 命令广播本地路由的联网信息，即本地路由器与哪些网络相连接。

在路由器 Router0 上执行的 RIP 路由配置命令如下。

```
Router0(config)#router rip
Router0(config-router)#network 192.168.1.0
Router0(config-router)#network 192.168.2.0
Router0(config-router)#network 10.0.0.0
Router0(config-router)#network 11.0.0.0
```

在路由器 Router1 上执行的 RIP 路由配置命令如下。

```
Router1(config)#router rip
Router1(config-router)#network 172.16.0.0
Router1(config-router)#network 10.0.0.0
Router1(config-router)#network 12.0.0.0
```

在路由器 Router2 上执行的 RIP 路由配置命令如下。

```
Router2(config)#router rip
Router2(config-router)#network 172.17.0.0
Router2(config-router)#network 11.0.0.0
Router2(config-router)#network 12.0.0.0
```

配置完成后，查看路由表，可以发现其中增加了以"R"类型开头的路由记录，其中"R"
表示 RIP 协议生成的路由。其他路由器中的路由表也都与此相似。

```
Router0#show ip route
⋮
C    10.0.0.0/8 is directly connected, Serial0/0
C    11.0.0.0/8 is directly connected, Serial1/0
R    12.0.0.0/8 [120/1] via 10.0.0.2, 00:00:08, Serial0/0
                [120/1] via 11.0.0.2, 00:00:22, Serial1/0
R    172.16.0.0/16 [120/1] via 10.0.0.2, 00:00:08, Serial0/0
R    172.17.0.0/16 [120/1] via 11.0.0.2, 00:00:22, Serial1/0
C    192.168.1.0/24 is directly connected, FastEthernet0/0
C    192.168.2.0/24 is directly connected, FastEthernet0/1
```

从 PC1 上使用 tracert 命令访问 172.17.0.2，可以看到经过的每个路由器的信息。

```
D:\>tracert 172.17.0.2
Tracing route to 172.17.0.2 over a maximum of 30 hops:
  1   31 ms    31 ms    32 ms    192.168.1.1
  2   63 ms    62 ms    62 ms    11.0.0.2
```

```
 3   93 ms      94 ms      80 ms      172.17.0.2
Trace complete.
```

由于 RIP 只计算跳数,因此在路由表中,到 12.0.0.0 网络的路径会出现两条记录,这两条记录没有先后顺序,是随机选择使用的,如下所示,两次连续地使用相同的命令访问相同的目的端,其路径是不同的。

```
D:\>tracert 12.0.0.2
Tracing route to 12.0.0.2 over a maximum of 30 hops:
 1   31 ms      31 ms      32 ms      192.168.1.1
 2   47 ms      63 ms      63 ms      10.0.0.2
Trace complete.


D:\>tracert 12.0.0.2
Tracing route to 12.0.0.2 over a maximum of 30 hops:
 1   31 ms      31 ms      32 ms      192.168.1.1
 2   53 ms      63 ms      63 ms      12.0.0.2
Trace complete.
```

也可以在特权模式下输入 show ip rip database 命令,查看 RIP 协议路由记录的详细信息。

```
Router0#show ip rip database
10.0.0.0/8       directly connected, Serial0/0
11.0.0.0/8       directly connected, Serial1/0
12.0.0.0/8
   [1] via 11.0.0.2, 00:00:14, Serial1/0
   [1] via 10.0.0.2, 00:00:03, Serial0/0
172.16.0.0/16
   [1] via 10.0.0.2, 00:00:03, Serial0/0
172.17.0.0/16
   [1] via 11.0.0.2, 00:00:14, Serial1/0
192.168.1.0/24   directly connected, FastEthernet0/0
192.168.2.0/24   directly connected, FastEthernet0/1
```

当网络拓扑结构发生了变化,如 Router0 与 Router1 之间的线路由于某种原因无法使用,如图 4-26 所示,RIP 会自动调整路由表信息(当拓扑结构发生变化时,RIP 不能立即反应,而是要等到下一次 RIP 信息被广播时才能得到网络结构改变的信息)。

查看路由器 Router0 中的路由表,发现路径已经被改变,到 172.17.0.0 网络的路径已经从下一跳地址 11.0.0.2(数据包发送到 Router2)变成了 10.0.0.2(数据包发送到 Router1)。

```
Router0#show ip route
  ⋮
C    10.0.0.0/8 is directly connected, Serial0/0
```

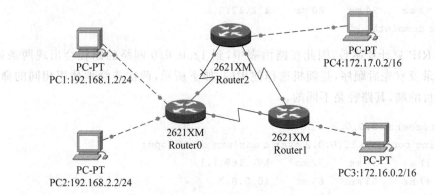

图 4-26   使用 RIP 动态路由的网络拓扑结构

```
R     12.0.0.0/8 [120/1] via 10.0.0.2, 00:00:01, Serial0/0
R     172.16.0.0/16 [120/1] via 10.0.0.2, 00:00:01, Serial0/0
R     172.17.0.0/16 [120/2] via 10.0.0.2, 00:00:01, Serial0/0
C     192.168.1.0/24 is directly connected, FastEthernet0/0
C     192.168.2.0/24 is directly connected, FastEthernet0/1
```

在 IP 地址为 192.168.1.2 的 PC 机上,使用 tracert 命令访问 172.17.0.2,可以看到其要访问路径发生了改变,不可用的线路已经被忽略。

```
PC>tracert 172.17.0.2
Tracing route to 172.17.0.2 over a maximum of 30 hops:
    1   31 ms      31 ms      32 ms      192.168.1.1
    2   63 ms      62 ms      62 ms      10.0.0.2
    3   93 ms      94 ms      94 ms      12.0.0.2
    4   125 ms     110 ms     125 ms     172.17.0.2
Trace complete.
```

路由表由路由协议定期自动更新,也可以手工清空路由表,强制路由表立即更新。在特权模式下使用 clear ip route * 命令可以清空路由表中除直连外的全部内容,也可以使用"clear ip route 目的网段的网络地址"删除某一个指定的路由记录项。但注意,此命令只清除动态路由协议生成的路由记录,对于直连路由和静态路由是不能清除的。

4.6.2   OSPF 路由

OSPF(开放式最短路径优先)路由协议是另一个比较常用的路由协议之一,它通过路由器之间通告网络接口的状态,使用最短路径算法建立路由表。在生成路由表时,OSPF 协议优先考虑线路的速率等因素(费用),而经过的跳数则不是重点参考条件。

OSPF 路由协议可以支持在一个自治区域中运行,也可以支持在多个自治区域之间运行。本书主要介绍单区域内 OSPF 的配置方法。

在图 4-27 所示的网络拓扑图中,每个路由器都使用 OSPF 协议生成路由表,其中 Router0 与 Router3 之间线路的速率比较慢(费用比较高,为 100),而其他 3 条线路的速率比较快(费用比较少,每条都是 10)。

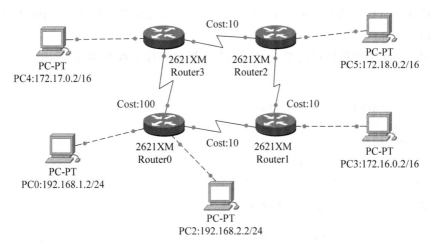

图 4-27 使用 OSPF 生成路由表的网络拓扑结构

首先配置全部设备的接口信息,如表 4-9 所示。

表 4-9 全部设备的接口配置信息表

设备名称	接口名称	IP 地址及子网掩码	说 明
PC1	以太网接口	192.168.1.2/24	网关：192.168.1.1
PC2	以太网接口	192.168.2.2/24	网关：192.168.2.1
PC3	以太网接口	172.16.0.2/16	网关：172.16.0.1
PC4	以太网接口	172.17.0.2/16	网关：172.17.0.1
PC5	以太网接口	172.18.0.2/16	网关：172.18.0.1
Router0	Fa0/0	192.168.1.1/24	与 PC1 连接
Router0	Fa0/1	192.168.2.1/24	与 PC2 连接
Router0	Se0/0	10.0.0.1/8	与 Router1 连接
Router0	Se1/0	13.0.0.2/8	与 Router1 连接
Router1	Fa0/0	172.16.0.1	与 PC3 连接
Router1	Se0/0	10.0.0.2/8	与 Router0 连接
Router1	Se1/0	11.0.0.1/8	与 Router2 连接
Router2	Fa0/0	172.18.0.1	与 PC5 连接
Router2	Se0/0	11.0.0.2/8	与 Router1 连接
Router2	Se1/0	12.0.0.1/8	与 Router3 连接
Router3	Fa0/0	172.17.0.1	与 PC4 连接
Router3	Se0/0	12.0.0.2/8	与 Router2 连接
Router3	Se1/0	13.0.0.1/8	与 Router0 连接

然后在指定接口的配置模式下,使用"ip ospf cost 费用"命令为每一个接口上的线路配置费用。

在 Router0 中配置接口的费用,其中 s1/0 接口连接的线路费用是 100,s0/0 的费用是 10。

```
Router0(config)#interface s0/0
Router0(config-if)#ip ospf cost 10
Router0(config-if)#exit
Router0(config)#interface s1/0
Router0(config-if)#ip ospf cost 100
```

在 Router1 中配置全部接口的费用都是 10。

```
Router1(config)#interface s0/0
Router1(config-if)#ip ospf cost 10
Router1(config-if)#exit
Router1(config)#interface s1/0
Router1(config-if)#ip ospf cost 10
```

在 Router2 中配置全部接口的费用都是 10。

```
Router2(config)#interface s0/0
Router2(config-if)#ip ospf cost 10
Router2(config-if)#exit
Router2(config)#interface s1/0
Router2(config-if)#ip ospf cost 10
```

最后在每个路由器中使用 router ospf 命令,其后面需要指定一个数字作为 OSPF 进程的进程号,这样就可以进入指定进程号的 OSPF 配置环境中了。

在这个配置环境中,同样使用 network 命令广播本地路由器直接连接的网络 IP 地址,其后的参数不是子网掩码,而是 wild card bits,再后面是使用"area 区域号"作为最后一个参数(由于实例是在一个区域中,即单区域,因此其区域号都设置为 1)。

小贴士 一台路由器里可以同时运行不同配置和环境的多个 OSPF 进程,每个进程需要使用进程号区分。

在路由器 Router0 中配置 OSPF 协议。

```
Router0(config)#router ospf 1
Router0(config-router)#network 192.168.1.0 0.0.0.255 area 1
Router0(config-router)#network 192.168.2.0 0.0.0.255 area 1
Router0(config-router)#network 10.0.0.0 0.255.255.255 area 1
Router0(config-router)#network 11.0.0.0 0.255.255.255 area 1
```

在路由器 Router1 中配置 OSPF 协议。

```
Router1(config)#router ospf 1
Router1(config-router)#network 172.16.0.0 0.0.255.255 area 1
Router1(config-router)#network 10.0.0.0 0.255.255.255 area 1
Router1(config-router)#network 11.0.0.0 0.255.255.255 area 1
```

在路由器 Router2 中配置 OSPF 协议。

```
Router2(config)#router ospf 1
Router2(config-router)#network 172.17.0.0 0.0.255.255 area 1
Router2(config-router)#network 11.0.0.0 0.255.255.255 area 1
Router2(config-router)#network 12.0.0.0 0.255.255.255 area 1
```

查看路由器 Router0 中的路由表,其中以 O 开头的路由记录都是由 OSPF 协议计算得到的。

```
Router0#show ip route
   ⋮
C    10.0.0.0/8 is directly connected, Serial0/0
C    11.0.0.0/8 is directly connected, Serial1/0
O    12.0.0.0/8 [110/20] via 10.0.0.2, 00:03:24, Serial0/0
O    13.0.0.0/8 [110/30] via 10.0.0.2, 00:01:47, Serial0/0
O    172.16.0.0/16 [110/11] via 10.0.0.2, 00:03:24, Serial0/0
O    172.17.0.0/16 [110/31] via 10.0.0.2, 00:00:39, Serial0/0
O    172.18.0.0/16 [110/21] via 10.0.0.2, 00:01:47, Serial0/0
C    192.168.1.0/24 is directly connected, FastEthernet0/0
C    192.168.2.0/24 is directly connected, FastEthernet0/1
```

结合线路的费用,OSPF 协议没有使用 Router0 与 Router3 之间的线路,而是使用了 Router0→Router1→Router2→Router3 路径(到 172.17.0.0 网络的下一跳路由是 Router1,其入口地址是 10.0.0.2)。

在 PC1 中使用 tracert 命令检查实际路径是否与路由表中的记录相符合。

```
D:\>tracert 172.17.0.2
Tracing route to 172.17.0.2 over a maximum of 30 hops:
   1   32 ms    18 ms    18 ms    192.168.1.1
   2   62 ms    50 ms    63 ms    10.0.0.2
   3   94 ms    94 ms    94 ms    12.0.0.2
   4  125 ms   125 ms   125 ms    13.0.0.1
   5  157 ms   156 ms   156 ms    172.17.0.2
Trace complete.
```

路由器中还提供了多条命令,用于查看 OSPF 协议的详细信息。

Show ip ospf neighbor 命令可以显示本地路由的 OSPF 邻居的信息,包括它们的路由器 ID、接口地址和 IP 地址等。

Show ip ospf database 命令用于显示本地路由的 OSPF 库内容(与路由表内容相似)。

Show ip protocols 命令用于显示与路由协议相关的参数与定时器信息,本命令也可以在启用了 RIP 路由协议的路由器中使用。

4.7　网络互联实例

本节通过一个实例,将路由器的常用配置方法综合应用,完成指定的配置要求。

4.7.1　实例简介

某公司有两个分公司(A 和 B),现需要为公司建设一个企业内联网(Intranet),使用路由器(Cisco 2620)把位于 3 个不同位置的总部网络和分公司网络连接起来。并使分公司 A 和分公司 B 的 PC 机可以访问总部的服务器。其拓扑结构如图 4-28 所示。

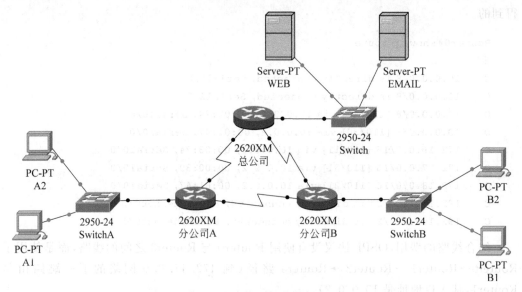

图 4-28　实例使用的网络拓扑结构

4.7.2　实例配置

配置之前要先对 IP 地址进行分配,然后根据要求对 3 台路由器进行配置。

1. IP 地址划分

公司 3 个局域网各自有自己的 IP 地址段,路由器与路由器之间也设置了相应的 IP 段,各个设置及其接口的 IP 地址分配如表 4-10 所示。

表 4-10　IP 地址分配表

设备名称	接口名称	IP 地址	子网掩码	说　明
总公司路由器	以太网接口	192.168.1.1	255.255.255.0	总公司网关地址
总公司路由器	与 A 连接的接口	10.0.0.1	255.0.0.0	
总公司路由器	与 B 连接的接口	11.0.0.1	255.0.0.0	

设备名称	接口名称	IP 地址	子网掩码	说　明
分公司 A 路由器	以太网接口	172.16.1.1	255.255.0.0	A 公司网关地址
分公司 A 路由器	连接总公司接口	10.0.0.2	255.0.0.0	
分公司 A 路由器	连接 B 接口	12.0.0.1	255.0.0.0	
分公司 B 路由器	以太网接口	172.17.1.1	255.255.0.0	B 公司网关地址
分公司 B 路由器	连接总公司接口	11.0.0.2	255.0.0.0	
分公司 B 路由器	连接 A 接口	12.0.0.2	255.0.0.0	
Web 服务器	以太网接口	192.168.1.10	255.255.255.0	
Email 服务器	以太网接口	192.168.1.20	255.255.255.0	
PC 机 A1	以太网接口	172.16.1.2	255.0.0.0	
PC 机 A2	以太网接口	172.16.1.3	255.0.0.0	
PC 机 B1	以太网接口	172.17.1.2	255.0.0.0	
PC 机 B2	以太网接口	172.17.1.3	255.0.0.0	

2. 总公司路由器配置

```
Router_TOP#show startup-config
Using 642 bytes
!
version 12.2
no service timestamps log datetime msec
no service timestamps debug datetime msec
no service password-encryption
!
hostname Router_TOP
!
enable secret 5 $1$mERr$vQAkcIHf59ruqwahITjrI.
enable password zgs123
!
interface FastEthernet0/0
  ip address 192.168.1.1 255.255.255.0
  duplex auto
  speed auto
!
interface Serial0/0
  ip address 10.0.0.1 255.0.0.0
!
interface Serial0/1
  ip address 11.0.0.1 255.0.0.0
```

```
!
ip classless
ip route 172.16.0.0 255.255.0.0 10.0.0.2
ip route 172.17.0.0 255.255.0.0 11.0.0.2
!
line con 0
  password zgs123
line vty 0 4
  password zgs123
  login
!
end
```

3. 分公司 A 路由器配置

```
Router_A#show startup-config
Using 672 bytes
!
version 12.2
no service timestamps log datetime msec
no service timestamps debug datetime msec
no service password-encryption
!
hostname Router_A
!
enable secret 5 $1$mERr$EyyE6wt0mkdirt2Mf/TSW/
enable password a123
!
interface FastEthernet0/0
  ip address 172.16.1.1 255.255.0.0
  duplex auto
  speed auto
!
interface Serial0/0
  ip address 10.0.0.2 255.0.0.0
  clock rate 500000
!
interface Serial0/1
  ip address 12.0.0.1 255.0.0.0
  clock rate 500000
!
ip classless
ip route 192.168.1.0 255.255.255.0 10.0.0.1
ip route 172.17.0.0 255.255.0.0 12.0.0.2
!
```

```
line con 0
  password a123
line vty 0 4
  password a123
  login
!
end
```

4. 分公司 B 路由器配置

```
Router_B#show startup-config
Using 653 bytes
!
version 12.2
no service timestamps log datetime msec
no service timestamps debug datetime msec
no service password-encryption
!
hostname Router_B
!
enable secret 5 $1$mERr$frpCIH3HjIiQ1jMxmgjcM1
enable password b123
!
interface FastEthernet0/0
  ip address 172.17.1.1 255.255.0.0
  duplex auto
  speed auto
!
interface Serial0/0
  ip address 12.0.0.2 255.0.0.0
!
interface Serial0/1
  ip address 11.0.0.2 255.0.0.0
  clock rate 500000
!
ip classless
ip route 192.168.1.0 255.255.255.0 11.0.0.1
ip route 172.16.0.0 255.255.0.0 12.0.0.1
!
line con 0
  password b123
line vty 0 4
  password b123
  login
!
End
```

本章小结

本章简要介绍了网络互联的基本概念以及 IP 协议的基础知识,对路由器的基本工作原理和路由器产品的种类进行了介绍,并结合 Cisco Packet Tracer 软件对路由器的配置方法进行了详细讲解,然后详细介绍了静态路由和动态路由的基本概念和配置方法,最后通过一个实例将所学内容综合在一起。

思考与练习

(1) 使用一个路由器,如何设置可以使两个 VLAN 之间相互通信。

(2) 将本章所有实例中使用的 IPv4 地址形式改成 IPv6 地址形式。

(3) 了解华为系列路由器与 Cisco 系列路由器在配置方法上的不同之处。

实践课堂

在第 1 章实践课堂基础上,继续设计企业的网络方案,要求企业内各部门分配一个网段,尽量节约 IP 地址空间,使用 VLSM 方案,实现各部门的计算机能够通过 IP 协议相互访问。请给出完整的企业网络方案设计,包括网络拓扑图、VLAN 设计方案、IP 规划方案、每台网络设备的配置参数等。

服务器技术与系统集成

5.1 服务器技术概述

5.1.1 服务器定义

服务器(Server)指的是在网络环境中为客户机(Client)提供各种服务的、特殊的专用计算机。在网络中,服务器承担着数据的存储、转发、发布等关键任务,是各类基于客户机/服务器模式网络中不可或缺的重要组成部分。

从狭义上讲,服务器是专指某些高性能计算机,能通过网络对外提供服务。相对于普通 PC 来说,稳定性、安全性、性能等方面都要求更高,因此在 CPU、芯片组、内存、磁盘系统、网络等硬件和普通 PC 有所不同。对于一台服务器来讲,要求它达到五大主要特性,简称 RASUM:R,Reliability——可靠性;A,Availability——可用性;S,Scalability——可扩展性;U,Usability——易用性;M,Manageability——可管理性。

5.1.2 服务器的硬件

服务器系统的硬件构成与平常所接触的计算机有众多的相似之处,主要的硬件包含以下几个主要部分:中央处理器、内存、芯片组、I/O 总线、I/O 设备、电源及机箱等,下面对主要的硬件进行简单说明。

1. CPU

CPU 由运算器和控制器组成,其内部结构可分为控制单元、算术/逻辑运算单元和存储单元三大部分。产品主要有两类:一类是以 IBM、HP、Sun 等为代表的 RISC 指令架构处理器;另一类是以 Intel 和 AMD 为代表的非 RISC(包括 CICS、VLIM 和 EPIC)指令架构处理器。服务器的 CPU 一般都支持多处理器结构。

CISC 微处理器,程序的各条指令是按顺序串行执行的,每条指令中的各个操作也是按顺序串行执行的。顺序执行的优点是控制简单;缺点是执行速度慢。由于这种指令系统的指令不等长,指令的条数比较多,因此编程和设计处理器比较麻烦。其实它就是

Intel 生产的 X86 系列(也就是 IA-32 架构)CPU 及其兼容 CPU,如 AMD、VIA 的 CPU,即使是现在的 X86-64 都是属于 CISC 的范畴。

RISC(Reduced Instruction Set Computing,精简指令集)。它是在 CISC 指令系统基础上发展起来的,对 CISC 机进行测试表明,各种指令的使用频度相当悬殊,最常用的是一些比较简单的指令,它们仅占指令总数的 20%,但在程序中出现的频度却占 80%。复杂的指令系统必然增加微处理器的复杂性,使处理器的研制时间长、成本高,并且复杂指令需要复杂的操作,必然会降低计算机的速度。基于上述原因,产生了 CISC 型 CPU。RISC 型 CPU 不仅精简了指令系统,还采用了一种称为"超标量和超流水线结构",大大增加了并行处理能力。

RISC 指令集是高性能 CPU 的发展方向。它与传统的 CISC(复杂指令集)相对。相比而言,RISC 的指令格式统一,种类比较少,寻址方式也比复杂指令集少。当然处理速度就提高很多了。目前在中高档服务器中普遍采用这一指令系统的 CPU,特别是高档服务器全都采用 RISC 指令系统的 CPU。

RISC 指令系统更加适合高档服务器的操作系统 UNIX,现在 Linux 也属于类似 UNIX 的操作系统。RISC 型 CPU 与 Intel 和 AMD 的 CPU 在软件和硬件上都不兼容。在中高档服务器中采用 RISC 指令的 CPU 主要有以下几类,即 PowerPC 处理器、SPARC 处理器、PA-RISC 处理器、MIPS 处理器和 Alpha 处理器。

EPIC(Explicitly Parallel Instruction Computers,精确并行指令计算机)是否是 RISC 和 CISC 体系的继承者的争论已经有很多,单以 EPIC 体系来说,它更像 Intel 的处理器迈向 RISC 体系的重要步骤。从理论上说,EPIC 体系设计的 CPU 并行能力特别强,以前处理器必须动态地分析代码,以判断最佳执行路径,采用并行技术后,处理器可让编译器提前完成代码排序,代码已明确排布好,直接执行即可。Intel 采用 EPIC 技术的服务器 CPU 是安腾 Itanium、64 位处理器,也是 IA-64 系列中的一款。微软也已开发了代号为 Windows 64 的操作系统,在软件上加以支持。

在采用了 X86 指令集之后,Intel 又转而寻求更先进的 64bit 位微处理器,Intel 这样做的原因是想摆脱容量巨大的 X86 架构,从而引入精力充沛而又功能强大的指令集,于是采用 EPIC 指令集的 IA-64 架构便诞生了。IA-64 在很多方面来说,都比 X86 有了长足的进步。IA-64 突破了传统 IA-32 架构的许多限制,在数据的处理能力和系统的稳定性、安全性、可用性、可管理性等方面获得了突破性的提高。

IA-64 微处理器最大的缺陷是它们缺乏与 X86 的兼容,而 Intel 为了 IA-64 处理器能够更好地运行软件,它在 IA-64 处理器上(Itanium)引入了 X86-to-IA-64 的解码器,这样就能够把 X86 指令翻译为 IA-64 指令。这个解码器并不是最有效率的解码器,也不是运行 X86 代码的最好途径(最好的途径是直接在 X86 处理器上运行 X86 代码)。

VLIM 指令集采用了先进的清晰并行指令计算设计,每个时钟周期可运行多条指令。同时简化了处理器结构,删除了许多内部复杂的控制电路,VLIM 将这些控制电路的工作交给编译器去完成。但基于 VLIM 指令集的 CPU 芯片使程序变得很大,需要很多内存。更重要的是编译器必须足够聪明。目前主要应用于全美达公司的 Crusoe 和 Efficeon 系列处理器中。

SMP(Symmetric Multi-Processing,对称多处理结构)是指在一个计算机上汇集了一组处理器(多 CPU),各 CPU 之间共享内存子系统以及总线结构。在这种技术的支持下,一个服务器系统可以同时运行多个处理器,并共享内存和其他的主机资源。像双至强,也就是所说的二路,是在对称处理器系统中最常见的一种(至强 MP 可以支持到四路,AMD Opteron 可以支持 1~8 路)。也有少数是 16 路的。

一般来讲,SMP 结构的机器可扩展性较差,很难做到 100 个以上多处理器,常规的一般是 8~16 个,不过这对于多数的用户来说已经够用了。在高性能服务器和工作站级主板架构中最为常见,像 UNIX 服务器可支持最多 256 个 CPU 的系统。

构建一套 SMP 系统的必要条件是:支持 SMP 的硬件包括主板和 CPU;支持 SMP 的系统平台,再就是支持 SMP 的应用软件。为了使 SMP 系统发挥高效的性能,操作系统必须支持 SMP 系统,如 Winnt、Linux 及 UNIX 等 32 位操作系统,即能够进行多任务和多线程处理。多任务是指操作系统能够在同一时间让不同的 CPU 完成不同的任务;多线程是指操作系统使不同的 CPU 并行地完成同一个任务。

要组建 SMP 系统,对所选的 CPU 有很高的要求。首先,CPU 内部必须内置 APIC (Advanced Programmable Interrupt Controllers)单元,Intel 多处理规范的核心就是高级可编程中断控制器(Advanced Programmable Interrupt Controllers,APICs)的使用;其次,具有相同的产品型号、同样类型的 CPU 核心,且运行频率相同;最后,尽可能保持相同的产品序列编号,因为两个生产批次的 CPU 作为双处理器运行的时候,有可能会发生一颗 CPU 负担过高,而另一颗负担很少的情况,无法发挥最大性能,更糟糕的是可能导致死机。

2. 内存

服务器内存与普通 PC 内存在外观和结构上没有实质性的区别,主要是在内存上引入了一些新的特有的技术,如 ECC、ChipKill,如图 5-1 所示。

图 5-1 带 ECC 校验的内存

内存的错误更正功能(Error Check & Correct,ECC)不但使内存具有数据检查能力,而且使内存具备了数据错误修正的功能,奇偶校验为系统存储器提供了一位的错误检测能力,但是不能处理多位错误,并且也没有办法纠正错误。它用一个单独的位来为 8 位数据提供保护。ECC 用 7 位来保护 64 位,它用一种特殊的算法在这 7 位中包含了足够详细的信息,所以能够恢复被保护数据中的一个单独位的错误,并且能检测到 2~4 位的错误。

大多数支持 ECC 内存的主板实际上是用标准的奇偶校验内存模块来工作在 ECC 模式。因为 64 位的奇偶校验内存实际上是 72 位宽，所以有足够的位数来做 ECC。ECC 需要特殊的芯片组来支持，芯片组将奇偶校验位组合成 ECC 所需的 7 位一组。芯片组一般允许 ECC 包含一种向操作系统报告所纠正错误的方法，但是并不是所有的操作系统都支持。Windows 和 Linux 会检测这些信息。

Chipkill 技术：ECC 内存可以同时检测和纠正单一比特的错误，但如果同时检测出两个以上的比特错误，则一般无能为力。Chipkill 技术是利用内存的子结构方法来解决这一难题。它的原理是单一芯片，无论数据宽度是多少，只对一个给定的 ECC 识别码进行校验。

举个例子来说明。如果使用 4b 宽的 DRAM，4b 中的每一位的奇偶性将分别组成不同的 ECC 识别码，这个 ECC 识别码是用单独一个数据位来保存的，也就是说，保存在不同的内存空间地址。因此，即使整个内存芯片出了故障，每个 ECC 识别码也将最多出现 1b 坏数据，而这种情况完全可以通过 ECC 逻辑修复，从而保证内存子系统的容错性，保证了服务器在出现故障时有强大的自我恢复能力。采用这种技术的内存可以同时检查并修复 4 个错误数据位，服务器的可靠性和稳定性得到了更加充分的保障。

Chipkill 技术正是 IBM 公司为了解决 ECC 技术的不足之处而开发的，是一种新的 ECC 内存保护标准。

3. 服务器硬盘

如果说服务器是网络数据的核心，那么服务器硬盘就是这个核心的数据仓库，所有的软件和用户数据都存储在这里。为了使硬盘能够适应大数据量、超长工作时间的工作环境，服务器一般采用高速、稳定、安全的 SCSI 硬盘。出于安全性的考虑，硬盘在使用时经常组成磁盘阵列以 RAID 形式使用，如图 5-2 所示。

RAID 是一种把多块独立的硬盘（物理硬盘）按不同的方式组合起来形成一个硬盘组（逻辑硬盘），从而提供比单个硬盘更高的存储性能和提供数据备份技术。组成磁盘阵列的不同方式称为 RAID 级别（RAID Levels）。数据备份

图 5-2　磁盘阵列

的功能是在用户数据一旦发生损坏后，利用备份信息可以使损坏数据得以恢复，从而保障了用户数据的安全性。在用户看来，组成的磁盘组就像是一个硬盘，用户可以对它进行分区、格式化等操作。

RAID 技术经过不断的发展，现在已拥有了 RAID 0～6 这 7 种基本的 RAID 级别。另外，还有一些基本 RAID 级别的组合形式，如 RAID 10（RAID 0 与 RAID 1 的组合）、RAID 50（RAID 0 与 RAID 5 的组合）等。不同 RAID 级别代表着不同的存储性能、数据安全性和存储成本。表 5-1 是几种常用 RAID 级别的特征。

表 5-1 RAID 各级别特征

级别	描 述	技 术	速 度	容错能力
RAID 0	磁盘分段	没有校验数据	磁盘并行 I/O,存取速度提高最大	数据无备份
RAID 1	磁盘镜像	没有校验数据	读数据速度有提高	数据 100% 备份(浪费)
RAID 2	磁盘分段＋汉明码数据纠错	—	没有提高	允许单个磁盘错
RAID 3	磁盘分段＋奇偶校验	专用校验数据盘	磁盘并行 I/O,速度提高较大	允许单个磁盘错,校验盘除外
RAID 4	磁盘分段＋奇偶校验	异步专用校验数据盘	磁盘并行 I/O,速度提高较大	允许单个磁盘错,校验盘除外
RAID 5	磁盘分段＋奇偶校验	校验数据分布存放于多盘	磁盘并行 I/O,速度提高较大,比 RAID 0 稍慢	允许单个磁盘错,无论哪个盘

相对于 IDE 接口,SCSI(Small Computer System Interface,小型计算机系统接口)接口具备以下的性能优势:①独立于硬件设备的智能化接口;②减轻了 CPU 的负担;③多个 I/O 并行操作,SCSI 设备传输速度快;④可连接的外设数量多(如硬盘、磁带机、CD-ROM 等)。

当同时访问到服务器的网络用户数量较多时,使用 SCSI 硬盘的系统 I/O 性能明显强于使用 IDE。SCSI 总线支持数据的快速传输。不同的 SCSI 设备通常有 8 位或 16 位的 SCSI 传输总线。在多任务操作系统,如 Windows Server 下,在同一时刻可以启动多个 SCSI 设备。

SCSI 适配器通常使用主机的 DMA(直接内存存取)通道把数据传送到内存。这意味着不需要主机 CPU 的帮助,SCSI 适配器就可以把数据传送到内存。为了管理数据流,每一个 SCSI 设备(包括适配卡)都有一个身份号码。通常,把 SCSI 适配器的身份号码设置为 7,其余设备的身份号码编号为 0～6。

大部分基于 PC 的 SCSI 总线使用单端接的收发器发送和接收信号。但是,随着传送速率的增大和线缆的加长,信号会失真。为了最大限度地增加总线长度并保证信号不失真,可以把差分收发器加到 SCSI 设备中。差分收发器使用两条线来传送信号。第二条线为信号脉冲的反复制。一旦信号到达目的地,电路比较两条线的脉冲,并生成原始信号的正确副本。一种新的差分收发器 LVD(低压差分收发器),能够增加总线长度并且能够提供更高的可靠性和传输速率。LVD 能连接 15 个设备,最大总线长度可达 12m。

目前常用的 SCSI 系列如表 5-2 所示。

4. I²O

I²O(Intelligent Input & Output,智能输入输出)是用于智能 I/O 系统的标准接口。

由于 PC 服务器的 I/O 体系源于单用户的 PC 台式机,而不是为处理大吞吐量任务的专用服务器而设计的,一旦成为网络中心设备后,数据传输量大大增加,因而 I/O 数据传输经常会成为整个系统的瓶颈。I²O 智能输入/输出技术把任务分配给智能 I/O 系统,在这些子系统中,专用的 I/O 处理器将负责中断处理、缓冲存取以及数据传输等烦琐任务,这样系统的吞吐能力就得到了提高,服务器的主处理器也能被解放出来去执行更重要的任务。

表 5-2 常用的 SCSI 系列参数

窄 Wide		Wide	
接 口	传 输 速 率	接 口	传 输 速 率
Fast Fast SCSI	10 MB/s	Fast Wide SCSI	20MB/s
Ultra Ultra SCSI	20MB/s	Ultra Wide SCSI	40MB/s
Ultra2 Ultra2 SCSI	40MB/s	Ultra2 Wide SCSI	80MB/s
	—	Ultra 3	160MB

5.1.3 服务器分类

服务器按照不同的标准分类,就会得到不同的结果。常用的分类方法是按结构和应用层次划分。

1. 按结构分类

1) 塔式服务器

它的外形及结构与平时使用的立式 PC 差不多。当然,由于服务器的主板扩展性较强、插槽也多一些,所以个头比普通主板大,因此塔式服务器的主机机箱也比标准的 ATX 机箱要大,一般都会预留足够的内部空间以便日后进行硬盘和电源的冗余扩展,如图 5-3 所示。

由于塔式服务器的机箱比较大,服务器的配置也可以很高,冗余扩展更可以很齐备,所以它的应用范围非常广,应该说目前使用率最高的一种服务器就是塔式服务器。平时常说的通用服务器一般都是塔式服务器,它可以集多种常见的服务应用于一身,不管是速度应用还是存储应用都可以使用塔式服务器来解决。

2) 机架式服务器

机架式服务器的外形看来不像计算机,而像交换机,有 1U(1U＝1.75in＝4.45cm)、2U、4U 等规格。机架式服务器安装在标准的 19in 机柜里面。这种结构的多为功能型服务器,如图 5-4 所示。

图 5-3 塔式服务器

图 5-4 机架式服务器

　　通常 1U 的机架式服务器最节省空间,但性能和可扩展性较差,适合一些业务相对固定的使用领域。4U 以上的产品性能较高,可扩展性好,一般支持 4 个以上的高性能处理器和大量标准热插拔部件。管理也十分方便,厂商通常提供相应的管理和监控工具,适合大访问量的关键应用;但体积较大,空间利用率不高。

　　3) 机柜式服务器

　　在一些高档企业服务器中,其内部结构复杂且内部设备较多,有的还具有许多不同的设备单元或几个服务器都放在一个机柜中,这种服务器就是机柜式服务器,如图 5-5 所示。

　　4) 刀片式服务器

　　刀片式服务器是指在标准高度的机架式机箱内可插装多个卡式的服务器单元,实现高可用和高密度。每一块"刀片"实际上就是一块系统主板。它们可以通过"板载"硬盘启动自己的操作系统,如 Windows NT/2000、Linux 等,类似于一个个独立的服务器,在这种模式下,每一块母板运行自己的系统,服务于指定的不同用户群,相互之间没有关联。不过,管理员可以使用系统软件将这些母板集合成一个服务器集群。

　　在集群模式下,所有的母板可以连接起来提供高速的网络环境,并同时共享资源,为相同的用户群服务。在集群中插入新的"刀片",就可以提高整体性能。而由于每块"刀片"都是热插拔的,所以,系统可以轻松地进行替换,并且可将维护时间减少到最短,如图 5-6所示。

图 5-5　机柜式服务器

图 5-6　刀片式服务器

2. 按应用层次分类

　　按应用层次划分通常也称为"按服务器档次划分"或"按网络规模划分",是服务器最普遍的一种划分方法,它主要根据服务器在网络中应用的层次(或服务器的档次)来划分的。要注意的是,这里所指的服务器档次并不是按服务器 CPU 主频高低来划分,而是依据整个服务器的综合性能,特别是所采用的一些服务器专用技术来衡量的。按这种划分方法,服务器可分为入门级服务器、工作组级服务器、部门级服务器和企业级服务器。

　　1) 入门级服务器

　　这类服务器是最基础的一类服务器,也是最低档的服务器。随着 PC 技术的日益提高,现在许多入门级服务器与 PC 机的配置差不多,所以目前也有部分人认为入门级服务器与"PC 服务器"等同。这类服务器所包含的服务器特性并不是很多,通常只具备以下几方面特性。

(1) 有一些基本硬件的冗余,如硬盘、电源、风扇等,但不是必需的。

(2) 通常采用 SCSI(小型计算机系统专用接口)接口硬盘,现在也有采用 SATA 串行接口的。

(3) 部分部件支持热插拔,如硬盘和内存等,这些也不是必需的。

(4) 通常只有一个 CPU,但不是绝对的,如 SUN 的入门级服务器有的就可支持到两个处理器。

(5) 内存容量也不会很大,一般在 1GB 以内,但通常会采用带 ECC 纠错技术的服务器专用内存。

这类服务器主要采用 Windows 或者 NetWare 网络操作系统,可以充分满足办公室的中小型网络用户的文件共享、数据处理、Internet 接入及简单数据库应用的需求。这种服务器与一般的 PC 很相似,有很多小型公司干脆就用一台高性能的品牌 PC 作为服务器,所以这种服务器无论在性能上还是价格上都与一台高性能 PC 品牌机相差无几,如 DELL 最新的 PowerEdge4000 SC 的价格仅 5808 元,HP 也有类似配置和价格的入门级服务器。

入门级服务器所连的终端比较有限(通常为 20 台左右),况且在稳定性、可扩展性及容错冗余性能较差,仅适用于没有大型数据库数据交换,日常工作网络流量不大,无须长期不间断开机的小型企业。

要说明的一点是,目前有的比较大型的服务器开发、生产厂商(在后面要讲)的企业级服务器中也划分出几个档次,其中最低档的一个企业级服务器档次就称为"入门级企业级服务器"。

还有一点就是,这种服务器一般采用 Intel 的专用服务器 CPU 芯片,是基于 Intel 架构(俗称"IA 结构")的,当然这并不是一种硬性标准规定,而是由于服务器的应用层次需要和价位的限制。

2) 工作组服务器

工作组服务器是一个比入门级高一个层次的服务器,但仍属于低档服务器。从这个名字也可以看出,它只能连接一个工作组(50 台左右)那么多用户,网络规模较小,服务器的稳定性也不像下面将要讲的企业级服务器那样高的应用环境,当然在其他性能方面的要求也相应要低一些。工作组服务器具有以下几个特点。

(1) 通常仅支持单或双 CPU 结构的应用服务器(但也不是绝对的,特别是 SUN 的工作组服务器就有能支持多达 4 个处理器的工作组服务器,当然这类服务器价格方面也就有些不同了)。

(2) 可支持大容量的 ECC 内存和增强服务器管理功能的 SM 总线。

(3) 功能较全面、可管理性强,且易于维护。

(4) 采用 Intel 服务器 CPU 和 Windows/NetWare 网络操作系统,但也有一部分是采用 UNIX 系列操作系统的。

可以满足中小型网络用户的数据处理、文件共享、Internet 接入及简单数据库应用的需求。

工作组服务器较入门级服务器来说性能有所提高，功能有所增强，有一定的可扩展性，但容错和冗余性能仍不完善，也不能满足大型数据库系统的应用，价格也比前者贵许多，一般相当于 2～3 台高性能的 PC 品牌机总价。

3）部门级服务器

这类服务器属于中档服务器之列，一般支持双 CPU 以上的对称处理器结构，具备比较完善的硬件配置，如磁盘阵列、存储托架等。部门级服务器的最大特点就是，除了具有工作组服务器的全部特点外，还集成了大量的监测及管理电路，具有全面的服务器管理能力，可监测如温度、电压、风扇、机箱等状态参数，结合标准服务器管理软件，使管理人员可及时了解服务器的工作状况。

同时，大多数部门级服务器具有优良的系统可扩展性，能够使用户在业务量迅速增大时及时在线升级系统，充分保护了用户的投资。它是企业网络中分散的各基层数据采集单位与最高层的数据中心保持顺利连通的必要环节，一般为中型企业的首选，也可用于金融、邮电等行业。

部门级服务器一般采用 IBM、SUN 和 HP 各自开发的 CPU 芯片，这类芯片通常是RISC 结构，所采用的操作系统一般是 UNIX 系列操作系统，现在的 Linux 也在部门级服务器中得到了广泛应用。以前能生产部门级服务器的厂商通常只有 IBM、HP、SUN、Compaq（现在也已并入 HP）几家，不过现在随着其他一些服务器厂商开发技术的提高，现在能开发、生产部门级服务器的厂商比以前多。国内也有好几家具备这个实力，如联想、曙光、浪潮等。

当然，因为并没有一个行业标准来规定什么样的服务器配置才能算得上部门级服务器，所以现在也有许多实力并不雄厚的企业也声称其拥有部门级服务器，但其产品配置却基本上与入门级服务器差不多。

部门级服务器可连接 100 个左右的计算机用户，适用于对处理速度和系统可靠性要求高一些的中小型企业网络，其硬件配置相对较高，其可靠性比工作组级服务器要高一些，当然其价格也较高。由于这类服务器需要安装较多部件，所以机箱通常较大，采用机柜式。

4）企业级服务器

企业级服务器属于高档服务器行列，正因如此，能生产这种服务器的企业也不是很多，但同样因没有行业标准硬件规定企业级服务器需达到什么水平，所以现在也看到了许多本不具备开发、生产企业级服务器水平的企业声称自己已有了企业级服务器。企业级服务器至少需采用 4 个以上 CPU 的对称处理器结构，有的高达几十个。另外，一般还具有独立的双 PCI 通道和内存扩展板设计，具有高内存带宽、大容量热插拔硬盘和热插拔电源、超强的数据处理能力和群集性能等。

这种企业级服务器的机箱就更大了，一般为机柜式的，有的还由几个机柜来组成，像大型机一样。企业级服务器产品除了具有部门级服务器全部特性外，最大的特点就是它还具有高容错能力、优良的扩展性能、故障预报警功能、在线诊断和 RAM、PCI、CPU 等具有热插拔性能。有的企业级服务器还引入了大型计算机的许多优良特性,如 IBM 和 SUN 公司的企业级服务器。

这类服务器所采用的芯片也都是几大服务器开发、生产厂商自己开发的独有 CPU 芯片,所采用的操作系统一般也是 UNIX(Solaris)或 Linux。目前在全球范围内能生产高档企业级服务器的厂商也只有 IBM、HP、SUN 几家,绝大多数国内外厂家的企业级服务器都只能算是中、低档企业级服务器。

企业级服务器适合运行在需要处理大量数据、高处理速度和对可靠性要求极高的金融、证券、交通、邮电、通信或大型企业。企业级服务器用于联网计算机在数百台以上,对处理速度和数据安全要求非常高的大型网络。企业级服务器的硬件配置最高,系统可靠性也最强。

5.2 服务器的群集技术

5.2.1 服务器群集技术概述

群集(Cluster)是一种并行或分布式多处理系统,该系统由两个或多个计算机(简称为结点)通过网络连接而成。结点可以是一台 PC 机,也可以是工作站或者 SMP,分别构成 PC 群集、工作站群集、SMP 群集。

每一个结点都有单独的处理器、主存储器、辅助存储器、I/O 接口及操作系统。可以单独执行串行应用程序,也可以作为集群中的一个结点执行并行的应用程序,协同完成并行任务。

从应用上看,群集分为 3 种类型,即高性能科学计算群集、负载均衡群集和高可用性群集。科学计算群集用于群集开发的并行编程的应用程序,来解决复杂的科学问题,这是并行计算的基础。它不使用专门的并行超级计算机(这种超级计算机内部由 10 至上万个独立处理器组成),而是使用商业系统,如通过高速连接来链接的一组单处理器或双处理器 PC,并且在公共消息传递层上进行通信以运行并行应用程序。因此,常常听说又有一种便宜的 Linux 超级计算机问世了。但它实际是一个计算机群集,其处理能力与真的超级计算机一样。

负载均衡群集为企业需求提供了更实用的系统。该系统使负载可以在计算机群集中尽可能平均地分摊处理(负载可能是需要均衡的应用程序处理负载或网络流量负载)。

这样的系统非常适合于运行同一组应用程序的大量用户。每个结点都可以处理一部分负载,并且可以在结点之间动态分配负载,以实现平衡。对于网络流量也如此。通常,网络服务器应用程序接受了太多入网流量,以至无法迅速处理,这就需要将流量发送给在其他结点上运行的网络服务器应用。还可以根据每个结点上不同的可用资源或网络的特殊环境来进行优化。

高可用性群集的出现是为了使群集的整体服务尽可能可用,以便考虑计算硬件和软件的易错性。如果高可用性群集中的主结点发生了故障,那么这段时间内将由次结点代替它。次结点通常是主结点的镜像,所以当次结点代替主结点时,它可以完全接管其身份,并且因此使系统环境对于用户是一致的。

5.2.2 Windows 的网络平衡负载技术

在 Windows 2003 操作系统中,有两种途径可获得群集技术。一是内嵌在 Windows Server 2003 的各版本中(包括标准版和 Web 版)的网络负载均衡。二是采用服务器群集(Server Clustering)方式,需要使用 Windows Server 2003 企业版或数据中心版。

网络负载平衡(Network Load Balancing,NLB)的硬件架构是一种多服务器的网络架构,如图 5-7 所示。网络中在同一子网上的多台服务器(最多 32 台)共同构成一个群集,对于客户机来说就像一台真正的服务器,群集有自己的 IP 地址,客户机通过这个 IP 地址来进行访问。NLB 软件会控制 NLB 中的某台服务器来响应客户机的请求,NLB 中的不同服务器会均等响应(当然管理员也可以控制为不均等),共同负担客户机的请求,从而达到负载平衡。

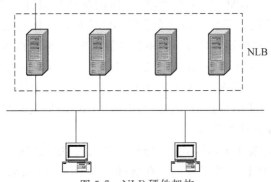

图 5-7 NLB 硬件架构

NLB 的核心是一个 WLBS.exe 的驱动程序,它工作在 TCP/IP 协议和网卡的驱动程序之间,这个驱动程序运行于 NLB 中的所有服务器上。NLB 技术常常用于 Web 服务、流媒体服务、终端服务、VPN 服务上,如图 5-8 所示。

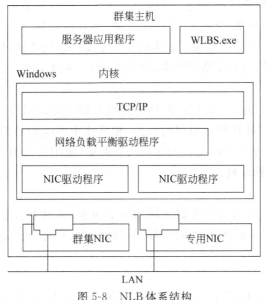

图 5-8 NLB 体系结构

　　NLB 的工作原理是当客户向 NLB 群集(NLB 的虚拟 IP 地址)发起请求时,客户的请求数据包是发送到所有的 NLB 结点,然后运行在 NLB 结点上的 NLB 服务,根据同样的NLB 算法来确定是否应该由自己进行处理,如果不是则丢弃客户的请求数据包,如果是则进行处理。将请求数据包发送到 NLB 结点有两种方式,即单播和多播。

　　单播是指 NLB 覆盖网络每个集群成员适配器上制造商提供的 MA 地址。NLB 对所有成员都使用相同的单播 MAC 地址。这种模式的优点是它可以无缝地与大多数路由器和交换机协同工作。缺点是到达集群的流量会扩散到交换机虚拟 LAN (VLAN)上的所有端口,并且主机之间的通信不能通过 NLB 绑定到适配器,也即实体主机间不可以互相通信。若在 NLB 创建时选择单播模式,在"群集 IP 配置"中的"网络地址"是以"02-BF"开头,后面紧跟 IP 地址的十六进制表示,后续加入的主机也将修改为此 MAC 地址。

　　多播是指保留原厂 MAC 地址不变,但是向网络适配器中增加了一个第 2 层多播MAC 地址。所有入站流量都会到达这个多播 MAC 地址。优点是这种方法可以通过在交换机的"内容可寻址存储器"(CAM)表中创建静态项,从而使得入站流量仅到达集群中的主机。缺点是因为 CAM 项必须静态关联一组交换机端口,如果没有这些 CAM 项,入站流量仍然会扩散到交换机 VLAN 上的所有端口。还有一个缺点就是很多路由器不会自动将单播 IP 地址(群集的虚拟 IP 地址)与多播 MAC 地址关联起来。如果进行静态配置,一些路由器可以存在这种关联。

　　若在 NLB 创建时选择多播模式,在"群集 IP 配置"中的"网络地址"是以"03-BF"开头,后面紧跟 IP 地址的十六进制表示。在选择多播模式时,后面还有个复选项"IGMPMulticast(IGMP 多播)",若选中此复选项,就像多播操作模式一样,NLB 保留原厂 MAC地址不变,但是向网络适配器中增加了一个 IGMP 多播地址。

　　此外,NLB 主机会发出这个组的 IGMP 加入消息。如果交换机探测到这些消息,它可以使用所需的多播地址来填充自己的 CAM 表,这样入站流量就不会扩散到 VLAN 上的所有端口。这是这种集群模式的主要优点。缺点是有一些交换机不支持 IGMP 探测。此外,路由器仍然支持单播 IP 地址到多播 MAC 地址的转换。在 IGMP 多播模式下,将采用"01-00-5E"开头的 MAC 地址。在多播模式下实体主机之间可以互相通信。

　　总结上述 NLB 模式,有单播单网卡、单播多网卡、多播单网卡、多播多网卡。

　　1) 单播单网卡

　　该模式只需要一个网卡,配置简单,所有路由器都支持该模式。由于网卡地址被改为同一 MAC,无法实现 NLB 服务器间的通信,和其他主机间的通信正常。单一网卡既作为群集检测信号(心跳信号)用,也作为客户机和群集(使用公用 IP)、客户机和群集(使用专用 IP)通信用,所以性能较差。

　　2) 单播多网卡

　　如图 5-9 所示,每个 NLB 服务器上增加一个网卡,该网卡为专用网卡。用于承担群集检测信号和 NLB 服务器之间的内部通信,性能较佳,所有路由器都支持该模式。缺点是需要增加额外的网卡。

　　3) 多播单网卡

　　该模式只需一个网卡,并且 NLB 服务器之间可以通信(使用专用 IP 地址),然而有些路由器不支持组播,同样单一网卡承担了所有通信流量,性能较差。

4)多播多网卡

物理结构仍如图 5-9 所示,专用网卡用于群集信号的检测以及 NLB 服务器间的通信,同样有的路由器可能不支持组播模式。

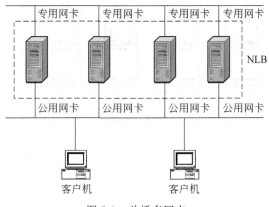

图 5-9　单播多网卡

5.2.3　Windows 服务器群集

服务器群集(Microsoft Cluster Server,MSCS)是一组运行 Windows Server 2003 的独立的计算机系统(称为结点),像单个系统一样协同工作,从而确保执行关键任务的应用程序和资源始终可被客户端使用。通过交换称为检测信号的周期性的信息,群集中的结点保持恒定的通信。

如果群集中的某个结点由于故障或维护而不可用,另一个结点立即开始提供服务(称为故障转移的过程)。和网络负载平衡不同的是,服务器群集的多台服务器中只有一台服务器在响应客户的请求,只有该服务器故障时其他服务器才会接替它响应客户的请求,服务器群集主要目的在于实现服务器故障的冗余,保证关键业务的不中断。服务器群集最多可以组合 8 个结点。服务器群集服务基于非共享的群集模型,尽管群集中有多个结点可以访问设备或资源,但该资源一次只能由一个系统占有和管理,如图 5-10 所示。

服务器群集服务包含 3 个主要组件,即群集服务、资源监视器和资源 DLL。此外,群集管理器还允许生成提供管理功能的扩展 DLL,如图 5-11 所示。

群集服务是核心组件,并作为高优先级的系统服务运行。群集服务控制群集活动并执行以下任务:协调事件通知、方便群集组件间的通信、处理故障转移操作和管理配置。每个群集结点都运行自己的群集服务。

资源监视器是群集服务和群集资源之间的接口,并作为独立进程运行。群集服务使用资源监视器与资源 DLL 进行通信。DLL 处理所有与资源的通信,因此在资源监视器上宿主 DLL 可以保护群集服务免受错误运行或停止工作的资源造成的影响。资源监视器的多个副本可以在单个结点上运行,从而能将无法预测的资源与其他资源隔离开。

群集服务在需要对资源执行操作时将向分配给该资源的资源监视器发送请求。如果

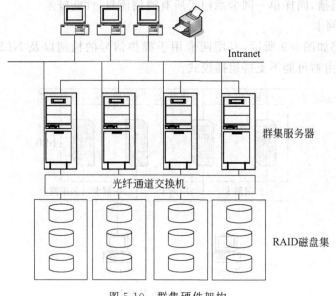

图 5-10　群集硬件架构

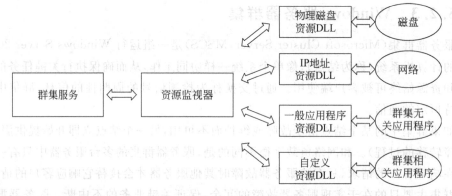

图 5-11　群集服务组件

资源监视器的进程中没有可以处理该类型资源的 DLL，则使用注册信息加载与该资源类型相关的 DLL。然后，将群集服务的请求传递至其中一个 DLL 的入口点函数。资源 DLL 将处理操作的详细信息以符合资源的特定需要。

　　第三个主要的 Microsoft 群集服务组件是资源 DLL。资源监视器和资源 DLL 使用资源 API 进行通信。资源 API 是用于管理资源的入口点、回叫函数和相关结构及宏的集合。

　　对于群集服务而言，资源是任何可进行管理的物理或逻辑组件，如磁盘、网络名、IP 地址、数据库、站点、应用程序和任何其他可以联机和脱机的实体。资源可按类型进行组织。资源类型包括物理硬件（如磁盘驱动器）和逻辑项（如 IP 地址、文件共享和一般应用程序）。

　　每个资源都使用资源 DLL，它主要是资源监视器和资源之间的被动转换层。资源监视器调用资源 DLL 的入口点函数查看资源的状态并使资源联机和脱机。资源 DLL 负责通过便利的 IPC 机制与其资源进行通信,以实现这些方法。

实现其自身资源 DLL 与群集服务通信的应用程序以及使用群集 API 请求和更新群集信息的应用程序都被定义为群集相关应用程序。不使用群集或资源 API 以及群集控制代码函数的应用程序和服务都不识别群集,也无法识别群集服务是否正在运行。这些群集无关应用程序通常作为一般应用程序或服务进行管理。

群集相关和群集无关应用程序都可以在群集结点上运行,并且都可以作为群集资源进行管理。但是,只有群集相关应用程序可以利用群集服务通过群集 API 提供的功能。开发群集相关应用程序需要建立自定义资源类型。通过自定义资源类型,开发人员可以使应用程序在群集发生各种事件(如结点即将脱机会关闭数据库连接)时做出必要的响应并采取措施。

对于大多数需要在群集中运行的应用程序,最好花费一些时间和资源开发自定义资源类型。可先在群集环境中对应用程序进行测试,而不必修改应用程序的代码或创建新的资源类型。在 Windows. NET Server 2003 中,未经修改的应用程序可以作为"群集相关"应用程序在基础级别运行。群集服务专为此用途提供了一般应用程序资源类型。

群集管理器扩展 DLL 在群集管理器内提供特定于应用程序的管理功能,允许用户以同样的方式管理他们的应用程序,无论该应用程序是在群集内部还是在群集外部运行。开发人员都可以在群集管理器框架内提供应用程序管理功能,或只是链接到现有的管理工具。

开发人员可通过编写扩展 DLL 扩展群集管理器的功能。群集管理器应用程序通过一组已定义的 COM 接口与扩展 DLL 进行通信。扩展 DLL 必须实现一组特定的接口并且在群集的每个结点都进行注册。

最后总结服务器群集和 NLB 集群,如表 5-3 所示。

表 5-3 服务器群集与网络平衡负载群集比较

服务器群集	NLB 群集
保证企业内网服务器运行的可靠性	提供均衡服务
只有一个结点的公用网卡上有群集 IP 地址	每个结点的公用网卡都有群集 IP 地址
同时只有一个节点能监听到客户端请求	同时所有节点都监听到客户端的请求
每个节点都在共享存储设备存储数据	每个节点都在本地存储一份数据
最多支持 8 个节点	支持 32 个节点
必须是域环境	是否域环境均可
数据中心和企业版支持。必须两块网卡,内网卡用作"心跳线"	2003 家族 4 个版本均支持,可以是一块网卡,最好两块

5.2.4 配置网络负载平衡群集

1. 试验环境

(1) 在域环境下进行网络负载平衡的搭建。一台为 DC,IP 地址为 192.168.1.1。一台为成员服务器,IP 地址为 192.168.1.2。网络负载平衡使用的 IP 地址为 192.168.1.10 主机名为 vwww.benet.com。

（2）在 DNS 服务器上创建 www.benet.com 主机记录,IP 地址为 192.168.1.10。

（3）在两台计算机的第一块网卡上添加"网络负载均衡"服务,但是不勾选。

（4）为了管理的方便,在每台主机上添加第二块网卡,DC 上的 IP 地址为 10.1.1.1,成员服务器上的 IP 地址为 10.1.1.2。

（5）为了验证 NLB 群集的效果,还要事先在两台服务器上安装 IIS 服务,默认的网站首页内容不一致。

2. 配置网络负载平衡集群

（1）启动配置命令,如图 5-12 所示。

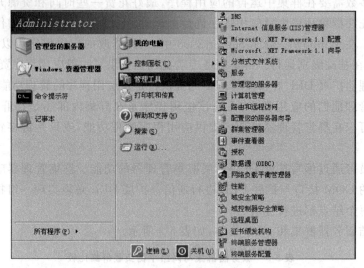

图 5-12　启动配置命令

（2）进入网络负载平衡界面,如图 5-13 所示。

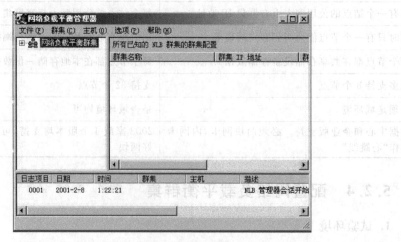

图 5-13　网络负载平衡界面

（3）在"网络负载平衡管理器"上右击，选择快捷菜单中的"新建群集"命令，如图5-14所示。

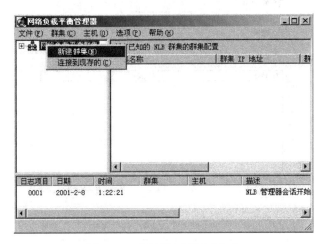

图5-14　选择"新建群集"命令

（4）输入群集IP地址和完整的Internet名称，如图5-15所示。

图5-15　"群集参数"对话框

（5）单击"下一步"按钮，进一步输入可访问的IP地址，如图5-16所示。

（6）单击"下一步"按钮，进入"端口规则"对话框，如图5-17所示。为了访问方便，一般将此删除。

可以添加、编辑和删除端口规则。单击"编辑"按钮就可以对选中的端口规则进行编辑，进入该窗口，如图5-18所示。

"群集IP地址"指定了端口规则可涉及的群集IP地址，如果选中"所有"复选框，则该

图 5-16　添加可访问的 IP 地址

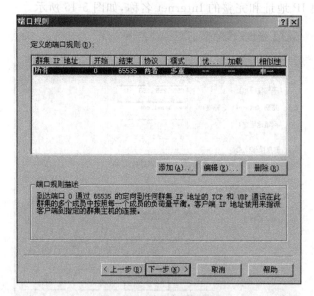

图 5-17　端口规则界面

端口规则涵盖了所有与 NLB 相关的 IP。

　　"端口范围"指定了规则可涉及的 TCP/IP 端口范围,由于这里只是 Web 群集,所以只涉及 80 端口。

　　"协议"选项区指定了规则涉及的 IP 协议。

　　"筛选模式"选项区中,如果需要负载平衡则应选中"多个主机"单选按钮;如果选中"单一主机"单选按钮时,则这时在群集中的服务器始终由优先级高的那一台服务器响应客户的请求,这时实际上没有了负载平衡的功能,然而当优先级高的服务器有故障时,优先级次之的服务器会响应客户的请求;选中"禁用此端口范围"单选按钮时则阻止相关端口规则的所有网络通信。

"筛选模式"如果是"多个主机",则应进一步选择"相似性"选项组,相似性的不同选项含义如下。

① "无":即使来自同一客户端 IP 地址的多条链接也由不同的服务器进行响应,当网页是动态网页并且需要维护与客户端的会话时(如用户在网页登录后查询自己的邮件),采用这种相似性会引起问题。

② "单一":指定网络将来自同一客户端 IP 的多个请求定向到同一台群集服务器上,这种相似性可以保持服务器与客户端的会话。

③ "类":将来自同一个 C 类 IP 地址的请求定向到同一群集服务器上,这种相似性可以防止将来自同一网段的多个代理服务器看成不同源而把请求发送到不同的群集服务器上。

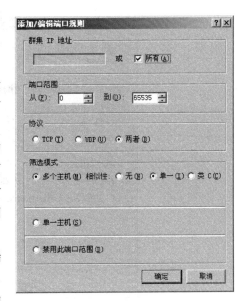

图 5-18 端口规则设置界面

(7) 单击"下一步"按钮,选择连接到主机的接口,选择对外的接口作为群集用的接口,如图 5-19 所示。

(8) 单击"下一步"按钮,设置优先级,如图 5-20 所示。

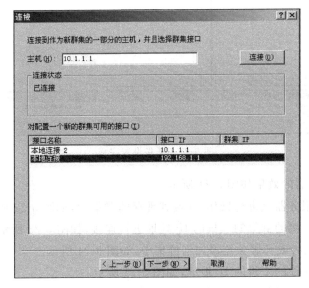

图 5-19 选择群集使用的接口

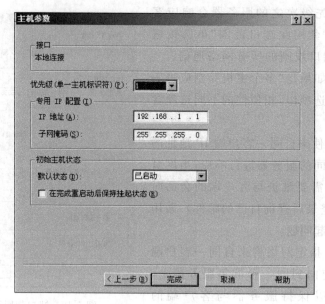

图 5-20 优先级设置

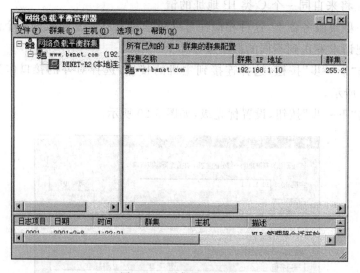

图 5-21 群集设置完成

（9）设置完成后的效果如图 5-21 所示。

（10）在成员服务器上进行操作，连接到现存的群集中，如图 5-22 所示。

（11）输入要连接的群集的主机的 IP 地址进行连接，如图 5-23 所示。

（12）在 DC 上将成员服务器添加到群集中，如图 5-24 所示。

（13）输入要添加的主机的 IP 地址，如图 5-25 所示。

（14）设置加入主机的优先级，如图 5-26 所示。

（15）最终的效果如图 5-27 所示，两台主机都已经聚合。

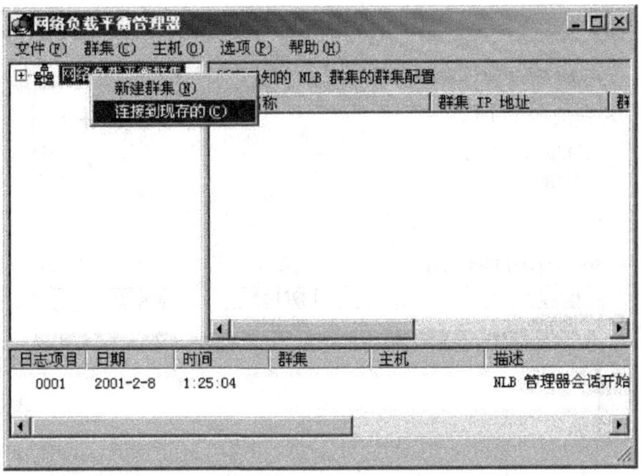

图 5-22　连接到群集

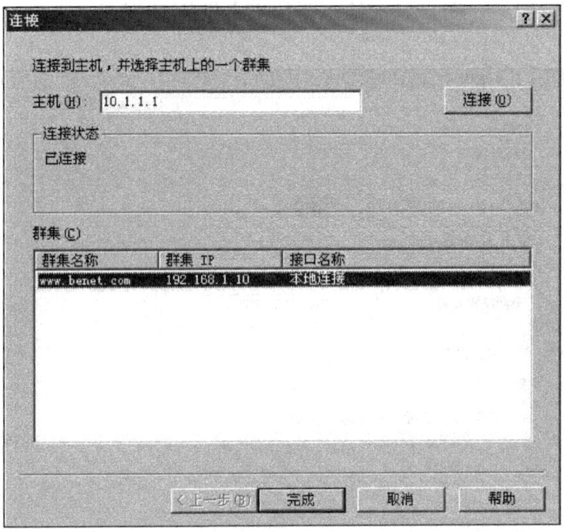

图 5-23　输入 IP 地址

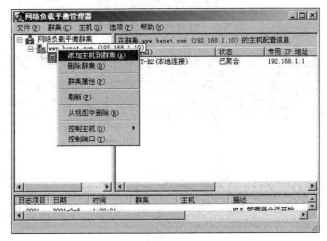

图 5-24　在群集上加入主机

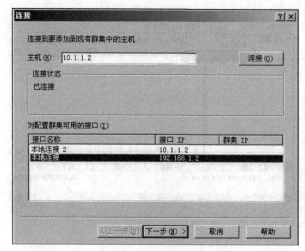

图 5-25　输入要加入主机的 IP 地址

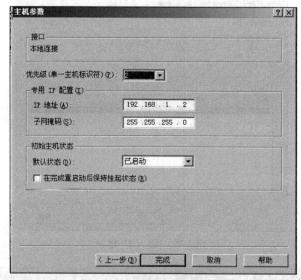

图 5-26　设置加入主机的优先级

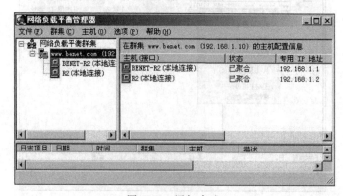

图 5-27　添加完成

（16）进行验证，输入网址 www. benet. com 会默认显示 DC 上的网页内容，如图 5-28 所示。

图 5-28 验证界面

（17）将 DC 上的公共网卡禁用，再进行登录，会发现网页的内容已经发生了改变。变成了成员服务器上的网页内容，如图 5-29 所示。

图 5-29 禁用公共网卡后的验证界面

5.3 存储体系

存储系统是整个 IT 系统的基石，是 IT 技术赖以存在和发挥效能的基础平台。早期的存储形式是存储设备（通常是磁盘）与服务器其他硬件直接安装于同一个机箱内，且仅供此服务器独占或使用。

随着服务器数量的增多，磁盘数量也在增加，它们分散在不同的服务器上，要了解每一个磁盘的运行状况都需要到不同的应用服务器上去查看。更换磁盘更需要拆开服务器,中断应用服务。于是,希望将磁盘从服务器中脱离出来,集中到一起管理的需求出现了。如何将服务器和盘阵连接起来? 面对这样的问题,厂商提出了以下 3 种存储方案来解决,它们是直接附加存储(DAS)、网络附加存储(NAS)和存储区域网络(SAN)。

5.3.1　直接附加存储

直接附加存储(Direct Attached Storage,DAS)是指将存储设备通过 SCSI 线缆或光纤通道直接连接到服务器上,并为这台服务器所独享。一个 SCSI 环路或称为 SCSI 通道可以挂载最多 16 台设备;FC 可以在仲裁环的方式下支持 126 个设备。

应用程序通过 I/O 系统调用访问系统内核,系统内核利用核心中包含的文件系统(EXT3、NTFS、FAT 等)模块处理这个系统调用,并在一个抽象的逻辑磁盘空间中为访问程序提供目录数据结构和将文件映射到磁盘块的管理工作。卷管理器负责管理磁盘系统中位于一个或多个物理磁盘中的块资源,并提供逻辑磁盘块到物理磁盘结构(如卷、磁柱和扇区地址)的映射。而磁盘系统设备驱动程序使系统内核可以控制磁盘驱动器或主机总线适配器,使它们可以在主机与磁盘系统间传输指令和数据,如图 5-30 所示。

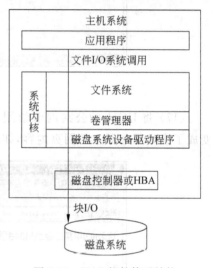

图 5-30　DAS 软件体系结构

DAS 方式实现了机内存储到存储子系统的跨越,但是缺点依然有很多。

(1) 扩展性差。服务器与存储设备直接连接的方式导致出现新的应用需求时,只能为新增的服务器单独配置存储设备,造成重复投资。

(2) 资源利用率低。DAS 方式的存储长期来看存储空间无法充分利用,存在浪费。不同的应用服务器面对的存储数据量是不一致的,同时业务发展的状况也决定着存储数据量的变化。因此,出现了部分应用对应的存储空间不够用,另一些却有大量的存储空间闲置。

(3) 可管理性差。DAS 方式数据依然是分散的,不同的应用各有一套存储设备。管理分散,无法集中。

(4) 异构化严重。DAS 方式使得企业在不同阶段采购了不同型号、不同厂商的存储设备,设备之间异构化现象严重,导致维护成本居高不下。

5.3.2　网络附加存储

网络附加存储(Network Attached Storage,NAS)是一种文件共享服务。拥有自己的文件系统,通过 NFS 或 CIFS 对外提供文件访问服务。

NAS 包括存储器件(如硬盘驱动器阵列、CD 或 DVD 驱动器、磁带驱动器或可移动的存储介质)和专用服务器。专用服务器上装有专门的操作系统,通常是简化的 UNIX/

Linux 操作系统,或者是一个特殊的 Windows 内核。它为文件系统管理和访问做了专门的优化。专用服务器利用 NFS 或 CIFS,充当远程文件服务器,对外提供文件级的访问,如图 5-31 所示。

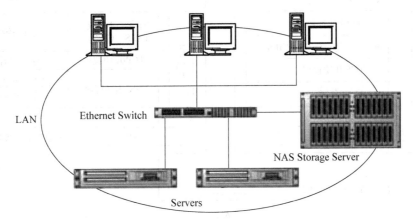

图 5-31　NAS 系统结构

在 NAS 存储系统中包含两类设备,即客户端主机和 NAS 服务器。应用程序在客户端主机中产生文件 I/O 访问请求的系统调用。文件 I/O 系统调用与系统内核交互时被 I/O 重定向器截获,以决定被访问的数据是在远程文件分区中还是在本地文件系统中。

假设被访问的数据存在于本地文件系统中,那么文件 I/O 系统调用将会被本地文件系统处理。假设被访问的数据存在于远程文件系统中,那么 I/O 重定向器则通过命令将系统调用映射到网络文件协议(NFS 或 CIFS)的消息报文中。之后这些文件访问消息被传递给 TCP/IP 协议栈,以确保将消息可靠地传输到整个网络。在客户端主机随后的处理过程中,系统内核依赖 NIC 驱动程序将封装后的 TCP/IP/报文送向网络接口卡,然后由网络接口卡将消息传输到网络中。

在 NAS 服务器端,系统内核利用 NIC 驱动程序对网络接口卡收到的包含有远程文件访问消息的以太网帧进行处理,并将解封装后的报文送至 TCP/IP 协议栈。TCP/IP 协议栈从报文中恢复由客户端主机发送来的原 NFS 或 CIFS 文件访问消息。这些消息中包含有处理文件的 I/O 指令。

被恢复出的文件 I/O 指令由 NAS 文件访问处理程序执行,并利用与 DAS 相似的机制在文件系统、卷管理器和磁盘系统设备驱动程序间动作,最终访问到磁盘系统内的某一块数据,如图 5-32 所示。

NAS 的缺点如下。

(1) NAS 设备与客户机通过企业网进行连接,因此数据备份或存储过程中会占用网络的带宽。这必然会影响企业内部网络上的其他应用。共用网络带宽成为限制 NAS 性能的主要问题。

(2) NAS 的可扩展性受到设备大小的限制。增加另一台 NAS 设备非常容易,但是要想将两个 NAS 设备的存储空间无缝合并却非易事,因为 NAS 设备通常具有独特的网

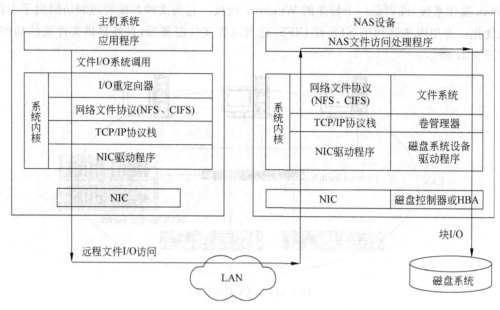

图 5-32　NAS软件体系结构

络标识符,存储空间的扩大上有限。

(3) NAS 访问需要经过文件系统格式转换,所以是以文件一级来访问。不适合 Block 级的应用,尤其是要求使用裸设备的数据库系统。

5.3.3　存储区域网络

存储区域网络(Storage Area Network,SAN)是一种通过网络方式连接存储设备和应用服务器的存储构架,这个网络专用于主机和存储设备之间的访问。当有数据的存取需求时,数据可以通过存储区域网络在服务器和后台存储设备之间高速传输。在 SAN 中,每个存储设备并不隶属于任何一台单独的服务器。

SAN 的诞生,使存储空间得到更加充分的利用并使安装和管理更加有效。SAN 是一种将存储设备、连接设备和接口集成在一个高速网络中的技术。SAN 本身就是一个存储网络,承担了数据存储任务,SAN 网络与 LAN 业务网络相隔离,存储数据流不会占用业务网络带宽。

在 SAN 网络中,所有的数据传输在高速、高带宽的网络中进行,SAN 存储实现的是直接对物理硬件的块级存储访问,提高了存储的性能和升级能力。

SAN 由服务器、后端存储系统、SAN 连接设备组成;后端存储系统由 SAN 控制器和磁盘系统构成,控制器是后端存储系统的关键,它提供存储接入、数据操作及备份、数据共享、数据快照等数据安全管理以及系统管理等一系列功能。后端存储系统为 SAN 解决方案提供了存储空间。使用磁盘阵列和 RAID 策略为数据提供存储空间和安全保护措施。连接设备包括交换机、HBA 卡和各种介质的连接线,如图 5-33 所示。

NAS 和 SAN 最本质的不同就是文件管理系统所在位置不同,如图 5-34 所示。

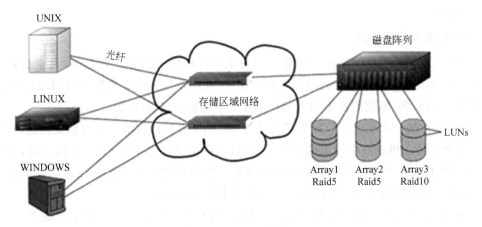

图 5-33 SAN 系统结构

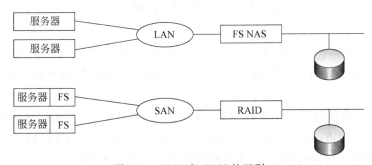

图 5-34 NAS 与 SAN 的区别

从图 5-34 中可以看出,在 SAN 结构中,文件管理系统(FS)在每一个应用服务器上;

而 NAS 则是每个应用服务器通过网络共享协议(如 NFS、CIFS)使用同一个文件管理系统。换句话说,NAS 和 SAN 存储系统的区别是 NAS 有自己的文件系统管理。NAS 是将目光集中在应用、用户和文件及其共享的数据上。SAN 是将目光集中在磁盘、磁带以及连接它们的可靠的基础结构。

在 SAN 的存储系统中,其软件体系结构基本上与 DAS 相同,关键区别是 DAS 系统中的磁盘控制器的驱动程序被替换成光纤通道协议栈(FC)或 iSCSI/TCP/IP 协议栈。它们提供了将块级别 I/O 指令传输到位于 SAN 网络另一端的存储设备的能力,如图 5-35 所示。

在 SAN 的实现上,主要有 IP SAN、FC SAN 两个常用的技术实现形式,它们之间主要有以下

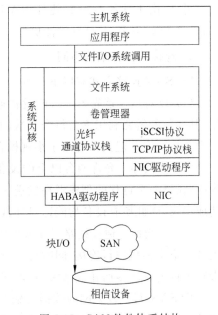

图 5-35 SAN 软件体系结构

几点不同。

1. 控制器结构不同

IP SAN 存储设备的磁盘控制器采用每个磁盘柜中分为多个磁盘组,每个磁盘组由一个微处理器芯片控制所有的磁盘 RAID 操作(采用软件计算效率较低)和 RAID 组的管理操作;而 FC SAN 控制器采用 RAID 芯片+中央处理器的结构。

IP SAN 每一次磁盘 I/O 操作都将经过 IP SAN 存储内置的一个类似交换机的设备,从前端众多的主机端口中读取或者写入数据,而这些操作都是基于 IP 交换协议,其协议本身就要求每一个微处理器芯片工作时需要大容量的缓存来支持数据包队列的排队操作,所以一般看到的 IP SAN 存储都是具有几十个 GB 的缓存。

利用这个大的缓存区,IP SAN 存储在测试 Cache 的最大读带宽时可以获得 600 000IOPS 甚至以上的值,但是这个值并不能真正说明在实际应用中就能够获得好的性能。因为在具有海量存储的时候,不可能所有的数据均载入到系统缓存中,这时就需要大量的磁盘 I/O 操作来查找数据,而 IP SAN 存储所采用的 SATA 磁盘在这一性能方面非常弱,而且还涉及一个在 IP 网络上流动的 iSCSI 数据向 SATA 格式数据转化的效率损失问题。也就是说,IP SAN 存储在一个缓存 Cache 到磁盘的数据 I/O 和数据处理瓶颈。

而采用 FC 磁盘的 FC SAN 存储设备就不存在这样的问题。通过两条甚至 4 条冗余的后端光纤磁盘通道,可以获得一个非常高的磁盘读写带宽,而且 FC 的磁盘读写协议不存在一个数据格式转换的问题,因为它们内部采用的都是 SCSI 协议传输,避免了效率的损失。而且 FC SAN 存储设备由于光纤交换和数据传输的高效性,并不需要很大的缓存就能够获得一个好的数据命中率和读写性能,一般 2Gb 或者 4Gb 即可满足要求。

另外,由于具备专门的硬件 RAID 校验控制芯片,所以磁盘 RAID 性能将比软件 RAID 性能好很多,并且可靠性更好。

2. 连接的拓扑结构不同

FC SAN 连接方式有以下 3 种。

(1) 点对点。首先各个组成设备通过登录建立初始连接,然后即采用全带宽进行工作,其实际的链路利用率为每个终端的光纤通道控制器以及发送与接收数据可获得缓冲区大小来决定。但其只适用于小规模存储设备的方案,不具备共享功能。

(2) 仲裁环。允许两台以上的设备通过一个共享带宽进行通信与交流,在此拓扑结构中,任意一个进程的创建者在发送一段报文之前,都将首先与传输介质就如何存取信息达成协议,因此所有设备均能通过仲裁协议实现对通信介质的有序访问。

(3) 全交换。通过链路层交换提供及时、多路的点对点的连接。通过专用、高性能的光纤通道交换机进行连接,同时可进行多对设备之间点对点的通信,从而使整个系统的总带宽随设备的增多而相应增大,在增多的同时丝毫不影响这个系统的性能。

IP SAN 基于以太网的数据传输与存取中,虽然在物理上可体现为总线型或者星形连接,但其实质为带冲突检测多路载波侦听(CSMA/CD)方式进行广播式数据传输的总线拓扑,因此随着负载以及网络中通信客户端的增加,其实际效率会随之相应降低。

3. 使用的网络设备和传输介质不同

FC SAN 使用专用光纤通道设备。在链路中使用光纤介质,不仅完全可以避免因传输过程中各种电磁干扰,而且可以有效达到远距离的 I/O 通道连接。所使用的核心交换设备——交换机均带具有高可靠性及高性能的 ASIC 芯片设计,使整个处理过程完全基于硬件级别的高效处理。同样在连接至主机的 HBA 设计中,绝大多数操作独立处理,完全不耗费主机处理资源。

IP SAN 使用通用的 IP 网络及设备。在传输介质中使用铜缆、双绞线、光纤等介质进行信号的传输,但普通的廉价介质存在信号衰减严重等缺点,而使用光纤也同样需要特有的光电转换设备等。在 IP 网络中,可借助 IP 路由器进行传输,但根据其距离远近,会产生相应的传输延迟。核心使用各种性能的网络交换机,受传输协议本身的限制,其实际处理效率不高。在主机端通常使用廉价的各种速率的网卡,大量耗费主机的应用处理资源。

5.4 SAN 应用案例

信息或数据在 IT 系统中总是处于"计算""存储""传输"3 个状态之一。这 3 个方面也正好对应于整个 IT 技术的 3 个基础架构单元——计算、存储和网络。

传统上,主机系统既负责数据的计算,也在通过文件系统、数据库系统等手段对数据进行逻辑和物理层面的管理,而存储设备则是以直连存储(DAS)方式连接在主机系统中。同时各种标准和各种版本的操作系统、文件系统拥挤在用户的系统环境中,使数据被分割成杂乱分散的"数据孤岛"(Data Island),无法在系统间自由流动,自然也就谈不上设备的充分利用和资源共享。

今天,在大数据逐步深入社会生活的条件下,存储系统应该得到和主机、网络、应用一样的重视。信息系统规划和建设必须从主机、存储和网络这 3 个方面入手,取得最佳的均衡,从而得到功能强大、扩展性强、易于管理、高投入产出的信息系统。

5.4.1 总体设计

在下述 IP SAN 的方案设计中,以 H3C 的 Neocean IX5000 系列产品作为核心存储系统,如图 5-36 所示。它配置 8 个存储控制模块,能够提供 1640MB/s 的吞吐量和600 000IOPS。系统同时支持采用多块网卡的高可靠性设计,完全能够满足数据库服务器等关键业务对于存储区域网络的性能和可靠性的要求。

所有需要连接 IX5000 的服务器,如数据库服务器、Web 服务器等,只要安装千兆网卡,并安装软件的 iSCSI Initiator,就可以通过以太网获得存储设备,从而不需要购置价格昂贵的 HBA 卡。主流的操作系统 AIX、Solaris、Linux、Windows 都支持千兆网卡加软件的 iSCSI Initiator 的实现方式。当然也可以通过安装 iSCSI 的 HBA 卡的方式连接到系统,IX5000 通过划分不同的卷,以保证各个应用系统互不干扰。

对于以后可能增加的要连接到 IP SAN 中需要共享存储资源的所有相关应用服务器,可实现即插即用,用网线连接到存储区域网络就能访问后台存储设备里的数据。基于标准化 IP 的存储交换平台使得各种数据管理功能能够像电器插头插入电源插座一样,轻易地进行部署应用。

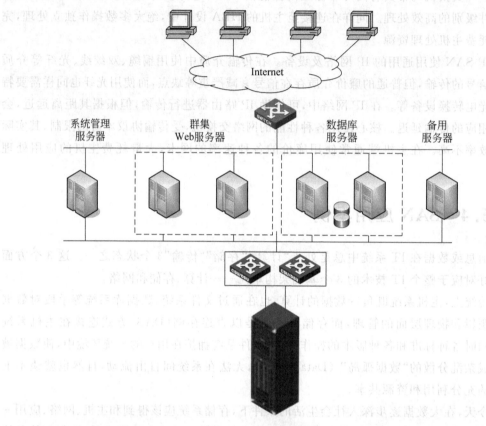

图 5-36　SAN 应用案例

5.4.2　技术特色

IX5000 在技术架构上具有四大特点。

1. 高带宽存储交换平台

IX5000 从结构上基于 H3C 享有盛誉的 IRF 专利技术,在 H3C IP 交换平台上,根据存储产品的海量数据存取、高性能低延迟、数据管理、设备管理等特点,构建了 Neocean 存储交换平台。从而突破了传统控制器到磁盘的环路瓶颈,单台设备最大支持 240Gb/s 的背板交换带宽。

2. 高性能存储控制模块集群

IX5000 的存储控制模块采用了最新的数据流群集技术和存储控制负载平衡技术,支持从单存储控制模块到 8 个存储控制模块的动态负载平衡扩展,并且始终保持性能的线性叠加。它采用 1U 机架式服务器,配置有 Intel Xeon 3GHz CPU 和 2GB 内存,软件基于 Linux 内核设计开发。每个存储控制模块提供 3 个千兆位以太网接口(前端接口),分别对外提供了数据业务和管理功能,两个千兆位以太网接口(后端接口)和 DE(Decision Element)实现连接。后端接口具有负载平衡和故障保护功能。

3. 智能网络磁盘柜

IX5000 的智能网络磁盘柜,改变了传统磁盘柜 SCSI/FC 环路 JBOD 的结构。每个磁盘柜分为 4 个磁盘控制组,每组的核心为一个具有 4 块负载平衡微处理器芯片的控制模块。每个微处理器芯片负责对一块硬盘的数据存取进行精确的控制和管理,充分利用磁盘的高速 Cache 进行 TCQ/NCQ 数据读取处理。

由于得到高性能存储交换平台的支撑,使得每个磁盘组(4 块磁盘)以星形方式通过双 GE 接口连接到交换平台,最大限度地发挥出高性能磁盘的读写能力,提高了磁盘的可靠性。同时磁盘柜为每块硬盘分配了专用的处理器和 IP/MAC 地址,这使得系统对于磁盘的管理和数据控制更为高效,磁盘也可以在整个系统中自由“漫游”,甚至随意更换位置。这对于需要进行系统迁移和数据迁移的用户尤其有效。

4. 多端口汇聚主机接口

为提高存储系统的主机连接能力,降低用户在部署存储系统时的集成和管理成本,IX5000 对存储控制模块出口进行了汇聚和统一管理,共提供 32 GE 主机接口。在不增加其他交换机的情况下,可支持 32 台主机直接接入 IX5000,是服务器集中和数据集中的理想选择。

IX5000 管理和监控三大特点如下。

传统存储系统的管理难题来自于专用协议、专用设备、厂商私有规格标准造成的混乱和人为造成的管理障碍。IX5000 完全基于设备和系统可视化、IP 标准化进行管理。同时,IX5000 的系统管理已完全与 H3C 著名的 QuidView 网络管理系统集成,通过统一的管理界面,QuidView 能够对分布在遍及广域的多台 IX5000 进行集中统一的管理和维护。

5.4.3　管理工具

Storage Management Tool 是 H3C 存储系统软件包,其基本功能实现了智能化的卷管理、监控管理、镜像、快照等一系列功能,使得管理员管理存储空间、存储设备变得简单化和智能化,如图 5-37 所示。

灵活方便的卷管理功能:卷(Volume)是分配给 iSCSI Initiators 的存储空间,QuidView Neocean-SM 屏蔽了底层物理磁盘、虚拟磁盘等概念,使管理员可以直接对卷进行创建、删除、管理等工作。

清晰明了的监控功能:Storage Management Tool 提供了对卷、磁盘、存储控制模块等多个类型的设备进行的性能监控。

Storage Management Tool,是基于 Java 开发的用户管理图形界面,借助 Storage

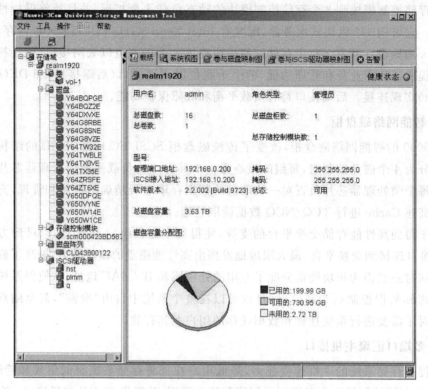

图 5-37 H3C 存储系统管理界面

Management Tool 管理员可以直观地完成对设备的基本配置操作和清晰的性能监控、故障管理等功能。

Storage Management Tool 除了可以独立安装到 Server 上外，还可以和 H3C 数通网管平台 QuidView 集成安装，实现了对交换机设备、服务器、IP 存储设备的集中、统一管理。

1. 卷管理

Storage Management Tool 提供了 3 个层面上的存储概念，即物理磁盘、虚拟磁盘和卷。

物理磁盘(Physical Disk)：物理磁盘是指实际中磁盘阵列的每块硬盘。

虚拟磁盘(Virtual Disk)：在物理磁盘基础上创建的基于相同存储策略的磁盘空间，它可以使用的是一块或几块物理磁盘，但一块物理磁盘不能跨多个虚拟磁盘。

卷(Volume)：基于已经创建的虚拟磁盘，用户可以在其上创建具有相同存储策略的卷。

Storage Management Tool 对卷的管理是基于存储策略(Policy)的，存储策略实际上是用户定义虚拟磁盘类型时配置的集合，一旦用户需要的存储策略被创建，后续对卷的操作和管理都会被大大简化。Storage Management Tool 预定义了 4 种存储策略：

① 基本(Basic)；

② 镜像(Mirror);

③ 条纹(Stripe);

④ 镜像条纹(Stripe of Mirrors)。

Storage Management Tool 向用户屏蔽了物理磁盘、虚拟磁盘等复杂抽象的底层概念,用户可以利用 Storage Management Tool 直接在 GUI 界面上对卷进行创建、删除等操作,同时也可以对已创建的卷进行图形化的各种监控、信息查看等功能。

Storage Management Tool 提供了向导方式创建卷,在创建卷的过程中,用户完成对卷名、存储策略、卷空间大小的指定。

在创建卷时,系统同时隐式地创建了对应的虚拟磁盘;用户也可以显式地创建虚拟磁盘,具体可以参考命令行。

对于创建的卷,Storage Management Tool 提供了图形化的清晰信息浏览,包括基本信息、对应的物理磁盘、关联 iSCSI Initiator、性能监控等。

2. 监控管理

对于管理员来说,能清晰地了解当前设备的运行状态和设备故障是至关重要的。基于此,Storage Management Tool 提供了多种设备运行状态监控和设备故障管理手段。

设备面板提供给用户一个直观和简单的操作平台,Storage Management Tool 定期获取存储控制模块和磁盘阵列信息,保证了用户看到的面板信息始终是和实际一致的。

Storage Management Tool 针对卷、物理磁盘、存储控制模块均提供了实时性能监控功能。Storage Management Tool 每隔 5s 从设备处获取相关信息,存储控制模块对相应的请求信息应答返回给 Storage Management Tool,之后它再通过折线图形的形式直观地表现给用户,用户还可以将数据保存在 Excel 文件中来记录当时设备状况供后续分析使用。

Storage Management Tool 针对各种监控对象提供的监控项目含义,如表 5-4 所示。

表 5-4　监控对象提供的监控项目

监控对象	监控项目	含　　义
卷对象	吞吐量	指定卷的吞吐量,单位是 MB/s
	IOPs	每秒的输入和输出操作量,单位是 64K/s
	存储转发时间	对于这个卷,典型请求和应答延迟时长,单位是 ms
存储控制模块对象	CPU 负载	在各个时间戳时 CPU 利用率(%)
	吞吐量	读写吞吐量值,单位是 MB/s
	IOPs	每秒的输入和输出操作量,单位是 64K/s
	闪存命中率	命中闪存的百分比(%)
物理磁盘对象	吞吐量	指定磁盘的吞吐量,单位是 MB/s
	IOPs	每秒的输入和输出操作量,单位是 64K/s
	存储转发时间	磁盘典型的请求和应答延迟时长,单位是 ms

当 IP SAN 的对象不在正常工作状态时,就会产生对应的告警信息,如图 5-38 所示,告警信息通过私有协议格式发送给 Storage Management Tool,并通过图形界面直观地展现给用户。

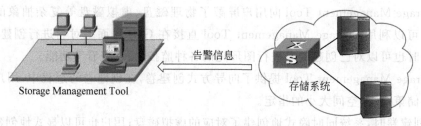

图 5-38　警告信息传递图

3. 与 QuidView 集成

Storage Management Tool 可以和 H3C 的数通设备管理平台 QuidView 集成,共同提供给用户对服务器、交换机、存储设备的集中统一管理。通过 QuidView,用户可以获得增强的性能管理、增强的故障管理和拓扑管理等功能。

(1) 增强的性能管理。依托于数据库,QuidView 可以对存储设备的一些性能指标进行长期的后台性能监控,从长期的性能数据报表中,用户可以得出设备不同时期流量趋势等信息,以为后续的部署、应用提供依据。

对于每个具体的性能指标,用户还可以设置其阈值,当性能采集值超过阈值后,网管会主动上报告警信息。

(2) 增强的故障管理。QuidView 接收设备发送来的 Trap 告警信息,并可以对重复的告警进行屏蔽;对接收到的告警信息,QuidView 提供了多个方向的转发功能,包括转发到 Email、短信等。

(3) 拓扑管理。QuidView 可以自动发现网络中的服务器、交换机和存储设备等,并绘制出它们的连接关系;用户也可以根据自己的需要,在自动拓扑的基础上手工绘制拓扑。

本章小结

本章主要介绍了服务器的概念、硬件特征及分类。重点要求掌握服务器的硬件特征进而理解服务器的功能及与 PC 机的区别。在服务器的使用过程中,当某个服务有大量的流量时,单一服务器可能无法胜任这些请求,这时可以采取网络负载平衡(NLB)。NLB 不仅可以实现网络负载平衡,也可以增加网络的可伸缩性、可用性。NLB 有单播模式和多播模式。服务器群集(MSCS)则是为了实现关键业务的不中断,当提供服务的服务器故障时,客户的请求会自动转交给其他服务器来处理。在服务器群集中服务器通常要求有多个网卡以及共享的磁盘阵列。对于存储体系而言,希望读者了解各种解决方案(DAS、NAS、SAN)的特点,根据网络系统的要求选择合适的存储方案。

思考与练习

（1）简述服务器硬件的主要特征。

（2）简述 DAS、NAS、SAN 工作原理和主要特征。

（3）服务器群集有几种？各应用于什么场合？

（4）服务器群集和网络负载平衡有什么区别？

（5）有两台单网卡服务器 Server1 和 Server2 用于提供 Web 服务，其中 Server1 的 IP 地址为 172.16.0.1/16，Server2 的 IP 地址为 172.16.0.2/16。配置网络负载平衡：群集 IP 地址为 172.16.0.100/16，采取多播模式，Server1 承担 70％请求量，Server2 承担 30％请求量，Web 站点无须维护和客户间的会话。在客户机上测试网络负载平衡是否生效。

实践课堂

假设你是公司的网络管理员，公司处在单域的环境中，所有服务器都运行了 Windows Server 2003 企业版，所有客户机都运行 Windows XP，使用 DHCP 动态分布 IP 地址。为了提高域的安全性和减轻管理负担，希望使用动态更新，你应该如何处理？

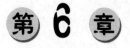

第 6 章

网络系统安全和管理

6.1 防火墙技术

6.1.1 防火墙概述

防火墙(Firewall)是一种隔离技术,是在两个网络通信时执行的一种访问控制手段,常在内部网和公众网(如 Internet)之间使用。它作为两个网络间信息通信的通道,可以根据用户设定的安全标准来判断是否让信息通过这个关口,从而达到保护用户网络的目的。防火墙示意图如图 6-1 所示。

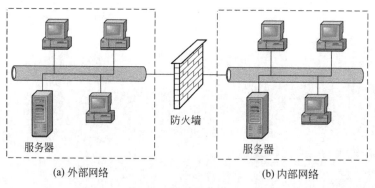

图 6-1 防火墙示意图

防火墙的核心技术包括包过滤、应用代理和状态监测 3 种。防火墙产品都是在这 3 种技术基础上建立起来的。

包过滤防火墙是应用包过滤技术对网络层进行保护的,对进出网络的单个包进行检查,安全策略允许的就通过;否则就丢弃。因此具有性能较好和对应用透明的优点,目前绝大多数路由器都提供这种功能。但是,由于它不能跟踪 TCP 状态,所以对 TCP 层的控制有漏洞。如当它配置了仅允许从内到外的 TCP 访问时,一些以 TCP 应答包的形式从外部对内网进行的攻击仍可以穿透防火墙。因此,主流防火墙产品中已经很少使用该技术。

应用代理防火墙也可称为应用网关防火墙。应用代理的原理是彻底隔断通信两端的直接通信,所有通信都必须经应用层代理转发,访问者任何时候都不能与服务器建立直接的 TCP 连接,应用层的协议会话过程必须符合代理的安全策略要求。断掉所有的连接,由防火墙重新建立连接,应用代理防火墙具有极高的安全性。

但是,这种高安全性是以牺牲性能和对应用的透明性为代价的。它不能支持大规模的并发连接,在对速度敏感的行业使用这类防火墙时简直是灾难。另外,防火墙核心要求预先内置一些已知应用程序的代理,使得一些新出现的应用在代理防火墙内被无情地阻断,不能很好地支持新应用。在 IT 领域中,新应用、新技术、新协议层出不穷,代理防火墙很难适应这种局面。因此,在一些重要的领域和行业的核心业务应用中,代理防火墙正被逐渐疏远。

但是,自适应代理技术的出现让应用代理防火墙技术出现了新的转机,它结合了代理防火墙的安全性和包过滤防火墙的高速度等优点,在不损失安全性的基础上将代理防火墙的性能作了极大的提高。目前,应用代理防火墙依然有很大的市场空间,仍然是主流的防火墙之一。尤其在那些应用比较单一(如仅访问 www 站点等)、对性能要求不高的中小企业内部网中,具有实用价值。

状态监测防火墙是 Check Point 公司推出的防火墙的核心架构——状态监测。目前已经成为防火墙的标准。这种防火墙在包过滤防火墙的架构上进行了改进,它摒弃了包过滤防火墙仅考查进出网络的数据包,而不关心数据包状态的缺点,在防火墙的核心部分建立状态连接表,并将进出网络的数据当成一个个的会话,利用状态表跟踪每一个会话状态。状态监测对每一个包的检查不仅根据规则表,更考虑了数据包是否符合会话所处的状态,因此提供了完整的对传输层的控制能力。

状态监测还采用了一系列优化技术,使防火墙性能大幅度提升,能应用在各类网络环境中,尤其是在一些规则复杂的大型网络上。因此,它是目前最流行的防火墙技术。目前,业界很多优秀的防火墙产品都采用了状态监测体系结构,如 Cisco 的 PIX 防火墙、NetScreen 防火墙等。从 2000 年开始,国内的许多防火墙公司,如东软、天融信等公司都开始采用这一最新的体系架构。

6.1.2 防火墙的分类

1. 从防火墙的存在形式分类

从防火墙的存在形式上看,分为软件防火墙和硬件防火墙及芯片级防火墙。

软件防火墙运行于特定的计算机上,它需要客户预先安装好的计算机操作系统的支持,一般来说,这台计算机就是整个网络的网关。俗称"个人防火墙"。软件防火墙就像其他的软件产品一样需要先在计算机上安装并做好配置才可以使用。防火墙厂商中做网络版软件防火墙最出名的莫过于 Checkpoint。使用这类防火墙,需要网管对所工作的操作系统平台比较熟悉。

1) 硬件防火墙

这里说的硬件防火墙是指"所谓的硬件防火墙"。之所以加上"所谓"二字是针对芯片级防火墙而言的。它们最大的差别在于是否基于专用的硬件平台。目前市场上大多数防火墙都是这种所谓的硬件防火墙,它们都基于 PC 架构,也就是说,它们和普通的家庭用的 PC 没有太大区别。在这些 PC 架构计算机上运行一些经过裁剪和简化的操作系统,最常用的有老版本的 UNIX、Linux 和 FreeBSD 系统。值得注意的是,由于此类防火墙采用的依然是别人的内核,因此依然会受到 OS(操作系统)本身的安全性影响。

传统硬件防火墙一般至少应具备 3 个端口,分别接内网、外网和 DMZ 区(非军事化区),现在一些新的硬件防火墙往往扩展了端口,常见四端口防火墙一般将第 4 个端口作为配置口、管理端口。很多防火墙还可以进一步扩展端口数目。

2) 芯片级防火墙

芯片级防火墙基于专门的硬件平台,没有操作系统。专有的 ASIC 芯片促使它们比其他种类的防火墙速度更快,处理能力更强,性能更高。做这类防火墙最出名的厂商有 NetScreen、FortiNet、Cisco 等。这类防火墙由于是专用 OS(操作系统),因此防火墙本身的漏洞比较少,不过价格相对比较高昂。

2. 从防火墙结构上分类

从结构上分,防火墙主要有单一主机防火墙、路由器集成防火墙和分布式防火墙 3 种。

单一主机防火墙是最为传统的防火墙,独立于其他网络设备,位于网络边界。这种防火墙其实与一台计算机结构差不多(图 6-2),同样包括 CPU、内存、硬盘等基本组件,当然主板更是不能少的,且主板上也有南、北桥芯片。

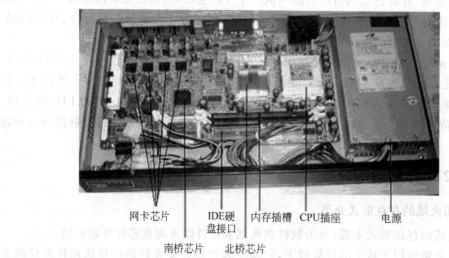

网卡芯片　　　IDE硬　　内存插槽　CPU插座　　　　电源
　　　　　　　盘接口
　　南桥芯片　　北桥芯片

图 6-2 单一主机防火墙

它与一般计算机最主要的区别就是,一般防火墙都集成了两个以上的以太网卡,因为它需要连接一个以上的内、外部网络。其中的硬盘就是用来存储防火墙所用的基本程序,如包过滤程序和代理服务器程序等,有的防火墙还把日志也记录在此硬盘上。虽然如此,但不能说它就与 PC 机一样,因为它的工作性质决定了它要具备非常高的稳定性、实用性和吞吐性能。正因为如此,看似与 PC 机差不多的配置但价格相差甚远。

随着防火墙技术的发展及应用需求的提高,原来作为单一主机的防火墙现在已发生了许多变化。最明显的变化就是现在许多中、高档的路由器中已集成了防火墙功能,还有的防火墙已不再是一个独立的硬件实体,而是由多个软、硬件组成的系统,这种防火墙俗称“分布式防火墙”。

分布式防火墙再也不是只位于网络边界,而是渗透于网络的每一台主机,对整个内部网络的主机实施保护。在网络服务器中,通常会安装一个用于防火墙系统管理软件,在服务器及各主机上安装有集成网卡功能的 PCI 防火墙卡,这样一块防火墙卡同时兼有网卡和防火墙的双重功能。这样一个防火墙系统就可以彻底保护内部网络。各主机把任何其他主机发送的通信连接都视为“不可信”的,都需要严格过滤。而不是传统边界防火墙那样,仅对外部网络发出的通信请求“不信任”。

6.1.3　防火墙的部署

在防火墙的部署上,目前比较流行的有以下 3 种防火墙配置方案。

1. 双宿主机网关

这种配置是用一台装有两个网络适配器的双宿主机做防火墙。双宿主机用两个网络适配器分别连接两个网络,又称堡垒主机。堡垒主机上运行着防火墙软件(通常是代理服务器),可以转发应用程序、提供服务等。双宿主机网关有一个致命弱点,一旦入侵者侵入堡垒主机并使该主机只具有路由器功能,则任何网上用户均可以随便访问有保护的内部网络,如图 6-3 所示。

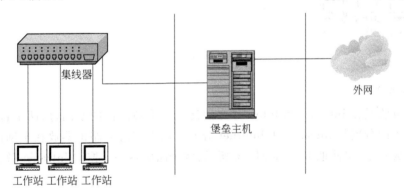

集线器

外网

堡垒主机

工作站　工作站　工作站

图 6-3　双宿主机网关

2. 屏蔽主机网关

屏蔽主机网关易于实现,安全性好,应用广泛。它又分为单宿堡垒主机和双宿堡垒主机两种类型。先来看单宿堡垒主机类型。一个包过滤路由器连接外部网络,同时一个堡垒主机安装在内部网络上。堡垒主机只有一个网卡,与内部网络连接。通常在路由器上设立过滤规则,并使这个单宿堡垒主机成为从 Internet 唯一可以访问的主机,确保了内部网络不受未被授权的外部用户的攻击。而 Intranet 内部的客户机,可以受控制地通过屏蔽主机和路由器访问 Internet,如图 6-4 所示。

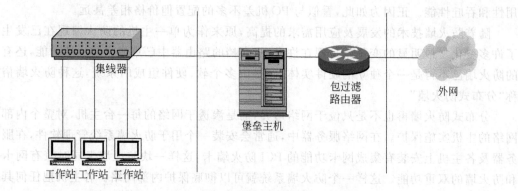

图 6-4　单宿堡垒主机

双宿堡垒主机型与单宿堡垒主机型的区别是,堡垒主机有两块网卡,一块连接内部网络,一块连接包过滤路由器(图 6-5)。双宿堡垒主机在应用层提供代理服务,与单宿型相比更加安全。

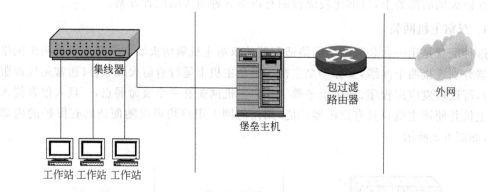

图 6-5　双宿堡垒主机

3. 屏蔽子网

这种方法是在 Intranet 和 Internet 之间建立一个被隔离的子网,用两个包过滤路由器将这一子网分别与 Intranet 和 Internet 分开。两个包过滤路由器放在子网的两端,在子网内构成一个"缓冲地带"。如图 6-6 所示,两个路由器一个控制 Intranet 数据流,另一

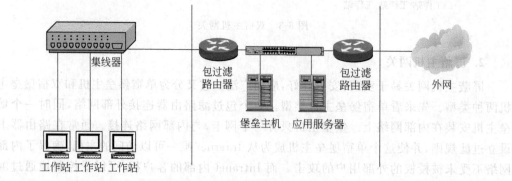

图 6-6　屏蔽子网

个控制 Internet 数据流,Intranet 和 Internet 均可访问屏蔽子网,但禁止它们穿过屏蔽子网通信。

可根据需要在屏蔽子网中安装堡垒主机,为内部网络和外部网络的互相访问提供代理服务,但是来自两网络的访问都必须通过两个包过滤路由器的检查。对于向 Internet公开的服务器,像 WWW、FTP、Mail 等 Internet 服务器也可安装在屏蔽子网内,这样无论是外部用户还是内部用户都可访问。这种结构的防火墙安全性能高,具有很强的抗攻击能力,但需要的设备多、造价高。

当然,防火墙本身也有其局限性,如不能防范绕过防火墙的入侵,像一般的防火墙不能防止受到病毒感染的软件或文件的传输;难以避免来自内部的攻击等。总之,防火墙只是一种整体安全防范策略的一部分,仅有防火墙是不够的,安全策略还必须包括全面的安全准则,即网络访问、本地和远程用户认证、拨出拨入呼叫、磁盘和数据加密以及病毒防护等有关的安全策略。

6.1.4 防火墙的设计策略、优缺点与发展趋势

要想防火墙能够更好地发挥保护作用,首先要制定安全策略。制定一个完善的安全策略必须要考虑的问题有:用户需要使用的网络服务有哪些? 使用这些服务带来的风险有哪些? 抵御这些风险所需要的代价是什么? 总之,企业的安全策略就是要在对商务需求做细致全面分析的基础上制定的。

防火墙安全策略主要分为两个层次,即网络服务访问策略和防火墙安全设计策略。

1. 网络服务访问策略

(1) 不允许从外部的互联网访问内部网络,但从"内"到"外"的访问是允许的。

(2) 只允许从外部的互联网访问如邮件服务器之类的特定系统。

防火墙只允许执行(1)和(2)中的一个。它是一种具体到事件的策略,决定了防火墙对哪些网络协议或服务进行过滤。

2. 防火墙安全设计策略

(1) 除非特别的拒绝,否则允许所有服务。这种策略相对来说防护能力较弱,因为它默认情况下除了管理员明确禁止的服务,其他服务都允许,但是管理员不可能考虑到全部有危险的服务,攻击者很容易就可以利用新的服务或绕过防火墙(如利用协议隧道绕过防火墙)来入侵或攻击内部网络。因此,这种策略在一般情况下是不可取的。

(2) 除非特别的允许,否则拒绝所有服务。这种策略默认情况下除了管理员明确规定允许的服务以外,拒绝其他所有的服务,相较(1)来说更为安全,但是它的要求较为严格,如果设置不好就会导致一些必要的服务无法使用,给内部网络用户的工作带来不便。

一般来说,防火墙必须执行(1)和(2)中的一种。它是具体针对防火墙制定相应的规章制度来实施网络服务访问的策略。

总之,防火墙安全策略的设定没有一个统一的标准,也不是设定得越严格就越好,关键是要根据用户的实际情况来"量身定做",最终防火墙的好坏还要取决于系统对安全性和灵活性的要求。

防火墙将内部网络与外部网络之间隔离开来,通过一定的安全策略来保护内部网络不受侵害,它的要点主要有:能对内部网络实行集中的安全管理;能监视、统计并记录所有网络访问,并在必要的时候拦截有危险的操作或发出警报;利用防火墙还可以对内部网络进行划分,从而使问题被局限在一个很小的范围内,防止因为网络的连通性而使问题扩散。

但目前防火墙仍然存在一定的局限性:防火墙为了更好地保护内部网络,往往会限制很多的网络服务,因此会禁止一些有用但也存在一定风险的网络服务;防火墙只能保护内部网络不受外来攻击者的攻击,但如果攻击者本身是在内部网络的,它就无法起到保护作用;目前有许多绕过防火墙的攻击手段是它还无法防护的(如利用协议隧道绕过防火墙);不能防范已感染病毒的文件传输、数据驱动型攻击及一些未知的网络安全问题。

3. 未来防火墙的发展

未来防火墙的发展应该朝着界面友好、操作简单、高效的方向发展,并将在以下几个方向上有所作为。

1) 透明接入技术

对用户透明,不需要设置 IP 地址,以无 IP 方式运行,不让用户觉察到防火墙的存在,这样就大大简化了用户的操作。

2) 分布式防火墙技术

在各网络、子网、结点间的边界位置设置防火墙,从而形成一个多层次、多协议,内外皆防的全方位安全体系。

3) 以防火墙为核心的网络信息安全体系

防火墙是防止网络攻击的重要技术手段,但仍有许多安全问题是它不能防护的,因此需要与其他网络安全产品及服务结合起来使用,才能进一步保护好内部网络。

总之,防火墙在发展本身防护技术及完善安全策略的同时,也要注意与其他网络安全产品的兼容与结合,取长补短,更好地发挥它在网络安全防护中的作用。

6.2 防火墙应用案例——锐捷硬件防火墙配置

1. 硬件防火墙设备的安装

硬件防火墙通常除了初始配置端口(Console 口)外,一般还提供 3 个以上的 LAN 端口,分别用于连接内部网络(LAN)、外部网络(WAN)及非军事区域(DMZ)。非军事区域主要用于存放单位/企业的网络服务器,如 Web 服务器、FTP 服务器、E-mail 服务器等。

下面以图 6-7 所示的锐捷硬件防火墙(RG-WALL 120)为例介绍设备的物理端口的功能。面板的第一个端口为 Console 端口,第二个端口为 AUX 端口,该端口可通过 Modem 设备实现远程配置防火墙。接下来 4 个端口为 LAN 端口。而防火墙的电源接口位置在防火墙的后面板。

图 6-7 锐捷硬件防火墙

设备的安装过程如下。

（1）将防火墙安装于机柜中，并用螺钉固定。

（2）使用电源线连接防火墙的电源接口（置于后面板）至电源插排上。

（3）分别将连接外部网络及连接内部网络的双绞线随意选择一个 LAN 端口插入。不过在登录防火墙配置接口 IP 地址时，要根据相应的接口配置对应的 IP 地址。

（4）如果内部网络安装了网络服务器，并需要向外网提供网络服务。此时，可再随意选择一个 LAN 端口作为 DMZ 端口，通过双绞线网线连接防火墙到交换机上，交换机上再通过双绞线网线可连接多台服务器，如 Web 服务器、FTP 服务器等。

2. 与配置主机的连接

使用双绞线网线连接 PC 的网卡至防火墙的 LAN 端口，配置 PC 机的 IP 地址、子网掩码及网关如下：IP 地址设置为防火墙出厂默认的管理主机 IP 地址 192.168.10.200，网关为防火墙的出厂默认接口 IP 地址 192.168.10.100，如图 6-8 所示。

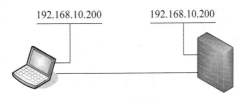

图 6-8   配置图

3. 锐捷防火墙管理配置、安全策略配置及抗攻击配置

（1）打开 IE 浏览器，在地址栏中输入 https：//192.168.10.100：6666，按 Enter 键后，打开登录界面，如图 6-9 所示。

图 6-9   登录界面

（2）输入默认的账号及口令，单击"登录"按钮，打开防火墙配置窗口，如图 6-10 所示。

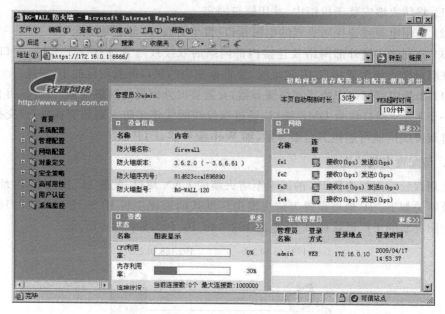

图 6-10　管理界面首页

（3）依次单击窗口左列表中的"管理配置"→"管理方式"，进行图 6-11 所示设置。

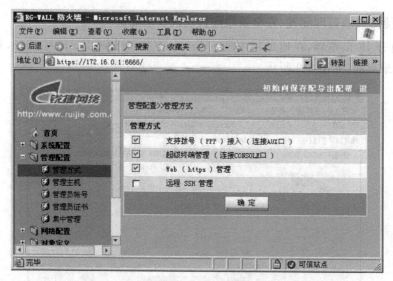

图 6-11　管理方式

（4）依次单击窗口左列表中的"管理配置"→"管理主机"，输入管理主机的 IP 地址172.16.0.2，单击"添加"按钮，设置完成后保存在列表中，如图 6-12 所示。

（5）依次单击窗口左列表中的"管理配置"→"管理员账号"，打开配置窗口如图 6-13 所示，进行账户设置。

（6）依次单击窗口左列表中的"网络配置"→"接口 IP"，打开的配置界面如图 6-14 所

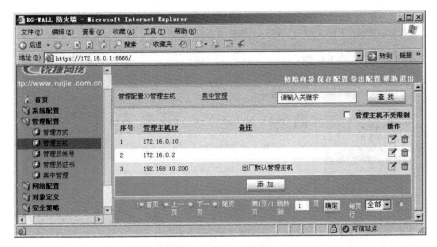

图 6-12 管理主机

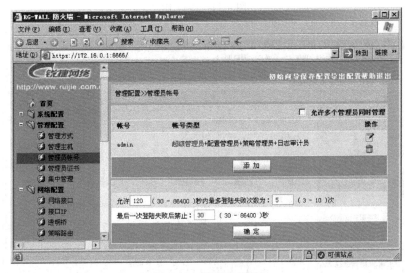

图 6-13 管理员账号

示。接着根据内、外网络的网线所插入防火墙的接口来配置相应的接口 IP 地址。设 fe2 网络接口连接内部网络,IP 地址为 172.16.0.1;fe3 网络接口连接外部网络,外网真实 IP 地址为 61.131.24.244。

(7) 依次单击窗口左侧列表中的"网络配置"→"策略路由",打开配置界面如图 6-15 所示。单击"添加"按钮,打开编辑策略路由的窗口,如图 6-16 所示。

(8) 依次单击窗口左侧列表中的"安全策略"→"安全规则",在右窗口中的单击"添加"按钮,弹出"安全规则维护"对话框,如图 6-17 所示。在该对话框中可以添加网络地址转换(NAT)、包过滤、IP 地址映射、端口映射等类型的安全规则。配置 NAT 规则,可以使内部网络中使用私有 IP 地址的主机访问 Internet 资源;配置包过滤规则,可以阻止非法用户访问网络资源;配置 IP 地址映射和端口映射规则,可以实现将内网中的网络服务器公布于 Internet 上,以供外网用户访问。

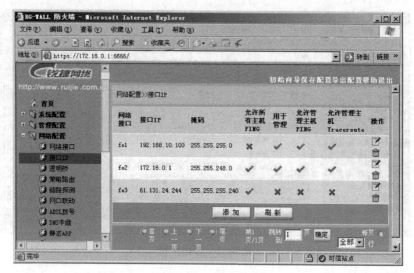

图 6-14　接口 IP

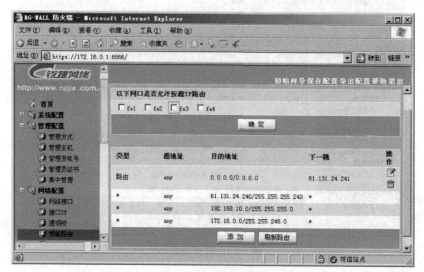

图 6-15　策略路由

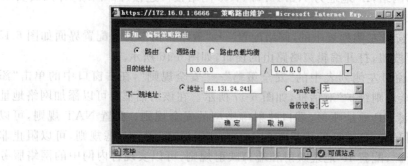

图 6-16　编辑策略路由

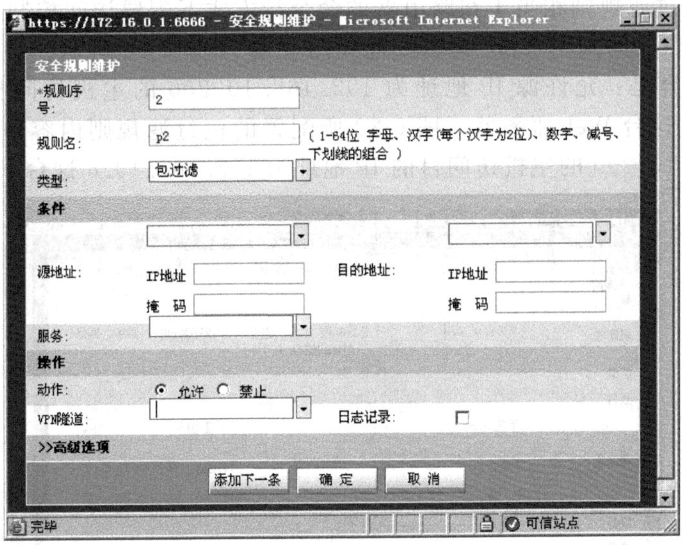

图 6-17　安全规则维护一

①　在"安全规则维护"对话框中，"规则序号"和"规则名"可随意命名。源地址表示本地网络的地址，可以选择"手工输入"或选择已定义的列表名称，如 DMZ 名称（不过列表各个名称所对应的地址必须预先在"对象定义≫地址≫地址列表"中定义好）。目的地址是指要访问的目标网络，选择 any，表示到任何地方。

服务选项中可以选择具体的某个服务（如 http、ftp 等），表示只开放该服务项，如果选择 any，则表示开放所有服务。本例以配置内网中私有 IP 地址为 172.16.0.0-172.16.8.254 转换成公网 IP 地址为 61.131.24.244，从而实现访问外网的所有服务，具体配置如图 6-18 所示。

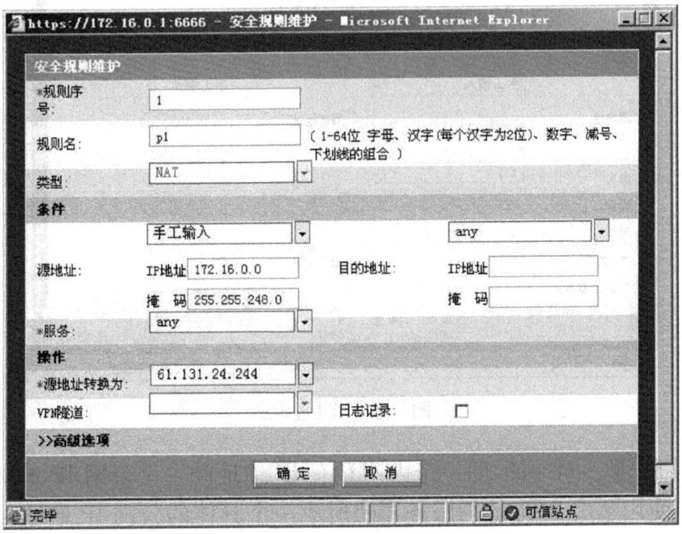

图 6-18　安全规则维护二

② 添加包过滤规则相当于在路由器的命令行方式下配置访问控制列表，以允许或禁止相应的用户访问网络资源，具体配置如图 6-19 和图 6-20 所示。图 6-19 所配置的包过滤规则内容是：允许源 IP 地址为 192.168.10.200 的主机访问目的 IP 地址为 192.168.10.5 这台 Web 服务器。图 6-20 所配置的包过滤规则内容是：允许源 IP 地址为 192.168.10.200 的主机访问目的 IP 地址为 192.168.10.6 这台 FTP 服务器。

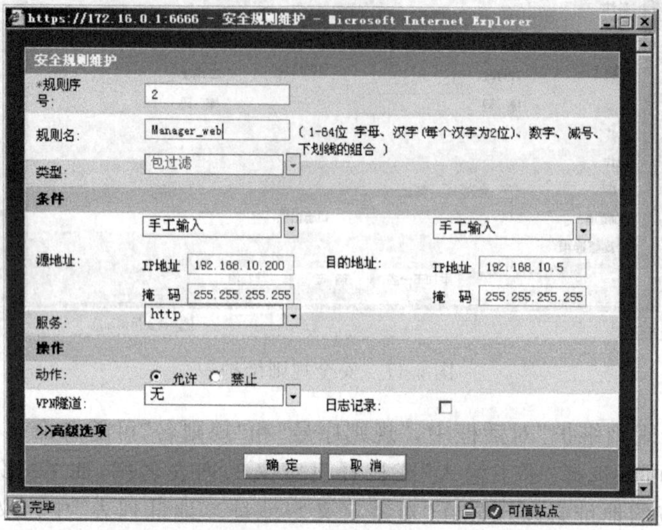

图 6-19　包过滤一

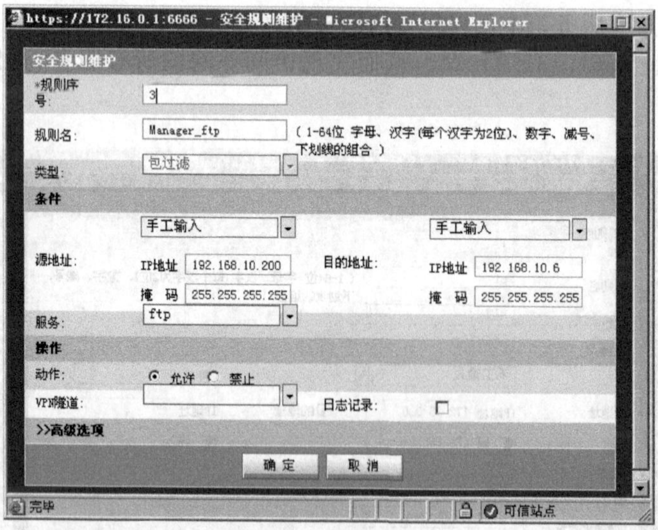

图 6-20　包过滤二

③ IP 映射通常是一对一的，即一个内网私有 IP 地址和一个公网 IP 地址建立映射关系。方法是将内网中使用私用 IP 地址的服务器映射成一个具体的公网 IP 地址，或者说将公网 IP 地址映射到内网中的某个具体的私有 IP 地址。这样，当外网用户访问该公网 IP 地址时，系统会自动转到所映射的内网私有 IP 地址的主机，该主机通常提供某种网络服务，如 Web 服务、

FTP 服务器。所以,IP 映射主要应用于将内网的服务器发布于 Internet 上,以供外网用户访问,如 Web 服务器、FTP 服务器、E-mail 服务器等。配置如图 6-21 所示。

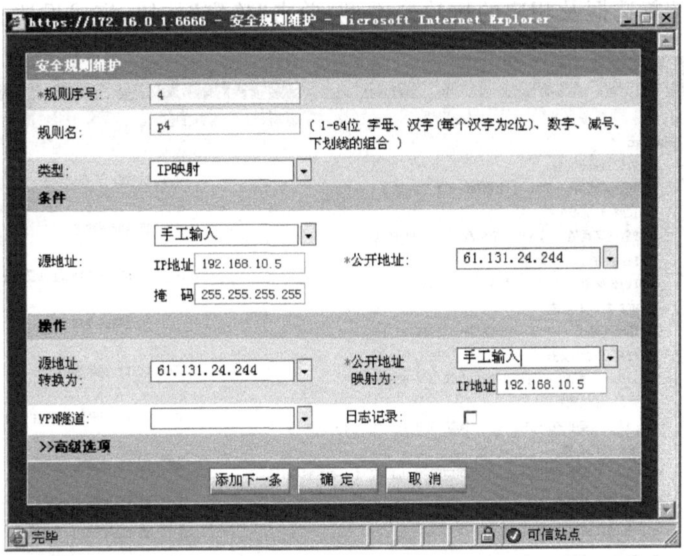

图 6-21　IP 映射

④ 端口映射与 IP 映射的区别在于 IP 映射将提供所有的端口服务,而端口映射是指提供具体的某个端口服务,如提供 FTP 服务的端口号默认为 21、HTTP 服务的端口号默认为 80。本例中假设内网 FTP 服务器使用私有 IP 地址为 192.168.10.6,当该内网 IP 地址与公网 IP 地址 61.131.24.244 建立映射关系后,外网用户访问 61.131.24.244 这个公网 IP 地址时,防火墙将自动转到内网中 IP 地址为 192.168.10.6 这台 FTP 服务器。这样,就实现将内网 FTP 服务器发布于 Internet 上了。具体配置如图 6-22 所示。

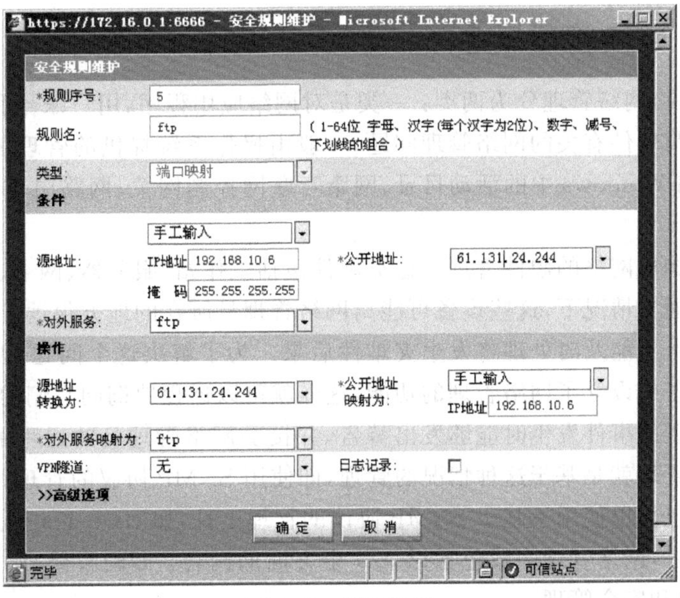

图 6-22　端口映射

（9）依次单击窗口左侧列表中的"安全策略"→"抗攻击"按钮，选择窗口右侧列表相应的接口，然后单击"编辑"按钮，弹出该接口的"抗攻击设置"对话框，如图 6-23 所示。勾选"启用抗攻击"复选框及相应的抗攻击类型，单击"确定"按钮，完成设置。

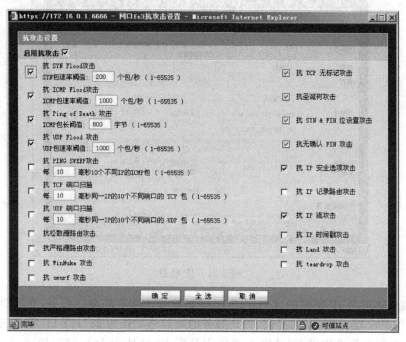

图 6-23 "抗攻击设置"对话框

6.3 网络管理

6.3.1 网络管理概念

从广义上讲，网络管理分为两类：一类是对网络应用程序、用户账号和文件权限的管理。它们都是与软件有关的网络管理问题，一般由操作系统提供的管理工具和一些专业软硬件解决，如 Windows 中的活动目录、网康互联网控制网关、网路岗、Sniffer 等就是此类的代表产品。

另一类是构成网络的硬件管理。这类硬件包括工作站、服务器、网卡、路由器、交换机和集线器等。通常情况下，这些设备可能离网络管理员所在的地方很远。当发生问题时，如果网络管理员不能及时处理将发生灾难性后果。为了解决这个问题，硬件生产厂商们已经在一些设备中设立了网络管理的功能，这样就可以远程地询问它们的状态，让它们在有一种特定类型的事件发生时能够发出警告，并接受网络管理员的远程配置管理等。本部分讲的网络管理就是基于这种情况的管理，即使用 SNMP 协议的管理。当然对这些硬件设备的管理也可以使用不基于 SNMP 协议的管理工具，如 cisco_ios 等。

从狭义上讲，网络管理一般包括以下 5 个方面的内容：即配置管理、故障管理、性能管理、计费管理和安全管理。

配置管理：配置管理就是定义、收集、监控和管理系统的配置参数，以使网络性能达到最优。

故障管理：故障管理是网络管理中最基本的功能，通过采集、分析网络对象的性能数据和监测网络对象的性能，并对网络线路的质量进行分析，最终找出故障的位置并进行恢复的管理操作。其目标是自动监测、记录网络故障并通知网络管理员，以便网络正确、有效地运行。在实际的应用中，网络故障管理包括检测故障、判断故障、隔离故障、修复故障和记录故障等步骤。

性能管理：性能管理主要考察网络运行的好坏，通过收集、监视和统计网络运行的参数，如网络吞吐率、用户响应时间和线路利用率等，评价网络资源的运行状况和通信效率等系统性能，分析各系统之间的通信操作的趋势，平衡系统之间的负载。性能管理一般包括：收集网络管理者感兴趣的性能参数；分析相应统计数据以判断网络是否处于正常水平；为每个重要的变量决定一个适合的性能阈值，如果超过该阈值就意味着网络出现故障。

计费管理：计费管理负责记录网络资源的使用情况和使用这些资源的代价。网络中的许多资源都是有偿使用的，计费管理系统就是为了能够统计各个用户使用资源的情况，计算用户应付的费用，控制用户占用和使用过多的网络资源而设计的。

计费管理的目标是衡量网络的利用率，以便一个或一组用户可以按规则利用网络资源，这样的规则使网络故障降低到最小（因为网络资源可以根据其能力的大小合理分配），也可使所有用户对网络的访问更加公平。为了实现合理计费，计费管理必须和性能管理相结合。

安全管理：网络系统的安全性是非常脆弱的，为了保障其安全性，需要结合使用用户认证、访问控制、数据加密和完整性机制等技术，来控制对网络资源的访问，以保证网络不被有意识的或无意识的侵害，并保证重要信息不被未授权的用户访问。网络安全管理主要包括授权管理、访问控制管理、安全检查跟踪和事件处理及密钥管理。

6.3.2　SNMP 概述

SNMP(Simple Network Management Protocol,简单网络管理协议)是目前 TCP/IP 网络中应用最为广泛的网络管理协议，它提供了一个管理框架来监控和维护互联网设备。SNMP 结构简单，使用方便，并且能够屏蔽不同设备的物理差异，实现对不同设备的自动化管理，所以得到了广泛的支持和应用，目前大多数网络管理系统和平台都是基于 SNMP 的。SNMP 的最大优势就是设计简单，它既不需要复杂的实现过程，也不会占用太多的网络资源，便于使用。

SNMP 的管理框架包含 4 个组成元素，即 SNMP 管理者、SNMP 代理、MIB 库及 SNMP 通信。它的工作模式如图 6-24 所示。

SNMP 管理者：运行着 SNMP 管理程序，它提供了非常友好的人机交互页面，方便网络管理员完成绝大多数的网络设备管理工作。

SNMP 代理：驻留在被管理设备上的一个进程，负责接受、处理来自 SNMP 管理者的请求报文。在一些紧急情况下，SNMP 代理也会通知 SNMP 管理者事件的变化。

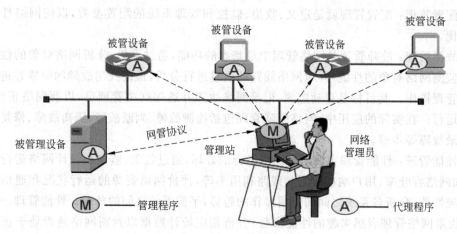

图 6-24　SNMP 工作模式

MIB 库：被管理对象的集合。它定义了被管理对象的一系列的属性，包括对象的名字、对象的访问权限和对象的数据类型等。每个 SNMP 代理都有自己的 MIB。SNMP 管理者根据权限可以对 MIB 中的对象进行读/写操作。

SNMP 通信：是 SNMP 管理者和 SNMP 代理之间异步请求和相应的约定。通过利用 SNMP 的报文在两者之间互通管理信息。每个报文都是完整的和独立的，用 UDP 传输单个数据报。

SNMP 管理者是 SNMP 服务的管理者，SNMP 代理是 SNMP 服务的被管理者，他们之间通过 SNMP 协议来交互管理信息。从数据传输的角度看 SNMP 管理者、SNMP 代理、SNMP 协议、MIB 库四者的关系如图 6-25 所示。

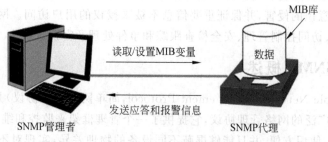

图 6-25　数据传输模型

6.3.3　MIB

管理信息库（Management Information Base，MIB）是一个以层次式树形结构为组织结构的管理信息的集合，所有的管理对象都分布在这个树形结构中。MIB 被 SNMP 协议访问和使用。

管理信息结构（Structure of Management Information，SMI）为命名和定义管理对象制定了一套规则。上百家厂商的产品都遵循这个结构，以使它们能够相互兼容。

所有的管理信息和对象在实际的设备中都存放在库中（MIB），但为了方便人们的记忆和管理,设计者使用了一个有层次的树形结构来表示这些管理对象。SMI 对于 MIB 来说就相当于模式对于数据库。SMI 定义了每一个对象"看上去像什么"。图 6-26 显示了 SMI 定义的 MIB 树的顶部。

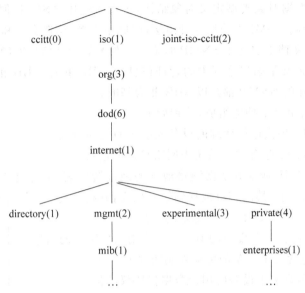

图 6-26　RFC 1155(SMI)定义的 MIB 树的顶部图

在这个树形结构中,Internet 对象可以由以下代码标识:

```
{iso(1) org(3) dod(6) internet(1)}
```

或者可以简记为 1.3.6.1。

这种标识方法叫作对象标识符(Object IDentifier,OID),用于标识一个管理对象以及在 MIB 中如何访问该对象,每一个 OID 在整个 MIB 树中都是唯一的,就如同实际生活中每一个中华人民共和国的公民都会有一个与自己相对应的身份证号,这个号码由省(或直辖市等)号、市号、出生年月、编号及校验码组成,这种按层次的组成方法可以保证每一个人都有一个唯一的号码,而且通过这种方法可以非常容易地记忆和查询。

换句话讲,MIB 是以树形结构进行存储的。树的结点表示被管理对象,它可以用从根开始的一条路径唯一地识别,被管理对象可以用一串数字唯一确定,这串数字是被管理对象的 OID(Object IDentifier,对象标识符)。

SMI 不定义 MIB 对象,但其规定了定义管理对象的格式。一个对象定义通常包括下面 5 个域。

(1) OBJECT:一个字符串名,它叫 OBJECT DESCRIPTOR,它指定对象类型,这个类型和 OBJECT IDENTIFIER 相对应。

(2) SYNTAX:对象类型的抽象语法,它必须可以解析到 ASN.1 类型 ObjectSyntax 的一个实例上。

(3) DEFINITION:对象类型语义的文本描述。实现中必须保证对象的实例满足这个定义,因为这个 MIB 是用于多厂商环境中的,要照顾到它们的情况。对象在不同的机器上有相同的意义是很重要的,这要靠文本约束。

（4）ACCESS：取只读、读写、只写或不能访问这 4 个值。

（5）STATUS：强制(mandatory)、可选(optional)或过时的(obsolete)。

其中,语法是根据对象类型定义对象结构,定义时使用 ASN.1,但 ASN.1 中的一些通用化需要加以限制。SMI 中使用 3 种语法,即原始类型、构造类型和自定义类型。

在 RFC 1156 文档中定义了 SNMP 的第一个版本的管理信息库(MIB-Ⅰ),随后又在 RFC 1213 文档中定义了第二个版本的管理信息库(MIB-Ⅱ)。MIB-Ⅱ 是对 MIB-Ⅰ 进行的扩展和修改,现在的 SNMP 都是以 MIB-Ⅱ 为基准。

MIB-Ⅱ 功能组由 9 个功能组成,分别如下。

（1）system 组：提供运行代理的设备或系统的全部信息。

（2）interfaces 组：包含关于系统中网络接口的信息。

（3）at 组：用于 IP 地址到数据链路地址的地址转换表,但是这个组随着 RFC 1213 的引退而逐渐被放弃了,其内容也被移到了其他文档(组)中。

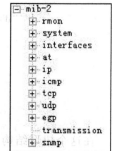

（4）ip 组：包含关于设备的 IP 地址的信息。

（5）icmp 组：包含关于设备的 Internet 控制消息协议的信息。

（6）tcp 组：包含关于设备的传输控制协议的信息。

（7）udp 组：包含关于设备的用户数据报协议的信息。

（8）egp 组：包含关于设备的外部网关协议的信息,随着 SNMP 的发展,这个组现在也已经不再使用了。

（9）snmp 组：包含关于设备的简单网络管理协议的信息。

图 6-27 显示了 MIB-Ⅱ 的组成。

图 6-27　MIB-Ⅱ 组成

6.3.4　SNMP 通信模型

SNMP 被设计成与协议无关,可以在 IP、IPX、AppleTalk、OSI 以及其他用到的传输协议上使用。SNMP 包括一系列协议组和规范,它提供了一种从网络上的设备中收集网络管理信息的方法,同时它也为设备向网络管理站报告问题。

管理者从代理中收集数据有两种方法：一种是轮询的方法；另一种是基于中断的方法。轮询的方法是由管理者每间隔一段时间,向各个代理依次发送询问信息,然后由代理返回查询结果,这种方法可以使代理总是在管理者的控制之下。但这种方法的缺陷在于信息的实时性比较差。因为如果轮询间隔太小,那么将产生太多不必要的通信量。如果轮询间隔太大,并且在轮询时顺序不对,那么对于一些大的灾难性的事件的通知就会太慢。

基于中断的方法是当有异常事件发生时,由代理主动向管理者发送信息,使管理者可以及时地了解网络设备的状态。但是这种方法也有一定的缺陷,当异常事件发生且要传送的信息量较大时,这种方法需要消耗大量的系统资源,从而影响了代理执行主要的功能。另外,当多个代理同时发生中断时,网络将变得非常拥挤。

基于上述两种方法的优点和缺点,SNMP 把它们结合使用,形成了面向自陷的轮询方法,它是执行网络管理最为有效的方法。一般情况下,管理者通过轮询代理进行信息收集,在控制台上用数字或图形来显示这些信息,提供对网络设备工作状态和网络通信量的分析和管理功能。当代理设备出现异常状态时,代理通过 SNMP 自陷立即向网络管理者发送通知。SNMP 定义了 get、get-next 和 set 这 3 种基于轮询的操作,并且还定义了基于中断的 trap 操作,如图 6-28 所示。

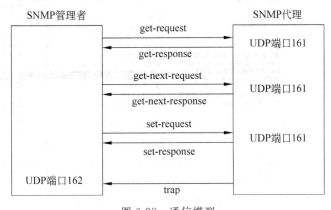

图 6-28 通信模型

6.3.5 SNMP 的代理设置

1. 在 Windows 2003 Server 系统上设置 SNMP 代理

在 Windows 操作系统中 SNMP 服务是默认不被安装的,如果想使用这个代理服务就要在 Windows 的安装盘中进行组件安装。

在控制面板中,双击"添加/删除程序"图标,选择添加 Windows 组件,选中"简单网络管理协议"复选框,如图 6-29 所示,安装 SNMP 协议。

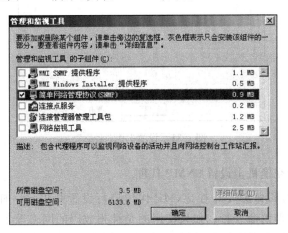

图 6-29 安装 SNMP 协议

在控制面板中,双击"管理工具"图标,选择服务,可以看到图 6-30 所示的界面。

双击该服务,进行团体名称和密码设置,如图 6-31 所示。

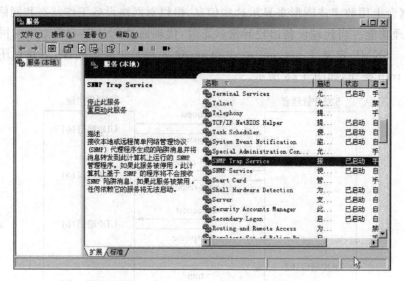

图 6-30　安装 SNMP 代理服务的形式显示

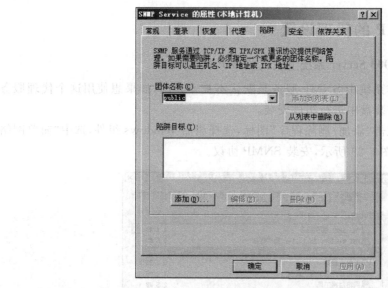

图 6-31　设置"团体名称"

2. 在路由器及交换机上设置 SNMP 代理

在 Cisco 路由器和交换机上对 SNMP 代理进行设置几乎是一样的。下面是在路由器上开启 SNMP 代理的命令行。如果使用的是神州数码的网络设备,那么也完全可以参照下面的命令。即使是其他品牌的设备其原理也是一样的,只是稍稍有命令行不同的区别。

```
#show ip int brief
#conf t                                    //进入配置模式
```

```
(config)#snmp-server enable informs
(config)#snmp-server enable traps
(config)#snmp-server community public ro          //设置只读共同体
(config)#snmp-server community tt1234 rw          //设置读写共同体
(config)#snmp-server ?                            //帮助查看都有什么命令
(config)#snmp-server contact tangtang             //填写联系人姓名
(config)#snmp-server location L3-1102             //填写联系人地址
(config)#snmp-server trap authentication          //为 snmp 陷阱授权
(config)#exit                                     //退出配置模式,进入全局模式
#show run                                         //查看当前设置状态
```

6.4　支持 SNMP 网络管理软件

6.4.1　网管系统

网络管理系统就是利用网络管理软件实现网络管理功能的系统,简称网管系统。借助网管系统,网络管理员不仅可以经由网络管理者与被管理系统中的代理交换网络信息,而且可以开发网络管理应用程序。网络管理系统的性能完全取决于所使用的网络管理软件。

网管软件到现在已经发展到第三代了。其中第一代网管软件是以最常用的命令行方式,并结合一些简单的网络监测工具进行管理的。它不仅要求使用者精通网络的理论,还要求使用者了解不同厂商的不同网络设备的配置方法。第二代网管软件有很好的图形化界面,用户无须过多了解不同设备间的不同配置方法,就能图形化地对多台设备同时进行配置和监控,大大提高了工作效率,但这依然要求使用者精通网络原理。第三代网管软件是真正将网络和管理进行有机结合的软件系统,具有"自动配置"和"自动调整"功能。网管软件管理的已不是一个具体的配置,而仅仅是一个关系。对网管人员来说,只要把用户情况、设备情况以及用户与网络资源之间的分配关系输入网管系统,系统就能自动地建立网络的配置并且支持图形化,同时整个网络安全可得以保证;即使是只懂得少许技术知识的高级管理人员,也可以通过某种方式知道网络是如何运作的。

现在的网络管理软件非常多,但价格也非常贵。所以在许多中小企业中,这些网络管理软件并没有得到广泛应用。为了使大家对网络管理软件有一个基本了解,在这里向大家介绍几款目前主流的常用网络管理软件。

1. 惠普公司的 HP OpenView

HP OpenView 是 HP 公司开发的网络管理平台,是一种当前网络管理领域比较流行的、开放式、模块化、分布式的网络/系统管理解决方案。它集成了网络管理和系统管理的优点,并把二者有机地结合在一起,形成一个单一而完整的管理系统。作为业界领先的网络管理平台,Network Node Manager 和 Network Node Manager Extended Topology 共同构成了业界最为全面、开放、广泛和易用的网络管理解决方案。该解决方案可以管理交换式第二层和路由式第三层综合环境。

Network Node Manager 和 Network Node Manager Extended Topology 可以让你知道网络什么时候出了问题,并帮助你在这个问题发展成为严重故障之前解决它。与此同时,它们还可以智能化地采集和报告关键性的网络信息以及为网络的发展制订计划。Network Node Manager 可以自动地搜索网络,帮助用户了解网络环境。对第三层和第二层环境进行问题根本原因分析;提供故障诊断工具,帮助你快速解决复杂问题。收集主要网络信息,帮助你发现问题并主动进行管理。

为你提供即时可用的报告,帮助你提前为网络的扩展制订计划。让网络维护人员、管理人员和客户可以通过 Web 从任何地方进行远程访问。通过它的分布式体系管理大型的网络。提供有针对性的事件视图,以便迅速地发现和诊断问题。提供一个增强的 Web 用户界面和一些用于动态更新设备状态的新视图(这种功能需要采用 Network Node Manager Extended Topology)。提供可以显示设备之间复杂关系的视图等其他功能。

2. Cisco 公司的 Cisco Works

Cisco Works 是 Cisco 公司为网络系统管理提供的一个基于 SNMP 的管理软件系列,它可集成在多个现行的网络管理系统上,如 SunNet Manager、HP OpenView 及 IBM NetView 等。Cisco Works 为路由器管理提供了强有力的支持工具,它主要为网络管理员提供以下几个方面的应用:可执行自动安装任务,简化手工配置;提供调试、配置和拓扑等信息,并生成相应的 Drofile 文件;提供动态的统计、状态和综合配置信息以及基本故障监测功能;搜集网络数据并生成相应图表和流量趋势以提供性能分析;具有安全管理和设备软件管理功能。

3. IBM Tivoli NetView

IBM Tivoli NetView 为网络管理人员提供一种功能强大的解决方案,应用也非常广泛。它可在短时间内对大量信息进行分类,捕获解决网络问题的数据,确保问题迅速解决,并保证关键业务系统的可用性。Tivoli NetView 软件中包含一种全新的网络客户程序,这种基于 Java 的控制台比以前的控制台具有更大的灵活性、可扩展性和直观性,可允许网络管理人员从网络上的任何位置访问 Tivoli NetView 数据。

IBM Tivoli NetView 的新的位置敏感性拓扑(Location Sensitive Topology)特性可让网管人员通过简单的配置说明来指导 Tivoli NetView 的映像布局过程。它可自动生成一些与管理人员对网络的直观认识更加贴近的拓扑视图,将有关网络的地理、层次与优先信息直接合并到拓扑视图中。

此外,Tivoli NetView 的开放性体系结构可让网管人员对来自其他单元管理器的拓扑数据加以集成,以便从一个中央控制台对多种网络资源进行管理。IBM Tivoli 网络管理解决方案是以 Tivoli NetView 作为网络管理平台,同时配合 Tivoli Switch Analyzer,可以对网络第二层实施监控。所有网络监控的事件,可以发送到 Tivoli Enterprise Console,与其他系统管理监控事件关联。同时,所有网络性能数据可以通过 Tivoli Data Warehouse 进行存储,以便生成网络管理性能报告。

4. Solarwinds

Solarwinds 改变了各种规模公司网络的监控、管理模式,和同类软件 HP OpenView

与 BMC 的相比,功能上虽然没有那么强大,但其自身也有非常大的优势:首先价格相对较便宜,这是各个企业考虑的重要因素之一;其次操作简单、配置方便,不像 HP OpenView 之类的软件需要专门人员进行配置,界面相当友好,逻辑性很强,一般的技术人员就可以操作。另外,被管理设备只需开启 SNMP 协议即可,不必安装 Agent,不必重启,对当前业务系统无影响。同时 Solarwinds 系列网管主要分为三大功能:故障和性能管理、配置管理、网管必备工具集成。

5. 游龙科技 SiteView 网络管理系统

SiteView 是中国游龙科技自主研发的、专注于网络应用的故障诊断和性能管理的运营级监测管理系统,主要服务于各种规模的企业内网和网站,可以广泛地应用于对局域网、广域网和互联网上的服务器、网络设备及其关键应用的监测管理。SiteView 产品包括 ITSM(IT 服务管理)、ECC(综合系统管理)、NNM(网络设备管理)、LM(系统日志管理)、EIM(互联网行为网关)、DM(桌面管理)、VLAN(虚拟局域网)、TR079(智能设备管理)。

SiteView 具有以下特点:对网络、服务器、中间件、数据库、电子邮件、WWW 系统、DNS 服务器、文件服务、电子商务等应用实现全面深入监测;采用非代理、集中式监测模式,被监测机器无须安装任何代理软件;跨各种异构操作平台的监测,监测平台,包括各种 UNIX、Linux 和 Windows NT/2000 系统;故障实时监测报警,报警可以通过 SMS、邮件、声音、电话语音卡等多种方式发送;网络标准故障的自动化诊断恢复;自动生成网络拓扑结构,快速获得并且随时更新网络的拓扑图;网络应用拓扑直观显示真实网络环境的运行状况;标准化、个性化的报表系统,可定时发送到网管人员的邮箱;智能模拟用户行为监测业务流程(如网上购书、网络报税、网上年检等)。系统采用分布式架构、支持多国语言等。

6. 其他厂用国产网管软件

StarView 是锐捷网络(原实达网络)推出的网管软件,实现了简约的集中化管理。它操作灵活,利于用户定制,网络拓扑管理、设备管理、事件管理、性能监测与预警管理等网管智能性大大提高;而通过强大的后台数据库支持,结合报表统计等功能,使网管的定量化分析成为可能。

华为 QuidView 网元管理软件是华为公司针对 IP 网络开发的适合各种规模的网络管理的网管软件,是华为 iManager 系列网管产品之一,主要用于管理华为公司的 Quidway 系列路由器、交换机、VoIP、视频会议系统及接入服务器。它是一个简洁的网络管理工具,充分利用设备自己的管理信息库完成设备配置、浏览设备配置信息、监视设备运行状态等网管功能,不但能够和华为的 N2000 结合完成从设备级到网络级的网络管理,并且还能集成到 SNMPc、HP OpenView NNM、IBM Tivoli NetView 等一些通用的网管平台上,实现从设备级到网络级全方位的网络管理,力求帮助用户在降低产品成本的同时满足更丰富的功能需求。

6.4.2 SiteView NNM 功能介绍

SiteView NNM 是一个通用的网络设备管理平台,不同于设备厂商提供的专用管理工具,具有以下特点。

（1）跨厂商设备支持，只要设备支持标准 SNMP 协议并正确配置，就能监视并管理，如 Cisco、3COM、华为、Nortel、Avavy、神州数码等。

（2）网络拓扑结构实时刷新，多视图展示网络拓扑结构。

（3）能对全网的拓扑结构和关键链路的管理和监控而不是仅仅局限于单纯的设备管理，具备一定的对主机和常见应用的管理能力。

（4）提供了强大的报表功能和丰富的图形展示功能。

（5）无须在被管理设备上安装任何监测管理代理。

（6）提供了完全中文化的网络管理平台，符合国内客户的使用习惯。

1. SiteView NNM 结构特性

SiteView NNM 从结构上分为 5 个层次：WinUI、RemoteClient、Interface、RemoteServer、DB。WinUI 为客户端界面层，WinUI 并不直接与服务端交互，由 RemoteClient 层提供方法，通过 Interface 层与 RemoteServer 层交互。DB 层是一组数据存储组件，在 SiteView NNM 中，有 3 种方式保存数据，一是配置类数据，使用 XML 文件保存；二是持久性对象，使用 DB4O 保存；三是结构化的数据，使用 AccessDB 保存。其结构如图 6-32 所示。

2. SiteView NNM 功能模块

SiteView NNM 由 9 大功能模块组成。SiteView NNM 的功能是由它们实现的。

1）拓扑发现模块

扫描配置部分，搜索算法提供了 ARP 发现算法和 ICMP 发现算法，其中 ARP 发现算法是基于 ARP 通信来发现设备，发现速率高，不受主机防火墙影响；ICMP 发现算法是基于 ICMP 包检测技术来发现设备，属于通用算法。搜索参数有搜索深度、并行线程数、重试次数及重试时间，用户在扫描网络之前可以根据具体情况对这些参数进行设置。搜索范围分两种，一种是增加的地址范围；另一种是跳过的地址范围。增加的地址范围内的合适设备会被加进拓扑图，跳过的地址范围是指不需要搜索的地址范围，这样可以加快生成拓扑图的速度，避免浪费系统资源。

扫描网络部分，SiteView NNM 通过发现代理来发现设备。发现代理从一个种子结点开始，通过 SNMP 和 ICMP（ping）两种方式，来搜索整个网络。高效的自动拓扑发现，采用高效率的增量后台发现算法，以多线程方式发现网络设备，发现的设备数量大、速度快。可以轻松、方便地自动发现所有可网管的网络设备、服务器和 PC 设备。支持扫描指定 IP 地址的子网络，能搜索到指定种子 IP 地址的子网络。能够跨越公网直接定位到下属子网。扫描网络时可以通过窗体看到整个发现设备的过程，如图 6-33 所示。

2）拓扑图管理模块

SiteView NNM 对拓扑图管理功能全面，展示效果优美，运行平稳，系统资源要求低，安全可靠。SiteView NNM 以图形界面的形式显示，以便系统管理员一目了然地了解整个系统的运行状况。

SiteView NNM 采用了成熟的图形控件，网络拓扑图可以直观显示整个网络状况，与一般的网络拓扑不同，它的拓扑结点上不仅可以表示为一个实际的网络设备，如三层交换

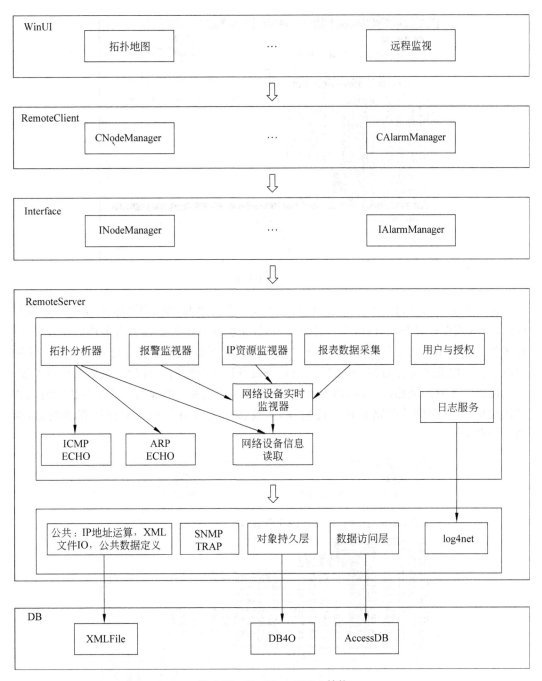

图 6-32 SiteView NNM 结构

机、路由器、交换机、PC 设备等，而且可以表示一个结点的 IP、MAC 等。

网络应用拓扑使用户可以在鼠标移到设备和线路上时显示动态菜单，查看设备和线路的一些基本信息；也可以通过右击某个拓扑结点或线路，获取对应该结点或线路的属性快捷菜单。选择某个命令可以进入相应的报告，菜单内容丰富。

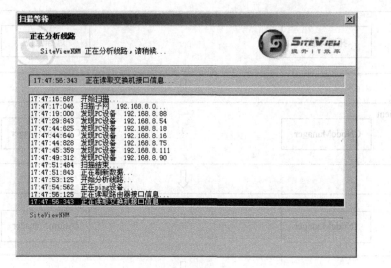

图 6-33　扫描过程

　　拓扑图上能够通过图形进行告警标注,当设备有告警时,设备图标旁边会有红色叹号标记,表示该设备有告警信息,当告警消除时,标记会随着消失。设备有多种标注方式,也有多种颜色显示方式,可以按 CPU 情况显示、内存情况显示和连续运行时间显示。线路可以进行实时流量标注,这些都可以让用户对设备以及线路的实时状况有很直观的了解。系统还提供了刷新链路的功能,即为重新分析线路,生成最新的线路。线路分析的时间相对比较长,所以提供了线路分析等待窗体,从窗体中可以看到整个分析线路的过程,如图 6-34所示。

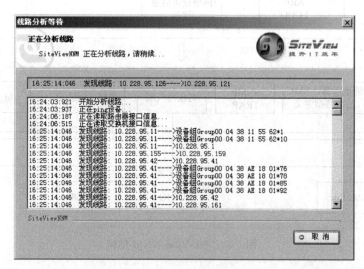

图 6-34　分析线路过程

　　当设备很多不方便观察时,可以创建一个子图,然后将关心的设备放进来,这样就可以很清晰地操作了。在根图的基础上可以创建多个子图,也可以在子图的基础上再创建子图,非常方便全面。创建子图后,可以对子图进行管理。对子图的管理包括展开子图、删除子图和将子图设为默认打开，创建后的子图会自动保存，展开子图就是将保存的子图重新打开，对于不再需要的子图可以从数据库中删除，如果只关心某一个子图，可以设该子图为默认打开，下次登录该系统时，当前界面中打开的就是默认的子图，这是根据用户而定的，不同的用户可以设置不同的默认打开子图，具有很大的灵活性。

拓扑图可以进行背景设置，可以设置不同的背景颜色和图片，使拓扑图更美观、更人性化，可以对拓扑图进行放大、缩小、刷新和重绘操作。可以将已经生成的拓扑图导出成任何图形格式，也可以将图形文件保存在本机的任何位置。默认的后缀名为[.bmp]，支持网络打印功能，集成了预览拓扑图，可以通过预览拓扑效果图来部署主窗体中的设备，如图 6-35 所示。

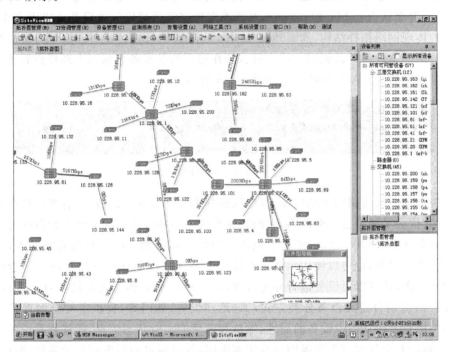

图 6-35　网络拓扑图

SiteView NNM 系统能够自动生成三层网络拓扑图和子网的物理视图，并且支持手动设备拓扑伸展。

3) IP 资源管理模块

IP 资源管理模块支持 IP(设备)定位、IP-MAC 绑定、端口连接设备统计、IP 网段分配统计和子网管理这些功能。

IP(设备)定位主要是从将设备定位到所连的上级设备的某个端口上。可以通过设备 IP、主机名、设备 Mac3 种方式定位设备，定位准确。

IP-MAC 绑定该功能提供的是对 IP-Mac 进行绑定和锁定未分配的 IP，监测子网内 IP-MAC 异动的情况以及 IP 被占用情况。

端口连接设备统计主要是对设备的一些基本信息、所在设备、所在端口以及端口管理状态的统计。相当于列出了所有设备的 IP(设备)定位信息。可以对端口进行远程操作，改变端口的管理状态,打开端口或者关闭端口。

IP网段分配统计是对子网内的IP使用情况进行统计,查看可分配IP总数、已经使用的IP列表和数量以及未使用的IP列表和数量。

子网管理提供的是对子网进行查找、删除、查看属性及展开子网。查看子网属性时可以修改子网命名。删除子网时会弹出确认窗体,因为子网一旦删除,则该子网所有信息就从数据库中全部删除,所以删除子网时要谨慎。

4)设备管理模块

设备管理模块支持设备手动添加与删除以及线路手动添加与删除,设备手动添加时系统可以自动判别设备类型,也可以用户指定类型,还需要指定设备的只读共同体和读写共同体,一般默认为public和private,对于不支持网络管理协议的设备可以手动添加,更加真实地体现网络拓扑结构,逼真地显示Cisco、HuaWei、3COM、NORTEL、神州数码等各主流厂商网络设备的背板图。用户可直接在逼真的各设备背板图上选择查看各模块和端口的各类网络和连接设备的信息,如图6-36所示。

图6-36 设备图

支持设备之间线路的手动添加,其中线路分为实际线和示意线,示意性连接指的是用户添加的、代表了某种意义的线路,它的表现形式是一条虚线。如某两个设备间有一条不活动的冗余线路(因其不活动,所以生成拓扑图时是不会画上的),可以将它加入,使拓扑图更完整些。另外,也可以使用示意性连接将未来规划提前体现在拓扑图上。能够设置设备的面板图,还可以对设备进行分类设置,即手动添加分类方式对设备对象进行管理,根据用户的习惯自定义设备分类方式,如(地理位置、部门等)提供了对全网设备进行统计。用户能查看拓扑图中设备的属性、端口和链路的实时状态信息,能够查看设备连接图状况,能够查看设备的逻辑面板图与真实面板图,并且通过面板图能对设备的端口进行查看和端口管理操作。系统还提供了设备刷新功能,能对设备重新进行扫描并在拓扑图上显示。

5)监测报表模块

为了方便网络管理人员掌握系统的整体状况,SiteView NNM提供了丰富、直观的报告图表功能,如图6-37所示。系统中所有的设备24h都处于被监视状态。监测报表模块提供了对设备端口状态分析、设备CPU&MEM分析图及监测配置。

设备端口状态分析包括实时分析和历史分析,实时分析包括设备所有端口数据查询、端口流量分析以及多端口对比分析,能查看所有设备的端口信息以及端口流量分析,能对设备的单个端口的总流量、发送接收流量等进行图表分析,能对设备的多个端口进行总流量、发送接收流量等分析项进行各项图表分析对比;历史分析时能对历史数据生成日报表、周报表和月报表且提供了表格和图表两种方式,并能够将表格内数据导出为其他形式的文件保存。

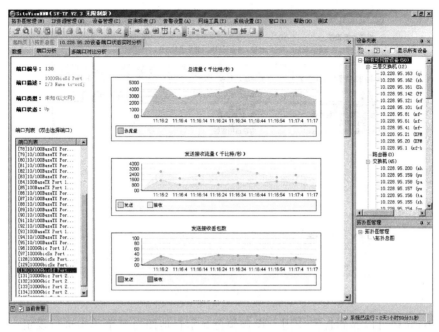

图 6-37 报告图表功能

CPU&MEM 分析图也分为实时分析和历史分析,实时分析是通过图表方式分析设备当前的 CPU 利用百分比和内存占用百分比,通过设置刷新间隔可以看到 CPU 和内存利用率在一段时间内的变化曲线图,可以对 CPU 和内存情况有一个直观的了解;历史分析同端口状态历史分析一样,也能对历史数据生成日报表、周报表和月报表,且提供了表格和图表两种方式,并能够将表格内数据导出为其他形式的文件保存。监测配置是对指定的设备进行实时信息采集并存入服务器,以便以后进行历史记录分析,包括 CPU 监测配置、内存监测配置和端口监测配置。

6)告警设置模块

该模块是进行告警的阈值、发送、接收配置以及设备和线路的颜色告警设置。告警的阈值设置可以按设备设置,也可以按告警类型设置。告警类型丰富,包括 SNMP 连接、CPU 使用、内存占用、发送率、接收率、总流量、流量、丢包率及错包率等。发送配置是该功能提供的是用户自己订制自己关心的告警以及当出现告警时的告警通知方式,这种方式提供了很大的灵活性,用户可以只针对特定的设备和特定的告警类型,也可以选择自己喜欢的告警接收方式。通过对此项的配置可以把系统的告警信息及时地反馈给用户,如图 6-38 所示。

接收配置就是 E-mail/短信配置,设置发送邮件报警的服务器和账户信息以及 Web 短信报警的用户名和密码及 com 短信报警的手机端口信息,可以测试是否设置正确。

颜色设置包括对设备的显示颜色以及线路颜色粗细进行设置,也可以达到直观报警的目的。设备颜色显示分为按 CPU 情况显示、按内存情况显示及按设备连续运行时间显示,通过不同的颜色显示可以大概知道设备的运行状况;线路颜色和粗细也可以反映流

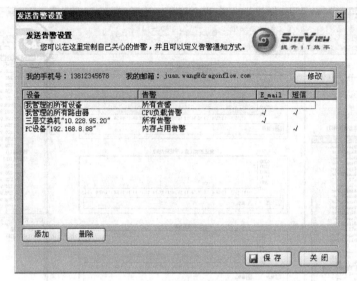

图 6-38　警告设置

量的大小,同样可以起到告警作用。设备颜色显示在地图右键菜单中进行设定。

当设备有告警信息时,在设备的右下角会有红色叹号标注,表示此设备有告警信息,可以通过右键菜单中的"查看设备告警"命令查看当前告警和当天内的告警信息,当设备恢复正常后,会给出恢复正常的告警信息,红色叹号也会随之消除,所有的告警信息都写入了告警日志。

7) 网络工具模块

SiteView NNM 集成了常用的网络诊断工具,使管理员不需要脱离本系统的操作界面就能对一些常见的网络故障进行诊断和排除,真正做到了方便、快捷。

系统支持 Telnet 管理;系统支持 ping、traceroute 和 SNMP 检测工具;系统还能对设备的 MIB 信息进行查询。查询 MIB 信息时,提供了表格方式和图表方式两种方式查看,但是其中只有接口表信息和端口表信息提供了图表方式观察各接口端口的流量状况,如图 6-39 所示。

8) 系统设置模块

(1) 用户管理。用户管理有以下 3 个模块。

① 登录系统的验证。SiteView 系统在用户登录的过程中,进行用户名和密码验证,这样可以最大限度地防止挂接密码词典的密码发生器破解用户名和密码。

② 账户的安全。SiteView NNM 系统在运行时,将使用用户提供的账户,这些账户的用户操作权限依赖于自己所扮演的角色(如超级管理员拥有系统所有权限等),以保障被测设备的安全和历史数据不被修改、查看等。

③ 用户和访问控制。首先需要说明的是,只有拥有用户管理操作权限的用户才可以进入用户管理菜单对用户进行添加、修改、删除操作。用户管理模块可以对用户进行添加、禁用和修改,可以自定义角色,每个角色都限制了它可以管理的对象和进行的操作。这样用户扮演不同的角色就被赋予了不同权限。

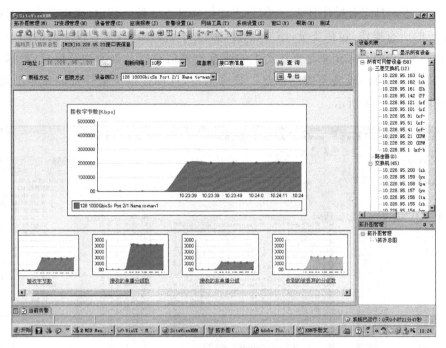

图 6-39 MIB 信息显示

SiteView NNM 中拥有最高权限的超级管理员以及拥有用户管理操作权限的管理员可以为其他系统操作人员配置不同的账户和角色,对不同的角色配置不同的设备管理集合和可进行的操作,可以自定义设备集合,对设备进行分类管理,用户管理中还有相关系统的操作说明。不同的系统管理员用不同的用户名和密码登录系统,可对系统进行的操作权限也大相径庭,这样系统管理职责不同的人拥有不同权限,权责分明,使系统管理规范化,如图 6-40 所示。

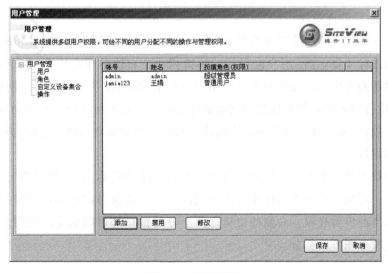

图 6-40 用户管理

（2）日志。日志有操作日志、告警日志和扫描日志 3 种。其中，操作日志记录的是用户对系统的所有操作，包括登录、添加、删除、修改等一切操作，并且按不同的用户写入日志，方便查询；告警日志记录是系统产生的所有告警信息以及告警恢复信息；扫描日志记录的是扫描时发现的设备及线路信息。日志丰富，且都提供了条件查询和导出为 Excel 文件功能，如图 6-41 所示。

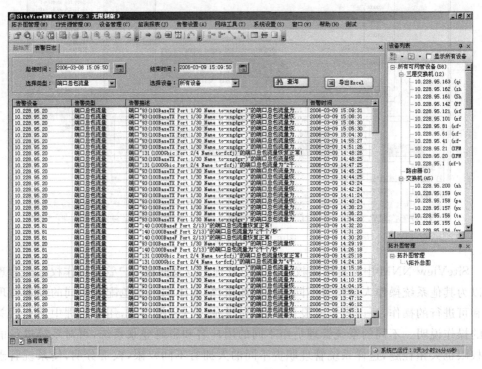

图 6-41　日志管理

9）窗口布局管理模块

SiteView NNM 的系统界面美观大方，操作简单，极易操作，如图 6-42 所示。工具栏里功能快捷图标丰富，方便用户进行功能快捷操作。右边分布有设备列表和"拓扑图管理"窗口，设备列表中以设备树的形式列出了所有的设备，设备可以按照不同的分类方式进行分类，设备列表中设备右键菜单拥有和拓扑图中设备右键菜单一样的命令，方便对设备进行各项操作；而且双击设备列表中的设备可以将该设备在地图中定位，方便找出设备在地图中的位置。

拓扑图管理窗口中列出了拓扑总图以及所有子图的名称，方便用户进行打开、查看、关闭等操作。系统窗口下方是操作日志和当前告警浮动窗口，当有需要的时候可以进行操作日志和当前告警查看。右侧的窗口以及下方的窗口都可以固定或关闭，全部关闭时可以全屏查看地图界面部分。

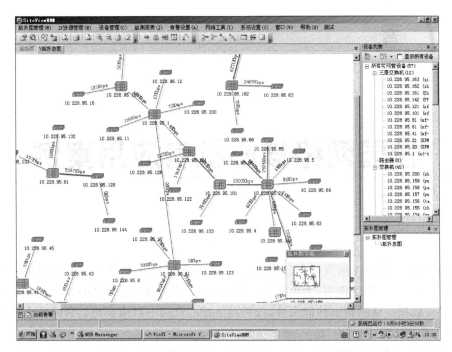

图 6-42　窗口布局管理

本章小结

本章主要从系统集成的角度介绍了网络安全与管理使用的主要技术。要求读者掌握防火墙和网络管理的基本原理、产品特点、部署方式。了解它们的作用及局限性,从网络安全的角度看防火墙只是在网络的边界上设立了一个检查点,它不能解决网络安全的所有问题,常用的手段还有防病毒技术、网络访问控制技术等。从网络管理的角度看,除了使用基于 SNMP 协议的管理系统外,还有其他工具可以使用。

思考与练习

(1) 简述防火墙分类及技术特点。
(2) 防火墙的常用部署方式有哪几种形式?
(3) 简述 SNMP 协议的组成要素。
(4) 从网上下载 SiteView NNM 试用版,在实验室中对一个网络环境进行管理。
(5) 对 Windows 防火墙进行设置,对某一程序放行。
(6) 从网上调查现在流行的防火墙产品特点及部署方式。

实践课堂

某公司的业务员甲与客户乙通过 Internet 交换商业电子邮件,为了保障邮件内容的安全,可以采取哪些措施?

第 7 章

校园网络核心机房应用案例

随着现代信息技术的发展与应用,信息化校园网络核心机房在整个校园网络中起着非常重要的核心和枢纽作用,无论从核心机房的专业化装修,还是从高校信息化校园网络数据交换、数据存储的核心功能来看,校园网络核心机房一旦瘫痪将会影响整个校园网络的运行与使用。

如何把信息化校园网络核心机房建设成规范化、智能化、网络化、实用化,最终实现各网络核心设备及各类服务器能正常稳定地运行,为校园提供现代信息化服务,这将成为网络管理中备受关注的问题。本章主要以某高职院校校园网络核心机房的建设为案例,阐述在校园网络核心机房建设过程中要考虑的相关问题。

7.1 核心机房装修基础建设

一个完整的校园网络核心机房建设在实施过程中可以分成两个环节,首先是网络集成方案设计,其次是信息系统集成。在网络集成方案中核心机房的专业化装修是很重要的,要做好全方位的整体规划。

7.1.1 网络核心机房装修建设需求

数据中心基础设施的建设,很重要的一个环节就是计算机核心机房的建设。计算机核心机房工程不仅集建筑、电气、安装、网络等多个专业技术于一体,更需要丰富的工程实施和管理经验。计算机核心机房的设计与施工的优劣直接关系到机房内计算机系统是否能稳定、可靠地运行,是否能保证各类信息通信畅通无阻。所有核心机房的装修设计是一个重要环节。

由于计算机机房的环境必须满足计算机等各种微机电子设备和工作人员对温度、湿度、洁净度、电磁场强度、噪声干扰、安全保安、防漏、电源质量、振动、防雷和接地等的要求。所以,一个合格的现代化计算机机房应该是一个安全可靠、舒适实用、节能高效和具有可扩充性的机房。

在建设网络核心机器之前就要考虑包括装修工程、配电工程、空调工程三大部分。在机房建设过程中要根据国家标准及行业标准设计和施工。

7.1.2　项目概况

在本节的案例中,某高职院校原来的网络核心机房是在2007年时逐步建立起来的,原来的服务器设备大部分是塔式服务器,网络设备比较陈旧,机房面积比较狭小,机房空调使用的是普通空调。在本次装修改造建设过程中,要重新建设40m² 的服务器机房,原来的机房设备大部分都要被淘汰,此次核心机房的改造项目是在整体教学楼的装修项目中的,因此整个教学楼的网络综合布线都要重新来做,在装修前使用的是5类双绞线,本次都要更换成6类双绞线。因此可以说此项目是一个新建项目,需要规划一个40m² 左右机房,从校园实际应用情况考虑,初期设备负载不大,因为会有一个逐步建设和完善的过程,但在后期可能达到10~25个机柜的容量,前期按照12个机柜做规划。机房级别暂时以C类机房标准进行设计规划。

7.1.3　建设目标

此机房项目建设的目标为:为今后的各项业务开展提供服务。此核心机房建设项目要求提供可靠的高品质的机房环境。一方面,机房建设要满足计算机系统网络设备的要求,使之安全可靠、正常运行、延长设备的使用寿命,提供一个符合国家各项有关标准及规范的优秀的技术场地;另一方面,机房建设给机房工作人员提供了一个舒适典雅的工作环境。说到底,计算机机房是一个综合性的专业技术场地工程。机房具有建筑结构、空调、通风、给排水、强电、弱电等各个专业及新兴的先进的计算机及网络设备所特有的专业技术要求。同时又要求具有建筑装饰、美学、光学及现代气息。因此机房建设需要专业技术企业来完成,从而在设计和施工中确保机房先进、可靠及高品质。只有既满足机房专业的有关国标的各项技术条件,又具有建筑装饰现代艺术风格,有新的立意的机房才能符合网络核心机房的建设标准。

7.1.4　核心机房整体布局

机房基础设施建设是数据中心最主要部分,在总的目标下,本着绿色环保、逐步实施的原则,新建校园网络核心机房需要重点完成以下几个方面。

(1) 装修与装饰子系统,包括机房相关的基础装修与装饰的内容等。

(2) 电气子系统,包括基础供配电设施、UPS和后备电池及防雷、接地等。在本案例中UPS机房在单独的一间房子里进行单独规划。按照国家C级数据机房标准进行设计,采用业界可靠性高的UPS为设备提供不间断的供电。

UPS的容量选择根据《电子信息系统机房设计规范》(GB50174—2008)的要求标准为UPS满载的80%~90%为客户的实际功率需求。因此此次选型为30kV·A的高频UPS。

(3) 空调子系统,包括机房空调等。机房平面布置图可规划如图7-1所示。

(4) 机柜子系统主要规格及性能。其标准符合 ANSI/EIA RS-310-D、IEC297-2、DIN41491;PART1、DIN41494;PART7、GB/T3047.2-92标准;兼容 ETSI标准。特点

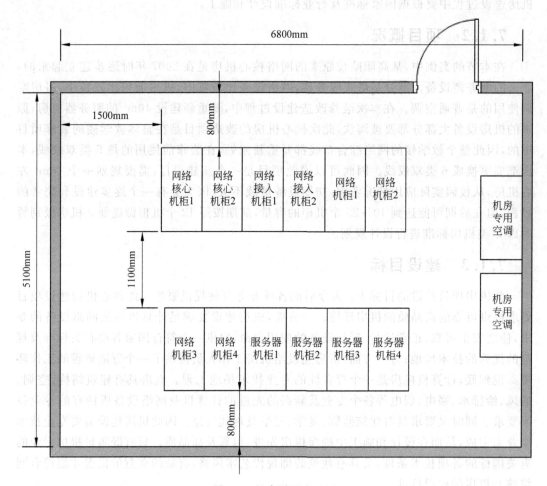

图 7-1　机房平面布置图

如下。

① 内部安装空间极大。

② 型材焊接框架结构,框架强度高。

③ 外观高贵典雅,工艺精湛、尺寸精密,可与国际最高档网络服务器机柜相媲美,彰显优质机房工程形象。

④ 高通风率六角网孔前门和双开六角网孔后门,一揽子解决机械保护、通风散热、外部观察机器运行状态这 3 个方面的使用问题。

⑤ 可方便地安装图腾机柜集中配电单元(专利)。

⑥ 月光旋把机柜门锁。

⑦ 齐全的可选配件。

机柜组及下通风口示例见图 7-2。

图 7-2　机柜组及下通风口

7.1.5 装修与装饰子系统

机房是各类信息数据的处理中心。由于系统内各类信息数据的重要性、敏感性、及时性,机房内放置的计算机设备、通信设备、网络设备及辅助系统设备不仅因为是高科技产品而需要一个非常严格的操作环境,更重要的是只有计算机系统可靠地运行,才能保证通信网络枢纽畅通无阻地传递信息。而计算机系统可靠运行要依靠计算机机房的严格的环境条件(机房温度、湿度、洁净度、供电质量及其控制精度)和工作条件(防静电性、屏蔽性、防火性、安全性等)。

整体装修要体现出作为重要信息会聚地的室内空间特点,在充分考虑网络系统、空调系统、UPS 系统等设备的安全性、先进性的前提下,达到美观、大方、简朴的风格,有现代感。

针对装修质量在选用装修、装潢材料方面,要以自然材质为主,做到简明、淡雅、柔和,并充分考虑环保因素,有利于工作人员的身体健康。

1. 机房整体布局

根据基本建筑格局,机房整体分区,一个机房(面积 40m^2)放置 12 台服务器机柜。为了保证机柜散热性能,机柜最下方 10U 及最上方 12U 建议不摆放设备。机柜分配如表 7-1 所列。

表 7-1 服务器机柜功能分配表

名 称	业 务
网络核心机柜 1	核心交换机×1
网络核心机柜 2	核心交换机×1
网络接入机柜 1	网络接入交换×16
网络接入机柜 2	网络配线机柜
网络机柜 1	网络汇聚交换机×5 服务器汇聚交换机×1 出口网关×1 内容加速系统×1 无线网络控制器×1
网络机柜 2	上网行为管理×1 服务器防火墙×1 网络下防火墙×1 智能流量管理×1 Web 应用防火墙×1
网络机柜 3	网络备用机柜
网络机柜 4	网络备用机柜
服务器机柜 1	刀片服务器×1
服务器机柜 2	存储×1

续表

名　　称	业　　务
服务器机柜 3	动力环控×1
服务器机柜 4	业务扩展备用机柜

2. 服务器核心机房空调特点

　　计算机机房都安装有大量的计算机设备,计算机处理速度越来越快、存储量越来越大、体积越来越小是计算机的发展趋势,IT 硬件产生不寻常的集中热负荷,同时对温度或湿度的变化又非常敏感,为保障高精密设备的运行条件,对机房环境有严格的要求。其中最重要的是机房内温度、相对湿度和环境的洁净度 3 个指标。在服务器核心机房空调的选用上使用机房专用空调机(精密空调):它是为计算机机房(包括程控交换机房)专门设计的特殊空调机,这种空调机全年制冷运行。其运行方式为下送风、上回风的方式,简称下送上回方式。

　　下送上回方式是大、中型数据中心机房常用的方式,空调机组送出的低温空气迅速冷却设备,利用热力环流能有效利用冷空气冷却效率,因为热空气密度小、轻,它会往上升;冷空气密度大、沉,它会往下降,填补热空气上升留下的空缺,形成气流的循环运动,这就是热力环流。热力环流不同于水平流动的风,它是空气上下垂直的对流运动,冷与热激发出气流缓慢的运动。跟风不一样,风能够改造局部环境气候,而热力环流是气流运动的原始动力。利用气流的原始动力,可以不用设置动力设备同样达到最佳的冷却效果,如图 7-3 所示。

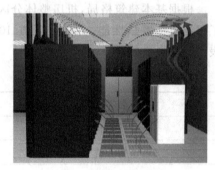

图 7-3　机房空调下送上回方式

　　🐟小贴士　机房装修主要参考的国家通用的标准和规范

《电子信息系统机房设计规范》(GB 50174—2008)

《电子信息系统机房施工及验收规范》(GB 50462—2008)

《防静电活动地板通用规范》(SJ/T 10796—2001(2009))

《建筑装饰装修工程质量验收规范》(GB 50210—2001)

《建筑内部装修设计防火规范》(GB—50222—1995)2001 版

《建筑设计防火规范》(GB 50016—2006)

《民用建筑电气设计规范》(JGJ/T 16—2008)

《供配电系统设计规范》(GB 50052—2009)

《低压配电设计规范》(GB 50054—2011)

《通用用电设备设计规范》(GB 50055—2011)

《建筑照明设计标准》(GB 50034—2004)

《建筑物防雷设计规范》(GB 50057—2010)

《建筑物电子信息系统防雷技术规范》(GB 50343—2004)

《安全防范工程技术规范》(GB 50348—2004)

《视频安防监控系统工程设计规范》(GB 50395—2007)

《通风与空调工程施工及验收规范》(GB 50243—2002)

《工业管道基本识别色、识别符号和安全标志》(GB 7231—2003)

7.2　机房网络集成需求

信息系统集成是目的,网络集成是手段。网络集成方案又可以分为两个方面,即结构化布线与设备选择、网络技术及设备选型。网络集成的设计思想是网络方案采用模块化的设计,其各个模块完成各自的功能。在实施的过程中可以根据需要将相应的模块添加到网络中,也可以不使用某些模块,在将来有需要时候再进行添加。模块化设计使用起来灵活、容易维护。当某个模块出现故障时,故障模块可以方便地被替换,不会影响到整个网络的安全。

另一个设计思想是采用层次体系,整个网络通过主干网连接起来,各个子网通过接口与主干网连接。实现各自的功能在子网内部及与主干网进行数据通信。

校园信息化建设的主要需求将是能够承载教学、办公、图书阅览、课余生活等各类校园网应用,从校园网的多业务融合、高速、稳定、安全、运营、管理几个维度考虑。

小贴士　在网络核心机房建设过程中,保护现有投资的有效途径就是在将来网络技术升级时还能使用现有的网络技术和产品。如同计算机的发展速度一样,网络技术的发展也是非常迅速的。如果现有技术不能合理保证在将来网络升级后还能够使用,那么将会带来极大的资金浪费。

良好的网络管理可以大大降低校园网维护难度,校园网管理已经不再是简单的对网络设备的管理,而是对整个网络的统一管理,对网络的健康、繁忙程度的监控和管理,良好的网络管理设计不仅可以提升网络的易用、稳定、高速,还可以充分体现校园网建设的价值和效果,因此,网络管理同样是校园网建设的重要需求之一。

多业务融合的基础网络平台,建成后的网络需要承载大量的应用,如 OA、Mail、DNS、一卡通、教务系统、视频会议系统、视频点播、电子图书馆、用户认证、网络管理等。这些应用系统随着逐渐上线和投入使用,将会产生大量的数据,需用存储和高性能的网络平台来支撑。也就是需要建立高性能、具备数据中心特性(如无损以太网、服务器虚拟化)的数据中心区域作为整个校园网集中放置各应用系统和数据存储的区域。

本案例中整个校园网用户大概有 8000 余人,如此多的用户数量,需要通过有效的方式对用户身份和接入权限进行管理;否则,整个校园网就如同"一个大网吧",不仅网络使用无序,重要的是不知道有哪些人在使用网络、无日志可查,直接导致网络病毒泛滥、网速慢、整个网络无法管理等一系列问题。因此,统一认证平台的建设至关重要,这也是所有高校建设校园网时的建设重点之一。

🐟**小贴士**　核心机房建设要考虑网络基础平台建设、数据中心建设、统一认证平台建设、网络安全建设、无线校园网建设、综合运维管理系统建设。

信息安全是当前社会的重要话题,校园网普遍面临的安全问题包括用户账务信息被篡改、网络病毒泛滥、应用系统和服务器因被网络攻击而瘫痪等,归结这些安全问题,主要原因有以下两个。

其一,来自外网对校园网的攻击和数据盗取、篡改。

其二,攻击来自校园网内部,通常是宿舍区域的学生用户,由于对网络攻击的好奇和希望在网费上投机取巧,对校园网发出攻击或篡改上网账务信息、日志等。基于以上校园网安全的分析,需要建立全局安全的网络安全体系,也就是说,对外要做到出口的足够安全和对外来攻击、病毒的抵御,对内要做到针对入网用户作行为管理,并将安全管理做到网络的接入层,也就是实现“安全边缘化”的建设思想,对整个内网用户进行全程的日志记录。当出现问题可以实现反查,最终责任到人。

无线网络建设现阶段是所有高校建设的重点,目的在于使师生用户可以随时随地的接入校园网,而无线网络建设主要面临的困难和问题是如何保障无线信号覆盖的全面和无干扰,尤其是宿舍区域的无线网络更是问题解决的关键。同时,无线用户的认证是否能够与有线网络的认证统一;校内、校外用户接入校园网认证的账号统一等都是无线网络建设的重点需求。

充分把握“一体化网络核心机房”的设计理念,将智能科技的成果和环境艺术完美地结合起来。以建设一个“绿色、环保、舒适”的规范化、智能化、网络化、实用化的信息化校园网络核心机房为使命,不论在材料筛选、设备选型,还是工艺的选择上都要做到“人性化、科学化、合理化”,充分体现人与自然的和谐统一。网络系统集成框图如图 7-4 所示。

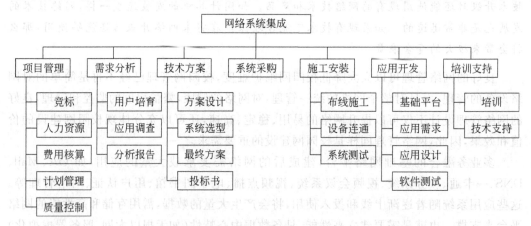

图 7-4　网络系统集成框架图

7.3　网络系统设计规划

7.3.1　网络设计原则

根据此高职院校目前网络的现状和未来业务发展的要求,在网络设计构建中应始终坚持以下建网原则。

(1) 高可靠性。网络系统的稳定、可靠是应用系统正常运行的关键保证,在网络设计中选用高可靠性网络产品,合理设计网络架构,保证网络具有故障自愈能力,最大限度地支持各业务系统的正常运行。

(2) 技术先进性和实用性。保证满足各业务系统的同时,又要体现网络系统的先进性。在网络设计中要把先进的技术与现有的成熟技术和标准结合起来,充分考虑到网络现状以及未来技术和业务发展趋势。

(3) 高性能。网络性能是整个网络良好运行的基础,设计中必须保障网络及设备的高吞吐能力,保证各种信息(数据、语音、图像)的高质量传输,才能不使网络成为业务开展的瓶颈。

(4) 标准开放性。支持国际上通用标准的网络协议(如 IP)、国际标准的大型动态路由协议等开放协议,有利于保证与其他网络之间的平滑连接互通以及将来网络的扩展。

(5) 灵活性及可扩展性。根据未来业务的增长和变化,网络可以平滑地扩充和升级,最大限度地减少对网络架构和现有设备的调整。

(6) 可管理性。对网络实行集中监测、分权管理,并统一分配带宽资源。选用先进的网络管理平台,具有对设备、端口等的管理以及可提供故障自动报警。

(7) 安全性。制订统一的安全策略,整体考虑网络平台的安全性。

7.3.2 网络系统的整体架构

网络的结构是层次化的,正确理解网络层次的划分和每个层次的主要作用,有助于合理选择网络拓扑和网络技术。大型网络从理论上可以划分为 3 个层次,即核心层(Core Layer)、汇聚层(Distribution Layer)和访问层(Access Layer),如图 7-5 所示。

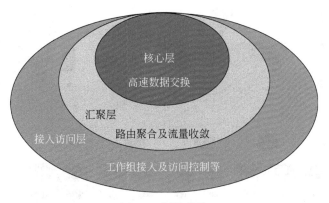

图 7-5 网络结构

🔧 **小贴士** 核心层主要承担高速数据交换的任务,同时要为各汇聚结点提供最佳传输通道。

汇聚层的主要任务是把大量来自接入层的访问路径进行汇聚和集中,承担路由聚合和访问控制的任务。

接入层的主要任务是完成用户的接入,它直接和用户连接,可能遭受 ARP 风暴、MAC 扫描、ICMP 风暴、带宽攻击等攻击方式,对安全性的要求很高,另外必须提供灵活的用户管理手段。

7.3.3 有线网络规划

在本高校网络核心机房建设的案例中,网络建设属于核心机房新建,所以本次网络建设要考虑未来 5 年内的网络增量、产品更新等,因此采用高性能、大容量的路由交换机组网,网络划分为核心层、汇聚层、接入层 3 层体系结构,千兆到桌面体系架构设计。

核心层的任务是完成整个网络数据的交换、VLAN 划分等工作,核心层的网络设备具有高可扩展性和高可靠性、冗余性,以保证网络安全、稳定地运行;汇聚层通过光纤上行连接核心层;接入层实现用户的千兆接入;出口部署防火墙实现网络安全防护;在网络中心部署 IMC 智能管理中心实现网络设备的统一管理。通过以上设备的部署来构建校园网络系统,使得此大学的网络系统具有先进性、稳定性、安全性等众多特点,最大限度地满足使用者对校园网络现在及未来若干年的发展需要。图 7-6 所示为校园网络拓扑图。

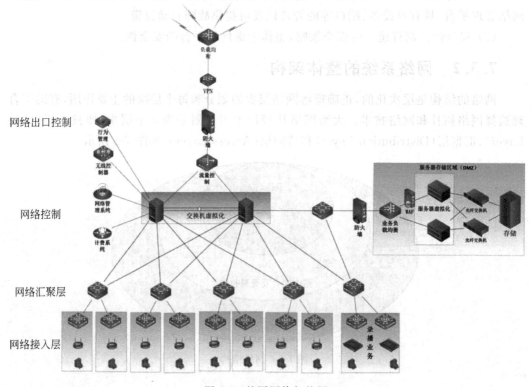

图 7-6 校园网络拓扑图

1. 核心层

核心层主要承担高速数据交换的任务,同时要为各汇聚结点提供最佳传输通道。

核心层的功能主要是实现骨干网络之间的优化传输,骨干层设计任务的重点通常是冗余能力、可靠性和高速的传输。网络的控制功能最好尽量少在骨干层上实施。核心层一直被认为是所有流量的最终承受者和汇聚者,所以对核心层的设计以及网络设备的要求十分严格。核心层设备将占投资的主要部分。核心层与汇聚交换机、防火墙等设备的互联,承担高速数据交换的任务。核心层必须具备高速转发的能力,同时还需要有很强的扩展能力,以便应对未来业务的快速增长。

考虑到用户数据流量较大,建议采用双核心的组网结构。核心交换机采用两台 H3C S10508-Ⅴ园区多业务机箱式路由交换机,核心交换机双机采用两条链路捆绑高速互联,既提高了两者之间连接的带宽,同时又满足了当其中一条链路出问题时有备份线路,保证核心双机高速可靠互联。

🐧 **小贴士** H3C S10500 系列交换机产品是杭州华三通信技术有限公司(以下简称 H3C 公司)面向云计算数据中心核心、下一代园区网核心和城域网汇聚而专门设计开发的核心交换产品。采用先进的 CLOS 多级多平面交换架构,可以提供持续的带宽升级能力,支持数据中心大二层技术 TRILL、纵向虚拟化和 MDC(一虚多)技术,支持 EVB 和 FCOE,并完全兼容 40GE 和 100GE 以太网标准。

该产品基于 H3C 自主知识产权的 Comware V5/V7 操作系统,以 IRF2(Intelligent Resilient Framework 2,第二代智能弹性架构)、IRF3(Intelligent Resilient Framework3,第三代智能弹性架构)技术为系统基石的虚拟化软件系统,进一步融合 MPLS VPN、IPv6、应用安全、应用优化、无线、BRAS 等多种网络业务,提供不间断转发、不间断升级、优雅重启、环网保护等多种高可靠技术,在提高用户生产效率的同时,保证了网络最大正常运行时间,从而降低了客户的总拥有成本(TCO)。同时,H3C S10500 也符合《限制电子设备有害物质标准(ROHS)》,是绿色环保的路由交换机。

H3C S10508-Ⅴ交换机支持各种业务的扩展,可以支持防火墙插卡、应用控制插卡、无线控制器板卡、IPS(入侵检测防御系统)插卡、负载均衡插卡等,对于未来业务的扩展都非常方便。

2. 汇聚层

汇聚层的主要任务是把大量来自接入层的访问路径进行汇聚和集中,承担路由聚合和访问控制的任务。

汇聚层交换层是多台接入层交换机的汇聚点,它必须能够处理来自接入层设备的所有通信量,并提供到核心层的上行链路,因此汇聚层交换机与接入层交换机比较,需要更高的性能、更少的接口和更高的交换速率。

本次汇聚交换机建议选用 H3C 公司的 S5560-30F-EI 交换机,通过万兆光口连接到核心交换机。

🐧 **小贴士** H3C S5560-EI 系列交换机支持丰富、灵活的端口扩展板卡,包括 8 端口万兆光/电扩展板卡、2 端口万兆光/电接口板卡以及 2 端口 40G 扩展板卡,整机最大支持 12 个万兆端口或 2 个 40G 端口,实现高密、高性能端口扩展能力,满足大型网络汇聚或中小网络核心部署需求,以及对于光电混合组网的配置需求。

3. 接入层

接入层的主要任务是完成用户的接入,它直接和用户连接,可能遭受 ARP 风暴、MAC 扫描、ICMP 风暴、带宽攻击等攻击方式,对安全性的要求很高,另外必须提供灵活的用户管理手段。

网络中直接面向用户连接或访问网络的部分称为接入层,接入层目的是允许终端用户连接到网络,因此接入层交换机具有低成本和高端口密度特性。建议接入交换机通过千兆链路连接汇聚交换机。

48 口 10/100/1000Base-TX 自适应以太网端口,4 个 1000Base-X SFP 千兆位以太网端口;交换容量为 256Gb/s。

交换机支持 EAD(终端准入控制)功能,支持特有的 ARP 入侵检测功能,可有效防止黑客或攻击者通过 ARP 报文实施校园网常见的"中间人"攻击,对不符合 DHCP Snooping 动态绑定表或手工配置的静态绑定表的非法 ARP 欺骗报文直接丢弃。同时支持端口安全特性族,可以有效防范基于 MAC 地址的攻击。

交换机有强大硬件 ACL 能力,能深度识别报文,支持 L2～L4 包过滤功能,提供基于源 MAC 地址、目的 MAC 地址、源 IP 地址、目的 IP 地址、IP 协议类型、TCP/UDP 端口、TCP/UDP 端口范围、VLAN、VLAN 范围等定义 ACL,以便交换机进行后续的处理。

🔺 **小贴士** E528 教育网交换机支持 EAD(终端准入控制)功能,支持特有的 ARP 入侵检测功能,可有效防止黑客或攻击者通过 ARP 报文实施校园网常见的"中间人"攻击,对不符合 DHCP Snooping 动态绑定表或手工配置的静态绑定表的非法 ARP 欺骗报文直接丢弃。

4. 网络管理

本次方案设计配置 iMC 智能管理中心,实现交换机、负载均衡等网络设备的统一管理。同时 H3C iMC 作为智能管理平台,可以管理包括交换机、现有的一些设备(视第三方设备 SNMP 标准及开放的程度,可以实现拓扑、故障信息管理),而且 iMC 具备高扩展性,可以平滑扩充各种组件,后期可以增加有线、无线接入安全控制系统 EAD、流量分析组件、用户上网行为组件等,可以实现网络的可视化管理。

7.4 网络安全设计

7.4.1 需求分析

通过对本高职学校网络环境具体情况的分析,可以分析出有以下几个方面的主要需求。

1. 有效应对下一代安全威胁

目前大量应用采用了端口跳变或者隧道封装技术的方式来逃避安全设备的控制和过滤。例如,P2P 下载技术、网页浏览技术可以采用任何目的端口来访问目标服务器,同时各种应用如 QQ、MSN 也可以采用标准的 80 端口。这使得 IP 地址不再等于用户和目标服务器,而协议端口也不再等于应用本身。传统的5元组方式的ACL将无法完成对应用的访问控制,并且那些在指定端口上监听内容的内容过滤技术也将全部失效。

校园网络在没有采取任何网络安全防护的情况下,极有可能出现内部学生主动或者被动发起对外DoS攻击事件,扫描和攻击外部IP。大量的数据包增加了交换机的压力,造成了网络性能的急剧下降,从而对网络通信造成严重影响,从而使机关无法正常利用互联网办公。

对于以上问题,需要有从内网到外网DoS防护功能的防火墙对DoS和其他类型的网络攻击进行封堵,同时提醒学生对攻击者进行处理。当然,从外网到内网的DoS攻击和网络攻击同样要防护。

2. 发现和控制内网中的僵尸主机

据统计,绝大多数办公网络中发生的攻击事件都是由病毒和木马引起的。办公网络在没有做任何安全防护的情形下也是如此。因此,如何主动发现内网中的僵尸主机,然后对僵尸主机进行杀毒、封堵和控制是非常有必要的。

3. 保障内网网络质量

办公网和教学网络中出现的部分网站无法访问、丢包率增高、网络质量下降等问题,很可能与ARP攻击、带宽拥堵有关。因此,绑定ARP、限制与业务无关的流量可以有效保障网络质量。

4. 实施用户上网行为审计和管控

随着校园网应用的普及,类似下面的信息安全事件时有发生,如个别师生通过校园网络随意发表言论,如在BBS、博客等上发表一些色情、政治性、攻击性、侮辱性的言论;个别师生发送或接收非法信件等,给学校带来法律上的风险和负面的社会影响。而校园网用户使用网络发帖、文件上传、邮件收发等行为非常频繁,网络管理部门对外发信息管理心有余而力不足;现在色情、反动、政治性网站众多,一些非法网站甚至采用加密形式出现,网页访问管理困难重重;并且很多内网用户使用代理,自由门、无界浏览器访问网络,这使得网络管理难上加难。

另外,公安部第82号令规定,互联网使用单位必须对内网用户网络行为日志进行存储,并且存储日志必须保存60天以上。项目拟通过在学校互联网出口线路部署专业的上网行为审计和日志记录设备,以解决这一问题。

5. 网络智能接入

网上业务的发展使得信息交互越来越频繁,重要的数据和信息在网络中的传输也越来越多,安全性要求也越来越重要。为了实现远程办公,需要保证人员外出时可以安全访问组织内部网络进行日常操作,并同时确保数据的安全。因此,必须在选择方法时,充分考虑多种接入方式以及各个接入方式的安全性。

7.4.2 解决方案

1. 解决方案思路

针对高校对网络安全防护的具体需求,在本案例中提出的解决方案思路是采用下一代防火墙 NGFW、智能流量控制设备 ITM、上网行为管理设备 ICG、VPN 设备 ASG 搭配部署的安全防护解决方案。

下一代防火墙设备(NGFW)是一款可以全面应对应用层威胁的高性能防火墙。通过深入洞察网络流量中的学生、应用和内容,并借助全新的高性能单路径异构并行处理引擎,NGFW 能够为学生提供有效的应用层一体化安全防护,帮助学生安全地开展业务并简化学生的网络安全架构。

智能流量控制设备(ITM)是基于应用层的、专业的流量管理产品,既适用于大中型学校、校园网、城域网等流量大、应用复杂的网络环境,也适用于需优化互联网接入、保证关键业务应用、控制网络接入成本的中小型学校的网络环境。

上网行为管理设备(Internet Control Gateway,NS-ICG)是一款软硬件一体化、性能卓越的互联网控制管理产品。NS-ICG 为网络管理者提供各种互联网接入环境中的灵活身份确认、合规准入、网页过滤、应用控制、带宽管理、外发合规检查、内容留存审计及结果分析等功能。

WAF(Web Application Firewall)是一款软硬件一体化的专用 Web 应用安全生产防护产品,该产品从 Web 安全的提前发现预警、实时防护及事后追溯分析提供了一套完整的处理流程,完成了从事前 Web 扫描、事中 Web 防护、事后 Web 防篡改"三位一体"的防护体系。从网络层、应用层 4 层 Web 安全扫描与检查,网页防篡改、Web 安全扫描互动,网络层、应用层 DDoS,构建立体式防护网络。从而真正对 Web 防护提供一套全方面安全体系。

2. 防火墙安全防护方案

下一代防火墙 NGFW 提供了对黑客入侵、上传或下载病毒和木马的防护手段。通过在"策略配置"界面配置"安全策略",学生可以非常方便地实现基于学生、应用、服务和时间的一体化防护。图 7-7 所示为网康下一代防火墙。

图 7-7　网康下一代防火墙

根据具体情况,建议采用开启对服务器域从外到内的 IPS 和 AV 防护,防范从外部发起的网络攻击、传病毒、传木马等行为;开启从内到外的 IPS、AV 防护和 URL 过滤,防范内部学生的攻击、染毒、僵尸主机或访问恶意网站等行为。

策略配置完成后可以在设备首页实时看到当前网络的威胁和告警信息,同时也可以在监控中心的威胁日志、告警日志和网址过滤日志中看到更多的细节信息。可以使用防火墙完成 DoS 防护、ARP 防护、网络攻击防护。

3. 虚拟化组网设计

网络系统是网络今后所有信息化应用的基础平台,并且随着内部终端数量增加、业务种类扩充,网络规模不断扩大,对网络系统的要求必须具有更高的承载能力、扩展性和灵活性,因此对于目前网络系统的设计,要求网络系统建设要具有简洁架构、快速故障恢复能力、高可用性等特质。

虚拟化技术是当前企业 IT 技术领域的关注焦点,采用虚拟化来优化 IT 架构、提升 IT 系统运行效率是当前技术发展的方向。新一代的 IRF 虚拟化技术架构以清晰、简捷的基本因素满足上层业务的复杂性变更,具有完全消除网络环路、简化路由结构、大规模降低运维管理工作量的特点,可帮助业余大学网络在不必增加过多成本的情况下,大大提高网络建设的品质。

业余大学网络系统应具有高性能和高效性,建议通过采用 IRF 智能虚拟化技术,在网络互联、冗余备份、拓扑简化等各方面对网络结构提供变革性的优化,在兼容传统网络部署方式的同时,对今后所需新业务及持续发展起到很好的支撑作用,并通过 IRF 智能虚拟化技术提供高扩展性和极好的维护性,系统通过多台设备的端口捆绑实现链路和设备之间的保护和负载均衡,以保证网络安全、稳定地运行。

4. 交换机安全设计

1) 防 DHCP 攻击设计之一

恶意用户通过更换 MAC 地址的方式向 DHCP Server 发送大量的 DHCP 请求,以消耗 DHCP Server 可分配的 IP 地址为目的,使得合法用户的 IP 请求无法实现。DHCP 服务器伪装攻击如图 7-8 所示。

防范利用交换机端口安全功能,MAC 动态地址锁和端口静态绑定 MAC、1x 端口下的自动动态绑定用户 IP/MAC,来限定交换机某个端口上可以访问网络的 MAC 地址,从而控制那些通过变化 MAC 地址来恶意请求不同 IP 地址和消耗 IP 资源的 DHCP 攻击。当交换机一个端口的 MAC 地址的数目已经达到允许的最大个数后,如果该端口收到一个源地址不属于端口上的 MAC 安全地址的包时,交换机则采取措施。

非法 DHCP Server 为合法用户的 IP 请求分配不正确的 IP 地址、网关、DNS 等错误信息,不仅影响合法用户的正常通信,还导致合法用户的信息都发往非法 DHCP Server,严重影响合法用户的信息安全。

2) 抑制广播风暴

广播风暴是网络最常见的问题,针对此情况以太网交换机提供完善的广播风暴抑制功能,提供了针对特定 VLAN 的广播风暴抑制比的设定功能,可对 VLAN 上收到的广播

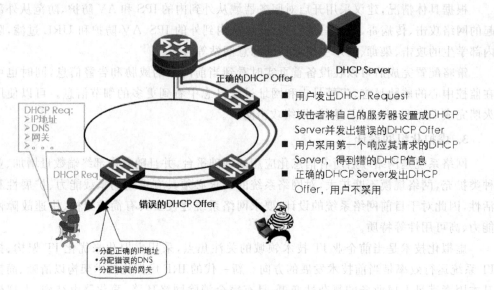

用户发出DHCP Request

攻击者将自己的服务器设置成DHCP Server并发出错误的DHCP Offer

用户采用第一个响应其请求的DHCP Server，得到错的DHCP信息

正确的DHCP Server发出DHCP Offer，用户不采用

图 7-8　DHCP 服务器伪装攻击

流量进行监控，当广播流量的带宽超过配置限度时，交换机将过滤该 VLAN 上超出的流量，保证网络的业务开展，使广播所占的流量比例降低到合理的范围。

3) 防治蠕虫病毒

防治蠕虫病毒需要系统管理、网络维护和安全操作部门的通力合作。一般情况下，通过网络设备限制的目的主要是把蠕虫的活动范围限定在已经感染蠕虫病毒的范围内，也就是说是防止蠕虫的扩散。限制需要将网络分段隔离来减慢甚至是停止蠕虫的继续传播。涉及的具体技术包括在防火墙、三层交换机等网络上的安全控制点上设置入口和出口包过滤规则。同样地，在网络边缘设置入口和出口 ACL 可以很好地限制蠕虫病毒的传播。

一方面，可以在交换机上配置 VLAN，隔离用户，防止染病 PC 通过 ARP 扫描感染同网段主机；另一方面，可以通过在交换机上限制单位时间内 ARP 报文的数目以及 ARP 报文的总流量，从而从二层阻止蠕虫病毒的传播。还可以在交换机上配置 ACL，限制蠕虫病毒传播的端口，防止蠕虫病毒的蔓延。

7.5　无线网络规划

7.5.1　无线部署设计

在本案例中要求全部实现无线覆盖，满足教师正常网络教学，学生正常网络应用；根据目前网络情况，本次校园网络无线接入的部署，选择"无线控制器＋胖瘦一体的 AP"的部署方案，无线控制器作为全网集中的服务器策略中心、安全中心、管理中心，可以实现集中的管理、集中的安全，成为行业的主流组网趋势。

无线控制器可以对 AP 的数据进行集中式的转发，将 AP 的配置信息保存和下发，避免网管人员对 AP 进行大规模配置。在无线 AP 选择上建议在室内选 802.11ac 技术设备,室外采用 802.11n 技术设备(主要为室外 11ac 的实际使用不大),实现整个无线校园网覆盖。最终达到室内任意地点接入信号不低于－65dB,室外人员活动区接入信号不低于－70dB 的一个使用体验;无线 AP 通过千兆 POE 接入交换机,接入现部署的无线网络的楼宇汇聚交换机上,汇聚交换机通过光链路上行到无线核心交换机上;在核心处旁挂无线控制器;并且无线 AP 与原有的校园认证系统进行无缝对接,可针对特殊的地点及人群(办公室、教师)部署无感知认证。

1. 室内部署

校园图书馆、教学区、报告厅、阶梯教室、食堂等环境特点是:室内面积较大且空旷,中间基本上不存在障碍物(食堂内会有柱子),面积一般在几百至上千平米,并且此环境内用户数量较多,并发数量大,基本均为移动终端如智能手机、平板计算机。

这种场合总体要求如下。

(1) 高信号质量。保证环境内各个角落的无线信号强度大于－60dBm,信号覆盖无死角,注重满足应用及终端使用需求。

(2) 高数据传输性能。支持 802.11ac 同时兼容 802.11n 等标准,并满足高密度用户的无线接入需求,提供高数据传输速率。

(3) 低干扰。确保环境内同频干扰信号强度小于－70dBm,当需部署多个 AP 时,需保证 AP 间的干扰降低到不会影响用户的网络访问,并且保证提高整网吞吐性能,构建真正可用的无线网络。

(4) 多 WLAN 并存。合理的信道规划部署,实现多 WLAN 网络在同一用户场合的共存。

① 全自动调节,让信号随你而"动"。无论终端如何移动,都有最佳的信号路径跟随,这是智能天线技术带来的革命性改变。无须人工干预,智能凭借其强大的运算性能,可以在 1ms 内完成 300 次指向终端的信号路径切换,即便在快速奔跑状态下也能保证时刻都有最佳的信号与终端同"行"。

② 高性能满足无线业务需求。采用双频两流 802.11ac 设计,整机最大提供 1300Mb/s 的接入速率。在保证无线网络便捷性的同时,也为高带宽无线业务的开展提供了宽阔的数据传输大道。

③ 绿色节能更环保。通过动态 MIMO 省电技术、无线信号的定时开关技术及高性能的电源设计等技术使得 AP 在提供高速无线接入的同时,轻松节省了 25% 的电能。

④ 提供无线 IPv6 接入。全面支持 IPv6 特性,实现了无线网络的 IPv6 转发,让 IPv4 用户和 IPv6 用户都可以自动地与 AC 系列控制器进行隧道连接,让 IPv6 的应用承载在无线网络中。

2. 室外部署

室外部署以成本低、建设速度快的优点受到用户的青睐。使用室外部署较多的场合有室外桥接部署、室外空旷区、室外操场等。在特定的场合使用室外部署方式有利于用户节省投资,打造经济、高效、稳定的 WLAN 网络环境,但若在不适合室外部署的场合进行室外覆盖部署则会事倍功半。

室外空旷区域覆盖需求一般多为操场、景区等,如图 7-9 所示,这些场景一般用户数都比较少,故需要单台设备覆盖的区域足够大,一般建议采用室外型 802.11n AP 与室外大增益天线配合进行部署。

图 7-9　学校广场覆盖

AP 及天线部署在广场边上的一个办公楼楼顶,广场区域内的在线用户数不多但有一定的使用需求,故采用室外 AP 加大增益天线对空旷广场进行覆盖,以满足覆盖面积足够大的需求。同时广场与天线之间并没有大的建筑物遮挡,因此可以保证用户与 AP 间的有效信号交互,提供有一定保证的网络使用速率。

7.5.2　无线网络安全认证设计

学校的无线局域网络主要服务于学校的学生,属于公众型网络,同时由于学生出于技术的研究兴趣,会对网络发起各种各样的攻击行为,此时网络安全问题是在建网时必须考虑的问题,安全方式主要侧重几个方面:用户安全、网络安全,而在校园网络中依附于用户实体的属性主要包括用户使用的信息终端二层属性(如 MAC 地址)及用户的账号、密码,而对于学校学生用户来说,账号信息都是一个实名原则,与学生的学籍进行关联,这样本高校的无线网络中着重考虑使用无线网络的空口信息的安全机制,同时也要考虑与无线相关的有线网络的安全问题,对于原有有线网络的安全问题,在本案例中先不作考虑。

无线方案中可根据用户名来划分权限,即相同用户在不同地点接入无线网络的权限保持一致。大学校园是一个开放的环境,但并不意味着校园的网络就是一个天然网吧,校园网中有着大量的资源,而很多校内资源的访问必须能对访问者进行控制,所以对于校园网来说认证是一个非常重要的环节。

1. 无线与认证网关对接

在此次校园无线的部署中,以现有网络的特性为参照,充分考虑到了无线网络的安全性在认证方面做了如图 7-10 所示的设计。

核心连接无线的认证服务器,并由域服务器连接校园网,无线网的流量采用集中式转发,所有转发流量都通过 CAPWAP 隧道到达无线控制器终结后转发,要访问外网或者校园网的用户都必须通过认证服务器做 Portal 认证后才能获得相应的访问权限,同时无线认证服务器与校园网出口的网关和流控设备也做了相应对接,能在完成认证后打开权限,实现准入准出一次认证,同时按照相应的策略进行计费,极大地方便了学生上网,同时又对现网的影响最小。

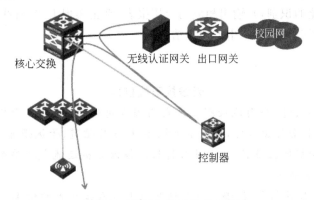

图 7-10　无线与认证设备对接

💠**小贴士**　频谱防护技术如图 7-11 所示。

日常环境微波炉距离 AP 或者客户端 25ft 会降低 64％的数据吞吐量,而同样位放置一个调频电话会降低 19％,如果是模拟电话和摄像机则可达 100％。而生活中的蓝牙耳机、无线鼠标等都会对无线 AP 的信号产生干扰。

无线频谱防护技术可以识别出微波炉、蓝牙设备等非 WiFi 干扰设备时,频谱分析管理界面中可以在 Real-Time FFT、FFT Duty Cycle 和 FFT Spectrogram 等无线频谱实时动态图表直观地显示出干扰信号对信道质量造成的影响,并且能够在干扰设备列表中识别出干扰源的类型。

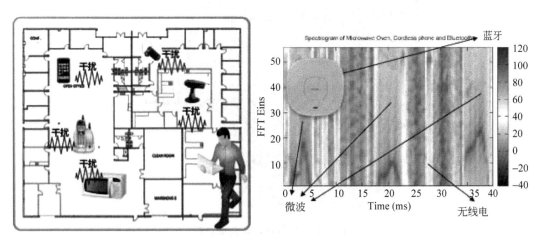

图 7-11　频谱防护示意图

2. 无线应用控制

随着校园智能终端的普及越来越广,且无线网络已经延伸到了大量的领域,所以校园网内部的无线应用也多种多样,如何对于网内应用做到精细化识别,并进行统一化管理成为学校管理人员非常关注的一点,H3C在应用识别和网络、无线网络中有着大量的经验,并开发了无线、有线、安全等统一的管理,通过H3C IMC管理软件能实现对于网络内部的应用做到精细化的识别,并输出相应的应用报表,真正实现无线、有线应用一体化管理,使管理人员更加了解目前网络中的使用情况。

🂱 小贴士

无线抗干扰技术

频谱分析能够及时、全面地检测出来自周围环境的非WLAN干扰。当频谱分析检测到新的干扰时,将会发出告警,并显示干扰类型、干扰信道、干扰强度、占空比等信息,并可以进一步定位干扰所在位置,便于及时排除。频谱分析还能监控整个网络的空口性能的情况,并适时发出告警。

频谱分析和RRM结合,能够使整个网络在无须人工介入的情况下及时规避干扰信道,从而保证网络的可用性。

RRM是WLAN网络的频谱资源管理模块,负责空口噪声、网络外的WLAN干扰、空口利用率以及AP和Client的流量交互等信息的监控和分析,并根据这些信息动态调整AP的信道,选择最佳信道进行传输。信道调整必须进行整网考虑,并需要考虑对Client的影响最小。如图7-12所示,要覆盖的目标办公区外有两个其他网络的AP,分别工作在信道11和信道6上,则RRM能够根据空口扫描结果,将和它们邻近的AP自动调整到其他非干扰信道上。

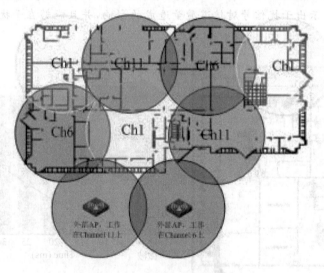

图7-12　信道自动调整示意图

思考与练习

(1)请根据你的了解规划你所在学校的网络拓扑,分析其优缺点与可能性。
(2)网络核心机房装修都要涉及哪些领域?

（3）说说网络安全设备的作用，如果不选用网络安全设备将会发生什么？

（4）交换机分为核心交换机、汇聚交换机、接入交换机吗？其功能特点都是什么，都用在什么位置？

（5）交换机安全设置重要吗？交换机可以做什么安全设置？

（6）设置无线网络有什么注意事项，请简要叙述。

实践课堂

假设某校园进行网络升级改造，在原有基础上要把学生公寓接入校园网，实现学生在宿舍内能够访问学校教务信息以及接入 Internet，请根据此目标给出校园网络系统的设计方案。

参考文献

[1] 王维江,钟小平.网络应用方案与实例精选[M].北京：人民邮电出版社,2003.

[2] 杨威.网络工程设计与安装[M].北京：电子工业出版社,2003.

[3] 杨卫东.网络系统集成与工程设计[M].2版.北京：科学出版社,2005.

[4] 斯桃枝,李战国.计算机网络系统集成[M].北京：北京大学出版社,2006.

[5] 刘化君.网络综合布线[M].北京：电子工业出版社,2006.

[6] 余明辉,童小兵.综合布线技术教程[M].北京：清华大学出版社,2006.

[7] 王达.Cisco/H3C 交换机配置与管理完全手册[M].北京：中国水利水电出版社,2009.

[8] 王达.路由器配置与管理完全手册[M].武汉：华中科技大学出版社,2011.

[9] 赵立群.网络系统集成[M].北京：电子工业出版社,2014.

参考网站

[1] http：//www.xker.com.

[2] http：//www.cabling-system.com.

[3] http：//www.miit.gov.cn.